润滑油基础油
技术手册

RUNHUAYOU JICHUYOU
JISHU SHOUCE

王先会　编

U0243697

化学工业出版社
·北京·

内 容 简 介

本书系统介绍了润滑油基础油的分类、生产工艺、性能和用途，以及近百种基础油的特性、技术参数、生产厂家等，同时，对基础油二十余项性能指标的评定方法、检测仪器等进行了全面阐述。本书较为全面地反映了现代润滑油基础油在生产、品种、质量、评定分析等方面的最新技术水平。

本书实用性及针对性强，可供从事润滑油品科学研究、生产管理、质量检验等工作的研发、技术、检测、管理人员参考使用。

图书在版编目（CIP）数据

润滑油基础油技术手册 / 王先会编. —北京：化学工业出版社，2022.4（2024.11重印）
ISBN 978-7-122-40618-7

Ⅰ.①润⋯　Ⅱ.①王⋯　Ⅲ.①润滑油基础油-手册
Ⅳ.①TE626.9-62

中国版本图书馆 CIP 数据核字（2022）第 014376 号

责任编辑：冉海滢　刘　军　　　　　　　文字编辑：师明远　林　丹
责任校对：田睿涵　　　　　　　　　　　　装帧设计：王晓宇

出版发行：化学工业出版社（北京市东城区青年湖南街 13 号　邮政编码 100011）
印　　装：北京科印技术咨询服务有限公司数码印刷分部
710mm×1000mm　1/16　印张 13¾　字数 247 千字　　2024 年 11 月北京第 1 版第 4 次印刷

购书咨询：010-64518888　　　　　　　　　售后服务：010-64518899
网　　址：http://www.cip.com.cn
凡购买本书，如有缺损质量问题，本社销售中心负责调换。

定　　价：88.00 元　　　　　　　　　　　　　　版权所有　违者必究
京化广临字 2022——04

序

润滑油作为一种重要的石油产品，具有应用范围广、科技含量高、产品附加值高等特点。一个国家润滑油科学研究、生产和应用的水平如何，在一定程度上反映出这个国家整体的科学技术、设备管理和环境保护的水平。

润滑油由基础油和添加剂组成。在润滑油中，基础油不仅是润滑油的主体，也是添加剂的载体。基础油决定着成品润滑油的基本性质，如黏温特性、润滑性、氧化安定性、热安定性、挥发性、破乳化性、抗泡性、溶解能力、橡胶适应性等，对润滑油的性能起着至关重要的作用。随着各类基础油的不断进步发展，基础油在润滑油中的影响会越来越大，同时在润滑油中所扮演的角色也将越来越重要。

由此可见，人们了解和掌握基础油的作用与性质，对于指导润滑油的实验室试验、工业化生产以及油品推广应用等方面，都是具有重要意义的。

在此背景下，中国石化润滑油有限公司王先会高级工程师主持编写了《润滑油基础油技术手册》一书，为推进我国润滑油产业的进步做了一件很有价值的事情。本书系统介绍了润滑油基础油的分类、生产工艺、性能和用途，以及近百种基础油的特性、技术参数等。对润滑油生产所用三大类基础油，即矿物基础油、合成基础油和植物油基础油的基本知识，做了深入的总结，并对基础油评定的手段、方法进行了系统归纳。本书较为全面地反映了现代润滑油基础油的最新技术水平，为广大从事润滑油品科学研究、生产管理、质量检验等工作的相关人员，提供了十分必要的参考资料。

本书作者王先会，勤奋努力，在润滑油脂领域辛勤耕耘了近 40 年，积累了丰富的知识和经验，获得了行业的普遍认可。所编写的这部《润滑油基础油技术手册》，内容充实，言简意赅，针对性强，是一部润滑油品相关从业人员必备的工具书。相信本书的出版，将会进一步提升相关从业人员对润滑油基础油的认知水平，为我国润滑油产业的发展进步带来积极的影响。

中国石油化工股份有限公司石油化工科学研究院

2021 年 12 月

前言

　　润滑油基础油是润滑油的主要成分，同时也是润滑脂、导热油、绝缘油、金属加工油、热处理油等各类润滑油品的主要成分。基础油的品种和质量状态，对于润滑油及相关产品的性能，有着至关重要的影响。

　　按照来源不同，润滑油基础油可分为矿物基础油、合成基础油及植物油基础油三大类。

　　矿物基础油是由原油经常减压蒸馏、溶剂精制、脱蜡白土精制以及加氢等工艺制成的基础油。依据加工工艺和精制程度的不同，可以得到不同黏度指数、氧化安定性、倾点、挥发性的基础油。统计数据显示，我国 2020 年矿物基础油总产量达到 849.9 万吨。除中国石油、中国石化、中国海油三大集团公司外，地方炼厂如海南汉地阳光、河北飞天石化集团、泰州祥晟石化、山东清源石化、山东鑫泰石化、辽宁恒力石化、潍坊石大昌盛、河南君恒等，也对国内基础油生产发挥了重要的补充作用。在终端技术需求、环境保护、产业政策等因素的影响下，润滑油产业升级对基础油品质提出了更高的要求，从而推动了我国基础油生产技术水平的不断提升。截止到 2019 年年底，国内加氢装置的产能已占总产能的70%，标志着国内润滑油市场原料中Ⅱ类基础油的占比大幅增加。当前，国内基础油生产以Ⅱ类基础油为主，产品可覆盖低、中、高黏度范围。但是，受原料及工艺影响，基础油中高黏度资源供应明显不足，仍旧依靠进口。2019 年，国内生产的环烷基基础油总产量达到 182 万吨，而Ⅲ类基础油产量仅有 11 万吨左右。

　　目前，国内Ⅰ类基础油生产主要集中在中国石油、中国石化两大集团，而地方炼油厂已建和在建装置均生产Ⅱ类及以上基础油。可以预见，传统的"老三套"生产Ⅰ类基础油的方法，今后一个时期仍将在基础油生产中占据重要地位。同时，近年来发展起来的加氢脱蜡、异构脱蜡等新工艺，将会进一步推动我国Ⅱ类、Ⅲ类等高档基础油质量水平不断提高。

　　与矿物基础油相比，合成基础油产量占比较小。但是，合成基础油不仅可以保证设备部件在更苛刻的场合工作，而且能够满足长寿命、环保、生物降解等方面更严格的要求。

合成基础油有很多种类，常见的有合成烃、合成酯、聚醚、硅油、含氟油、磷酸酯。美国石油协会（API）把聚 α-烯烃列为Ⅳ类基础油，而把其他合成基础油列为Ⅴ类基础油。在实际应用中，由于较好的综合性能以及性价比，聚 α-烯烃、合成酯、聚醚三大类合成基础油使用得最多。

为了面对严苛的工作条件的润滑挑战，包括提高燃油经济性、降低能耗、延长油脂更换周期等要求，需要开发新一代合成基础油产品。

目前，国内外茂金属聚 α-烯烃和烷基萘等高档合成基础油产品已经得到成功应用，具有高生物降解性的合成酯基础油初步实现了品种的系列化，新型油溶性聚醚可以直接使用或者与Ⅱ类、Ⅲ类基础油混合使用以提高润滑油品的整体性能。此外，硅油、含氟油、磷酸酯等其他基础油，在新产品开发以及应用方面也得到了突破性进展。

鉴于环境保护和能源危机风险的问题，选择和开发绿色、环保、可再生的植物油基础油，也已成为未来基础油发展的重点方向。

对于从事润滑油品科学研究、生产管理、质量检验等工作的广大人员来说，需要掌握当今润滑油基础油的发展现状、品种质量以及未来趋势。因此编者编写了《润滑油基础油技术手册》一书，以期为推动我国润滑油及相关产品产业的发展与进步尽自己的微薄之力。

《润滑油基础油技术手册》较为系统地介绍了基础油的分类和性能，以及矿物基础油、合成基础油及植物油基础油的生产工艺、品种、性能特点等内容，同时对基础油的性能评定方法、试验仪器等也进行了全面阐述。本书力求反映出现代润滑油基础油在生产、品种、质量、性能评定等方面的最新技术。希望本书能为润滑油品领域的相关技术人员和管理人员提供必要的帮助和支持。

在本书编写过程中，得到了润滑油界相关领导、专家和技术人员的指导与帮助，在此表达深深谢意。

因编者水平有限，书中难免有疏漏之处，敬请广大读者批评指正。

王先会

2021 年 9 月

目录

CONTENTS

第**1**章

润滑油基础油分类

润滑油基础油包括矿物基础油、合成基础油及植物油基础油三大类型。矿物基础油又称中性油，是基础油的主体，用量占整体基础油的95%以上。但是，在某些场合下，还必须使用合成基础油及植物油基础油来调配产品，以满足特殊工况的使用要求。尽管润滑脂等一些润滑油品的产量相对较小，所用基础油的类型与普通润滑油基本是一致的，但需要指出的是，润滑脂还使用一些独特的基础油，如抽出油等。

1.1 矿物基础油分类

1.1.1 API 基础油分类方法

国际上目前基础油的分类，是根据基础油的精制深度及饱和度的大小来区分。此分类方法是美国石油协会（API）提出的，参见表1-1。

表1-1 美国石油协会基础油分类标准（API-1509）

类别	饱和度/%	黏度指数（VI）	硫含量/%
Ⅰ类	<90	80~<120	>0.03
Ⅱ类	>90	80~<120	<0.03
Ⅲ类	>90	>120	<0.03
Ⅳ类	聚 α-烯烃（PAO）		
Ⅴ类	所有非Ⅰ、Ⅱ、Ⅲ或Ⅳ类基础油		
试验方法	ASTM D2007	ASTM D2270	ASTM D2622/D4294/D4927/D3120

Ⅰ类基础油为溶剂精制基础油，有较高的硫含量和不饱和烃（主要是芳烃）含量，通常是由传统的"老三套"工艺生产制得。从生产工艺来看，Ⅰ类基础油的生产过程基本以物理过程为主，不改变烃类结构，生产的基础油质量取决于原料中理想组分的含量和性质。因此，该类基础油在改善性能方面受到一定限制。

Ⅱ类基础油是通过组合工艺（溶剂工艺和加氢工艺结合）制得。其生产工艺主要以化学过程为主，不受原料限制，可以改变原来的烃类结构。因而，Ⅱ类基础油硫含量、氮含量和芳烃含量少（芳烃含量<10%），饱和烃含量高，热安定性和抗氧化性好，低温性和对于烟炱的分散性均优于Ⅰ类基础油。

Ⅲ类基础油是用全加氢工艺制得。与Ⅱ类基础油相比，Ⅲ类基础油主要是加氢异构化基础油，不仅硫含量、芳烃含量低，而且黏度指数很高。Ⅲ类基础油属高黏度指数的加氢基础油，又称作非常规基础油（UCBO）。Ⅲ类基础油在性能上远远超过Ⅰ类基础油和Ⅱ类基础油，尤其是具有很高的黏度指数和很低的挥发性。某些Ⅲ类基础油的性能可与聚 α-烯烃（PAO）相媲美，但其价格却比合成油低得多。

1.1.2　中国石油基础油分类

按照饱和烃含量和黏度指数不同，中国石油天然气股份有限公司（简称中国石油）将通用润滑油基础油分三类共七个品种。其中Ⅰ类分为 MVI、HVI、HVIS、HVIW 四个品种；Ⅱ类分为 HVIH、HVIP 两个品种；Ⅲ类只设 VHVI 一个品种。中国石油通用润滑油基础油分类见表 1-2，通用润滑油基础油黏度牌号见表 1-3。MVI 表示中黏度指数Ⅰ类基础油；HVI 表示高黏度指数Ⅰ类基础油；HVIS 表示高黏度指数深度精制Ⅰ类基础油；HVIW 表示高黏度指数低凝Ⅰ类基础油；HVIH 表示高黏度指数加氢Ⅱ类基础油；HVIP 表示高黏度指数优质加氢Ⅱ类基础油；VHVI 表示很高黏度指数加氢Ⅲ类基础油；BS 表示光亮油。

表1-2　中国石油通用润滑油基础油分类（Q/SY 44—2009）

项目	Ⅰ		Ⅱ		Ⅲ
	MVI	HVI HVIS HVIW	HVIH	HVIP	VHVI
饱和烃含量/%	<90	<90	≥90	≥90	≥90
黏度指数（VI）	80≤VI<95	95≤VI<120	80≤VI<110	110≤VI<120	≥120

表1-3　通用润滑油基础油黏度牌号（Q/SY 44—2009）

黏度等级	Ⅰ类基础油黏度牌号										
	150	200	300	400	500	600	650	750	90BS	120BS	150BS
运动黏度（40℃）/（mm²/s）	28.0~<34.0	35.0~<42.0	50.0~<62.0	74.0~<90.0	90.0~<110	110~<120	120~<135	135~<160	—		
运动黏度（100℃）/（mm²/s）	—								17.0~<22.0	22.0~<28.0	28.0~<34.0

黏度等级	II类、III类基础油黏度牌号											
	2	4	5	6	8	10	12	14	16	20	26	30
运动黏度（100℃）/（mm²/s）	1.50~<2.50	3.50~<4.50	4.50~<5.50	5.50~<6.50	7.50~<9.00	9.00~<11.0	11.0~<13.0	13.0~<15.0	15.0~<17.0	17.0~<22.0	22.0~<28.0	28.0~<34.0

1.1.3 中国石化基础油分类

为了适应国内润滑油基础油加工工艺和高档润滑油品种发展的需要，中国石油化工股份有限公司（简称中国石化）于 2012 年颁布了润滑油基础油新的分类标准，见表 1-4。

表 1-4 中国石化润滑油基础油分类（Q/SH 0731—2018）

项目	类别							
	0	I			II		III	
	MVI	HVI I a	HVI I b	HVI I c	HVI II	HVI II⁺	HVI III	HVI III⁺
饱和烃含量（质量分数）/%	<90 和/或	<90 和/或	<90 和/或	<90 和/或	≥90	≥96	≥98	≥98
硫含量（质量分数）/%	≥0.03	≥0.03	≥0.03	≥0.03	<0.03	<0.03	<0.03	<0.03
黏度指数	≥60	≥80	≥90	≥95	90~<110[①]	≥110	≥120	≥125

① 2 号不要求。

1.2 合成基础油分类

合成基础油是采用有机合成的方法，制备的具有一定化学结构和特殊性能的油品。在化学组成上，矿物基础油是以各种不同化学结构的烃类为主要成分的混合物，而合成基础油的每一个品种大都是单一的纯物质或同系物的混合物。构成合成基础油的元素除碳、氢之外，还可以包括氧、硅、磷和卤素等。在碳氢结构中引入含有氧、硅、磷和卤素等元素的官能团，是合成基础油的重要特征。

合成基础油的用量尽管只占全部润滑剂用量的 3% 左右，但合成油以其优异、独特的性能在许多领域弥补了矿物油的不足，从而得到了广泛的应用。但是，因其价格比原油基础油高约 2~10 倍，故而使用范围也受到一定限制。常见的合成基础油有合成烃、合成酯、聚醚、硅油、含氟油、磷酸酯等。在实际应用中，因具有优异的综合性能以及较高的性价比，聚 α-烯烃（PAO）、合成酯、聚醚三大类合成基础油的使用最为广泛。在美国石油协会（API）基础油分类标准中，将聚 α-烯烃列为IV类基础油，而把其他合成基础油列为V类基础油。

根据合成润滑油基础油的化学结构，美国材料与试验学会（ASTM）特设委员会制定了一个合成润滑油基础油的试行分类法，将合成润滑油基础油分为合成烃润滑油、有机酯和其他合成润滑油三大类。ASTM 合成基础油的分类见表 1-5。

表1-5　合成基础油的分类

类别	物质
合成烃润滑油	聚 α-烯烃油
	烷基苯
	聚异丁烯
	合成环烷烃
有机酯	双酯
	多元醇酯
	聚酯
其他合成润滑油	聚醚
	磷酸酯
	硅酸酯
	卤代烃
	聚苯醚

在上述合成基础油中，得到商业规模应用的有聚 α-烯烃油（PAO）、酯类油、聚醚、硅油、含氟油、聚异丁烯和磷酸酯等。前三类构成了当前合成油市场的主体，相比之下聚异丁烯和磷酸酯的市场在逐步缩小。

合成烃基础油是由化学合成方法制备的烃类基础油，包括聚 α-烯烃油（PAO）、聚异丁烯（PIB）、烷基苯（AB）、烷基萘（AN）和合成环烷烃等。与矿物基础油相比较，两者均由碳、氢元素所组成。因此，合成烃基础油具有矿物基础油相似的性能，但在许多方面又优于矿物基础油。用作润滑油基础油的合成烃润滑油主要是 PAO 和烷基苯，且 PAO 的产量最高、应用范围最广。

合成烃润滑油具有良好的润滑性能，黏度范围宽，黏度指数高（在 120～160 之间），凝点低（有的可达-80℃），低温流动性好，闪点高（>235℃），挥发性低，热氧化安定性好，结焦少，抗水解能力强，能与矿物基础油相溶，对添加剂感受性好。适用于制备寒区、严寒区内燃机油、齿轮油、液压油、空气压缩机油、冷冻机油及各种用途的白油，同时还可作为润滑脂基础油等。合成环烷烃因为具有较高的牵引系数，主要用作无级变速装置的传动油。合成烃类油的缺点是与密封材料（尤其是氯丁橡胶）相容性差，抗磨性能不及矿物油、聚醚油和酯类油。

有机酯类基础油包括双酯、多元醇酯和聚酯。酯类油的优点是润滑性能优良，黏温特性好，黏度指数高（部分可达 150 以上），凝点低（有的可达-60℃），低温流动性以及低温启动性好，闪点高（＞200℃），挥发性低，耐热性好，结焦少，氧化安定性好，而且能与矿物油及大多数合成油相溶，对添加剂也有良好的感受性，同时具有无毒、抗磨，可生物降解不造成环境污染等优点。其缺点是与密封材料及涂料的相容性差，水解安定性差，防腐性一般。加入添加剂后热氧化安定性得以改善，可在 175～200℃下长期使用。酯类油是一类各方面性能均比较优良的合成基础油，主要用于制备各种航空润滑油、内燃机油、空气压缩机油、高温仪表油、金属加工用润滑剂及纺织、合成纤维工业用油剂，是目前应用最广的三大合成油之一。

聚醚油（PAG）也称聚亚烷基醚油，包括二醇、单醚和双醚。聚醚类合成油的优点是具有良好的润滑性能，黏温特性好，黏度指数高（在 135～180 之间），凝点低（有的可达-65℃），低温流动性好，挥发性低，使用温度高（可达 220℃），高温下氧化不生成沉淀物和胶状物，剪切安定性好，对金属和橡胶的作用小，而且无毒、难燃。聚醚具有逆溶性，是金属加工液理想的组分，此外还具有可生物降解性，不污染环境。其缺点是与矿物油及其他合成油溶解性差，氧化安定性及热安定性差，对涂料有侵蚀性，对添加剂感受性一般。

聚醚类油除用作喷气发动机油外，还用于齿轮油、真空泵油、压缩机油、汽车制动液、水-乙二醇难燃液压油、高温润滑油、橡胶工业用油、金属加工液等，是在民用工业中得到广泛应用的一类合成油。

磷酸酯主要包括三烷基磷酸酯、三芳基磷酸酯及烷基芳基磷酸酯。具有优良的抗燃性和润滑性，是其最大的优点。磷酸酯的闪点、自燃点可分别高达235℃和600℃，且挥发性低，是抗燃油的最理想的材料，另外还具有低温流动性好，耐辐射等特点。其缺点是黏温特性差，易水解，抗腐蚀性一般，能溶解常用的橡胶、塑料和涂料，价格较贵。目前磷酸酯主要作为高温、高压工作环境下的用油，如抗燃液压油、抗燃汽轮机油、高温润滑油等。

硅油也称硅氧烷油，是带封端基的聚硅氧烷液体。主链由硅、氧原子交替组成，系无色透明、无臭、无味流体。通常分为甲基硅油、乙基硅油、甲基苯基硅油及甲基氯苯基硅油等。硅油最突出的特点是具有优良的黏温特性，在宽温度范围内黏度变化很小，同时还具有良好的高低温性能，闪点高达 300℃以上，且热稳定性好，挥发性低，凝点低（-60℃以下），低温流动性好。此外，硅油化学稳定性高，氧化安定性和剪切安定性好，能与密封材料、塑料和涂料等相容，电绝缘性好、无毒、无腐蚀性、憎水、抗燃。硅油的缺点是润滑性能差，尤其是在钢-钢金属表面上滑动摩擦时边界润滑性不好。因此，其极压抗磨性能很差，同时由于其对添加剂的感受性较差，故难于通过添加剂来改善其润滑性能。

硅油主要作为航空和航天工业的润滑材料，还可用作导热油、电气用油、特种液压油、传动液、制动液以及润滑脂基础油等。甲基硅油黏度低、闪点高，可作为难燃变压器油。甲基苯基硅油的热稳定性更好，大量用作扩散泵油。乙基硅油的润滑性以及与矿物油的共混性比甲基硅油好，但耐热性略差。

硅酸酯类油是在硅油基础上发展起来的。两者结构相似、性能相近，如耐高温、耐老化、耐臭氧及电绝缘性好，还具有难燃、无毒、无腐蚀性和生理惰性等特点。硅酸酯的润滑性能、高温性能以及对添加剂的感受性等均比硅油好。其缺点是价格较贵，易水解。

硅酸酯主要用作航空工业的特殊液压油、热传递油、减震液以及电子设备冷冻液等。

氟油（PFPE）包括全氟碳油、氟氯碳油及聚全氟烷基醚油。突出的化学稳定性是含氟油最显著的特点，此外还具有良好的热稳定性、不燃性、耐辐射性、低温流动性、低挥发性、抗磨性以及工作温度范围大，与金属、密封材料、涂料相容等优点。其热分解温度高，化学安定性好，在 100℃以下与浓无机酸、碱以及强氧化剂等接触不起作用，在空气中不易燃、不易爆。氟油在国防工业中具有重要的使用价值，在化学工业中用于耐酸、碱、液氧及各种化学介质的润滑部位。氟油的缺点是黏温特性一般、抗腐蚀性差，不与其他油类相溶，对添加剂感受性差。

氟油主要用于原子能、火箭技术、制氧等工业的润滑，此外还可作为仪表油、液压油、真空泵油、变压器油以及特殊压缩机油等。

聚苯醚（PPO），别名聚氧二甲苯。对位和邻位连接的聚苯醚在常温下是固体，只有间位的聚苯醚用作合成润滑油。聚苯醚的黏度较高，40℃运动黏度在 100mm^2/s 以上，但黏温性能差，黏度指数为负值。聚苯醚的低温性能差，倾点一般在 0℃以上，性能较好的有间四苯醚、间五苯醚等。聚苯醚的高温性能好，热分解温度可在 400℃以上，大多数都达到 450℃，优于硅油。聚苯醚的特点是抗辐射性能稳定，可耐 10^{9}Gy/a 的吸收剂量。

1.3　植物油基础油分类

植物油基础油可分为天然植物油与化学改质植物油。天然植物油可以生物降解而迅速降低环境污染，毒性低，润滑性良好，缺点是低温条件下容易出现结蜡现象，氧化安定性较差，价格较为昂贵。天然植物油经过化学改质后，其热氧化安定性、低温性能和润滑性能均得到明显改善。

第 2 章

矿物基础油

矿物基础油是天然原油经过常减压蒸馏和一系列精制过程而得到的基础油，目前是润滑油基础油的主要来源。在无特殊说明的情况下，所说基础油一般就是指矿物基础油。为了满足油品高品质和环保的要求，基础油正由 API Ⅰ 类向 API Ⅱ/Ⅲ类转变，基础油生产工艺也由传统工艺向加氢技术发展。加氢技术生产的基础油，硫、氮及芳烃含量低，黏度指数高，热氧化安定性好，挥发性低，使用期长。

2.1　基础油生产工艺发展历程

矿物基础油的加工方法，基本可分为传统物理方法、物理-化学联合方法和化学处理方法。物理处理工艺又被称为常规工艺、传统工艺或"老三套"工艺，其工艺路线为溶剂精制＋溶剂脱蜡＋白土补充精制。物理-化学联合工艺，是一种一段或两段的加氢工艺，其工艺路线包括溶剂预精制＋加氢裂化＋溶剂脱蜡、加氢裂化＋溶剂脱蜡＋高压加氢补充精制、溶剂精制＋溶剂脱蜡＋中低压加氢补充精制。化学处理工艺也称为三段加氢工艺，其工艺路线为加氢裂化＋催化脱蜡＋加氢精制。基础油工艺路线的发展过程见图 2-1。

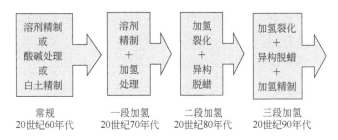

图 2-1　基础油工艺路线的发展过程

传统工艺生产的 API Ⅰ 类基础油是通过蒸馏、溶剂精制、溶剂脱蜡、白土补充处理等物理方法加工的，仅限于最大限度地提取所谓的理想组分，除去矿物油中的多环芳烃和极性物质等非理想组分，不能改变原组分中固有的烃类结构。API Ⅰ类基础油的性能完全取决于原料的性质。

API Ⅱ/Ⅲ类基础油是在催化剂作用下，采用高压加氢的方法使原料中的多环芳烃、胶质和沥青等组分发生开环、裂化、异构化、脱氧、脱氮等化学反应，使其转化为润滑油的理想组分。其中，发生的化学反应包括：稠环芳烃加氢生成稠环环烷烃的反应；稠环环烷烃部分加氢开环，生成带长侧链的单环环烷烃或单环芳烃的反应；正构烷烃或分支程度低的异构烷烃临氢异构化成为分支程度高的异构烷烃的反应。

2.2 基础油组成

矿物基础油是高沸点、高分子量烃类和非烃类的混合物。其组成一般为烷烃（直链烷烃、支链烷烃、多支链烷烃）、环烷烃（单环环烷烃、双环环烷烃、多环环烷烃）、芳烃（单环芳烃、多环芳烃）、环烷基芳烃以及含氧、含氮、含硫有机化合物和胶质、沥青质等非烃类化合物。烃类是构成润滑油的主体。对馏分润滑油而言，其烃类碳数分布约为 $C_{20} \sim C_{40}$，沸点范围为 $350 \sim 535 ℃$，平均分子量为 $300 \sim 500$。残渣润滑油的烃类碳数 $> C_{40}$，沸点 $> 500 \sim 535 ℃$，平均分子量 > 500。烃结构对油品的黏度、黏温性质、凝点等性能均有显著影响。正构烷烃倾点高，多环环烷烃及芳烃氧化稳定性差，这些均不是理想组分。基础油中的异构烷烃，以及少环且带长侧链的环烷烃则是润滑油的理想组分。加氢异构技术通过选择适合的催化材料和加氢工艺，可使原料中更多组分转化为基础油的理想组分。非烃类成分的含量一般情况下只占很小的比例，然而对润滑油的加工过程和使用性能，却有着不可忽视的影响。

加工润滑油基础油的过程，不论是物理的还是化学的，实质就是调整烃类和非烃类、极性成分和非极性成分在基础油中存在的比例，最大程度保留理想组分，去除非理想组分。即使同一种原油，当采用不同加工工艺时，所得基础油结构组成也会存在很大差异。用质谱法对传统工艺和加氢工艺两种基础油中的饱和烃、芳烃的烃类组成进行分析，其分析结果见表 2-1。

表 2-1 基础油中饱和烃、芳烃含量质谱分析结果

烃类	含量（质量分数）/%	
	传统工艺生产的基础油（API Ⅰ类）	加氢基础油（API Ⅱ类）
饱和烃	82.8	99.9
链烷烃	25.1	48.5
环烷烃	57.7	51.4

烃类	含量（质量分数）/%	
	传统工艺生产的基础油（API Ⅰ类）	加氢基础油（API Ⅱ类）
一环环烷烃	19.4	26.7
二环环烷烃	18.1	17.6
三环环烷烃	12.3	6.5
四环环烷烃	7.9	0.6
单环芳烃	3.87	0.19
双环芳烃	1.90	0.11
三环芳烃	0.29	0.01
四环芳烃	0.03	0
五环芳烃	0.15	0.01
未鉴定芳烃	1.19	0.02

采用"老三套"工艺生产的基础油，饱和烃质量分数＜90%，芳烃质量分数＞10%。其中芳烃主要为轻芳烃，也含有少量的中芳烃和重芳烃，硫、氮含量较高，油品质量较差。而加氢异构化基础油的饱和烃质量分数可高达99%以上，芳烃质量分数＜1%，且都为轻芳烃。另外，由于经过加氢处理或加氢裂化，基础油中硫、氮含量也极低。

芳烃对基础油性质的影响主要体现在倾点、苯胺点、溶解能力、氧化安定性以及添加剂感受性方面，而少量芳烃又可作为天然的氧化抑制剂。因此，虽然芳烃在基础油中的含量远不及饱和烃，但其影响却是不可忽略的。

2.3 基础油各组分对主要理化特性的影响

2.3.1 基础油中各组分的低温性能

正构烷烃倾点较高，而异构烷烃倾点较低。基础油加氢异构脱蜡反应中，将正构烷烃转化为异构烷烃，就是在保证高黏度指数的同时，降低产品的倾点。带有长支链的单环环烷烃也具备良好的低温性能和黏度性质。表 2-2 给出的是几种不同结构烃的倾点。

表 2-2 不同结构烃的倾点

烃类	倾点/℃	烃类	倾点/℃
$n\text{-}C_{14}H_{30}$	8.5	C—C—C—C—C—C—C—C C—C—C—C C—C—C	<−77
C—C—C—C—C$_6$—C—C—C C C	−5.5	$n\text{-}C_{16}H_{34}$	23

烃类	倾点/℃	烃类	倾点/℃
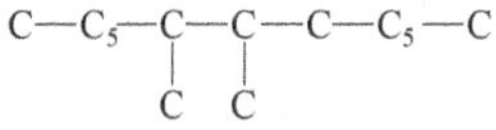 C—C₅—C—C—C—C₅—C（下支 C、C）	−67	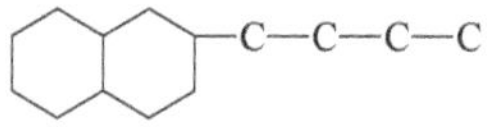 十氢萘—C—C—C—C	−65
$n\text{-}C_{18}H_{38}$	31	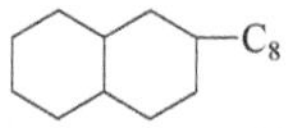 十氢萘—C₈	−45
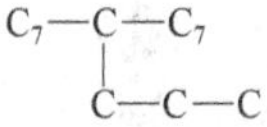 C₇—C—C₇（下支 C—C）	−62	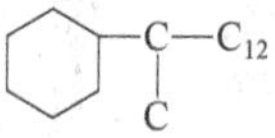 环己烷—C—C₁₂（下支 C）	−16
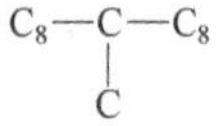 C₈—C—C₈（下支 C）	−5	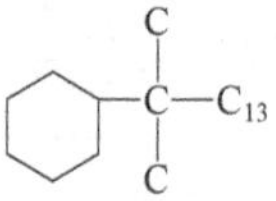 环己烷—C（上下支 C、C）—C₁₃	−47
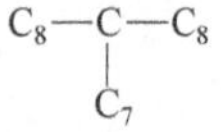 C₈—C—C₈（下支 C₇）	−24	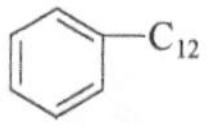 苯—C₁₂	−4
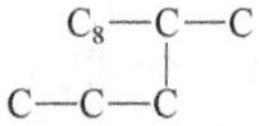 C₈—C—C（下支 C—C—C）	−57	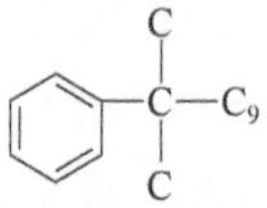 苯—C（上下支 C、C）—C₉	−42
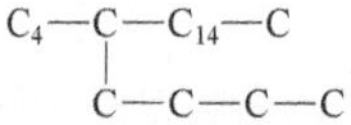 C₄—C—C₁₄—C（下支 C—C—C—C）	11	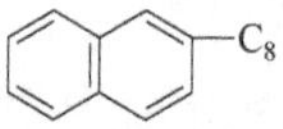 萘—C₈	−42.5
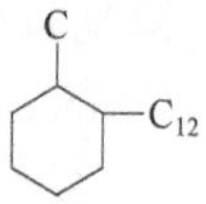 环己烷（上 C，侧 C₁₂）	−16	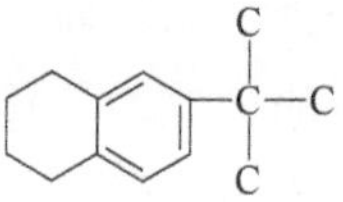 四氢萘—C（上下支 C、C）—C	−46.5
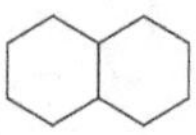 十氢萘	−27	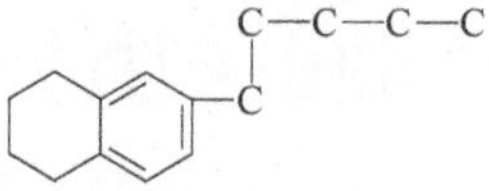 四氢萘—C（上支 C—C—C—C）	−50

　　基础油处于低温时，石蜡分子定向排列，形成针状或片状结晶，并相互联结成三维网状结构，同时将低熔点油通过吸附或溶剂化包于其中，可致使整个油品丧失流动性。当异构烷烃比例较大时，基础油则表现出较好的低温性能。基础油中的胶质、沥青质等极性组分和芳烃虽不是基础油中的理想组分，但却能阻止石蜡晶体间的黏结作用，降低蜡的结晶温度，有利于改善其低温性能。

　　各种烃类的凝点由大到小的顺序为：正构烷烃＞异构烷烃＞环烷烃＞芳烃。正构烷烃的凝点最高，且随碳原子数增加而升高，如正十六烷的凝点为18.16℃，正十八烷为36.7℃。异构烷烃的凝点比相应的正构烷烃的低，而且随着分支程度的增大而迅速下降。带侧链的环状烃，侧链分支程度愈大，凝点下降也愈快。

2.3.2 基础油中各组分的氧化性能

氧化性能是润滑油基础油最重要的性能之一。润滑油基础油的氧化安定性与其来源、使用环境以及化学组成密切相关。目前润滑油基础油氧化性能测定方法，使用比较多的有烘箱氧化法、旋转氧弹法、PDSC 法和多金属氧化法。油品氧化有抑制阶段、急剧氧化阶段和最终阶段三个主要阶段。抑制阶段是由于有链反应抑制剂（天然抗氧剂、抗氧剂）的作用。急剧氧化阶段是氧化速度急剧增加，表现为黏度增长，酸度增加。在最终阶段氧化速度则放慢。基础油各组分的氧化性能，见表2-3。

表2-3 基础油中各组分的氧化性能

组分	氧化性能	对抗氧剂的感受性
烷烃	可延缓氧化，有益诱导期。容易氧化生成酸，以后生成可溶解黏稠物，而氧化产物已形成则会沉淀下来	对抗氧剂有最好的感受性
环烷烃	氧化过程中无明显诱导期。氧化产物高温腐蚀作用较小，初期沉淀物处于分散状态，而后生成油泥	对抗氧剂有最好的感受性
烷基苯、烷基萘	相当稳定，氧化生成酸	对抗氧剂有中等的感受性
环烷苯	容易氧化	对抗氧剂的感受性不好
多环芳烃	较烷烃、环烷烃更容易氧化。氧化生成油泥，产生胶质沥青状腐蚀性产物。少量芳烃与硫化物配合有抗氧化作用	对抗氧剂的感受性不好
含硫化合物	是天然抗氧剂，但本身易氧化。基础油中最佳含量为 0.1%～0.5%	与抗氧剂有协同作用
极性化合物	氧化促进剂	对抗氧剂的感受性差

饱和烃中链烷烃的氧化稳定性优于环烷烃，链烷烃中支链越多，氧化稳定性越差；链烷烃的氧化安定性比环烷烃的强，是润滑油的理想组分。环烷烃也是比较稳定的，有侧链时比烷烃稍差，而多环环烷烃是氧化反应中极不稳定的组分。对于芳烃而言，苯是稳定的，但带有侧链的烷基苯就使侧链易受自由基攻击而氧化。上述的氧化安定性，仅仅是低温状态下的安定性。一旦氧化温度高于 120℃，饱和的脂肪族化合物就会被氧化激发，而且随着氧化时间的延长，氧化程度加深。

Ⅱ、Ⅲ类基础油是由加氢裂化-异构脱蜡-加氢处理制得的高质量基础油，饱和烃含量高，芳香烃含量＜10%或更低，硫含量＜300μg/g，比Ⅰ类基础油有更好的氧化安定性。基础油的抗氧化能力越好，用其调制的各种润滑油品在使用过程中生成沉淀、油泥和腐蚀副产物的可能性越小，黏度增长越小。芳烃含量很低的Ⅱ、Ⅲ类基础油，最大优势是其氧化安定性和热稳定性大大提高。

研究结果表明，芳香烃的组成和分布对Ⅱ类和Ⅲ类基础油的氧化安定性影响很大。基础油的氧化安定性往往主要由芳香烃含量所决定。对 500N 基础油，芳香烃含量从 1%增大到 2%，基础油的氧化速率增大 13%；芳香烃含量从 1%增大到 8.5%，基础油的氧化速率增大一倍。对较轻质的基础油如 100N 等，芳香烃含量对氧化程度影响则稍微加重。当基础油中芳香烃的含量从 1%增大到6.5%时，基础油的氧化速率就增大一倍。对于芳烃含量＜1%的基础油，饱和烃的结构对其氧化速率的影响＞芳香烃的影响。改善基础油氧化安定性最有效的途径是增大基础油的黏度指数。随着黏度指数的增加，基础油中脂肪烃的含量增加，多环环烷烃的含量减少，氧化安定性增加。多环环烷烃的含量越低，基础油的黏度指数越高，其氧化安定性也越高。黏度指数范围在 98～105 之间的基础油，黏度指数的变化对氧化安定性的影响不突出（黏度指数从 98 增大到105，氧化速率增加＜5%）。但是，对黏度指数范围在 115～125 之间的基础油，因多环环烷烃的含量很低，故基础油具有更好的氧化安定性。

按其腐蚀性不同，原油中存在的硫可分为活性硫和非活性硫。活性硫主要有单质硫、硫化氢和硫醇；非活性硫主要有硫醚、二硫及多硫化物、噻吩及其同系物等。原油馏分中的硫化合物结构复杂，而且在一定条件下还会发生转化。如硫醚在油品中有抗氧化作用，一旦分解，产生的活性硫有腐蚀作用。过去普遍认为基础油中的硫化物对油品的抗氧化安定性具有较好的作用，因此力求在原油加工过程中推行保硫。但是大量研究发现，并不是随着硫含量按比例增加，油品的抗氧化安定性就会呈线性或按一定规律增加，而是出现了不规律性。

在硫醚中硫原子的化学活性很大，在氧化条件下首先受到亲电试剂的进攻，形成亚砜，亚砜很快又被氧化为砜，进而氧化为酮。可以认为，硫醚参与了过氧化物的反应，使过氧化物分解，抑制了氧化反应的进行。

基础油中的噻吩类化合物主要是带侧链的苯并噻吩和二苯并噻吩，在氧化条件下其化学活性比硫醚稳定。噻吩在氧化剂的作用下发生缓慢的氧化，首先硫原子被氧化为砜，继续氧化可氧化为酮或酸。但是，氧化反应的速率非常低，大部分的噻吩是没有被氧化的。

国内原油基本都是低硫高氮的，已知的碱性氮化物主要是吡啶和喹啉及其同系物，还有异喹啉、氮杂蒽、氮杂菲及其同系物等。非碱性氮化物主要是吡咯、吲哚、咔唑、苯并咔唑及其同系物。研究表明，基础油中碱性氮对油品的抗氧化安定性的影响，较非碱性氮更大，而且会加深基础油的颜色。

2.3.3 基础油对抗氧剂的感受性

通常来说，加氢基础油对抗氧剂的感受性比溶剂精制的基础油好。对于溶剂精制基础油，抗氧剂对含硫量低的基础油的感受性比对含硫量高的感受性好。芳胺型抗氧剂对各种基础油的抗氧化效果都比较好，是一种普遍适用的抗氧剂。酚型抗氧剂对加氢裂化和加氢异构化基础油的抗氧化效果最好，但对芳烃含量高的溶剂精制基础油的抗氧化效果较差，故而推荐其作为加氢处理基础油、半合成基础油和全合成基础油的抗氧剂。硫酚抗氧剂对各种基础油的抗氧化效果比前两种差。与自由基抑制型抗氧剂相比，过氧化物分解型抗氧剂（如ZDTP）的抗氧化效果，与其添加量呈有规律的比例关系，添加量越大，氧化诱导期越长。当加氢基础油加入抗氧剂后，油品会具有更优良的抗氧化安定性。但是，因其缺少芳烃，因而对极性物质的溶解性差。

2.3.4 基础油中各种烃类的黏度和黏度指数

基础油的黏度随烃类分子量的增大而增大。在碳原子数相同的各种烃类中，烷烃的黏度最小，芳香烃次小，环烷烃的黏度最大，并且随着环数在分子中的比例增加而增加。在环数相同的烃类中，黏度随侧链长度的增加而增加。

烃类本身的黏度指数差别很大。在基础油所含的烃类中，以正构烷烃的黏度指数最高，能达到 180 以上。异构烷烃的黏度指数比相应的正构烷烃的要低一些，并且随着分支程度的增加而下降；其次是具有烷基侧链的单环、双环环烷烃和单环、双环芳烃；最差的是重芳香烃、多环环烷烃和环烷基芳烃。对于双环和多环烃类，黏度指数随侧链的数目和长度的增加而增加，随环数的增加而急剧下降。胶质是多环的含氧化合物，其黏温性质更差。

基础油中烷烃、异构烷烃、少环长侧链的环烷烃和芳烃具有高的黏度指数，而多环短侧链的环烷烃和芳烃的黏度指数则很低。将某含硫原油润滑油基础油中各族烃的黏度指数列于表 2-4，供参考。

表 2-4　某含硫原油润滑油基础油中各族烃的黏度指数

烃类	运动黏度（40℃）/（mm²/s）	黏度指数
烷烃-环烷烃	39.1	103
单环芳烃	45.1	81
双环芳烃	70.4	66
多环芳烃	102.9	37
极性芳烃	199.0	−15

一般来说，环烷烃含量与黏度指数的关系有负的相关性，即基础油的环烷烃含量越高，其黏度指数越低；链烷烃的含量与黏度指数有正的相关性，即基础油的链烷烃含量越高，其黏度指数越高。基础油各碳类型含量的分布影响着基础油烃类组成结构，正构烷烃和亚甲基含量高的基础油黏度指数高，而支链

甲基和次甲基含量高的基础油黏度指数低。支化度与基础油黏温性能有负的相关性，支化度越大，黏温性能越差，黏度指数越低。C_{25}、C_{26} 正、异构烷烃黏度指数的差异见表 2-5。

表 2-5　C_{25}、C_{26} 正、异构烷烃的黏度指数

烷烃骨架结构	黏度指数	烷烃骨架结构	黏度指数
n-C_{25}	177	C_6—C—C_{13}（上 C_6）	131.2
C_4—C—C_{17}（上 C_4）	138.2	C_{10}—C—C_5（上 C_{10}）	126
C_4—C—C_8—C—C_4（上 C_4、C_4）	84.7	C_2—C—C—C_{10}（上 C_2、C_{10}）	119
C_2—C—C_{21}（上 C_2）	174.4		

2.3.5　基础油的光安定性

光安定性是指油品在光照条件下发生变色、浑浊、沉淀的程度，这其实是一种轻度的氧化过程。在基础油的光氧化过程中，主要是芳烃组分（尤其是多环芳烃）发生结构组成变化，从而导致更多、极性更大的化学物质产生。与"老三套"传统工艺生产的基础油相比，加氢基础油本身的饱和烃含量很高，具有倾点低、黏度指数高、氧化安定性好等优点。但是，饱和烃对极性较大的物质溶解能力较差，使其很容易以不溶物形式从体系中沉淀出来。因此，加氢基础油存在光安定性差的缺点。经深度加氢后，加氢基础油中的硫含量不高，即天然抗氧剂被除去，也是加氢基础油光安定性差的重要原因。研究加氢基础油的结构组成，还发现少量部分加氢的多环芳烃是使油品变色、产生沉淀的主要组分。饱和烃的光安定性最好，而三元至六元芳烃和环烷基芳烃，含有少量硫、氮的化合物以及七元的芳烃是造成基础油光安定性差的主要原因。

2.3.6　结构组成对基础油挥发性的影响

基础油的闪点和蒸发损失，是衡量挥发性和基础油能否安全储存、运输和使用的一个重要指标。闪点低的基础油，挥发性高，容易着火。蒸发损失大，造成润滑油消耗量大，使用寿命短，同时低黏度组分的损失会导致油品的黏度上升。在相同黏度下，饱和烃含量高的基础油沸点较高，不易挥发。石蜡基础油的挥发度较低，芳烃的较高，环烷烃最高。

2.4 Ⅰ类基础油

矿物基础油采用天然原油提炼而成，通过不同加工工艺而得到润滑油高、低黏度组分。Ⅰ类基础油通常是指通过传统的"老三套"工艺生产制得的基础油。Ⅰ类基础油的生产过程基本以物理过程为主，不改变烃类结构，生产的基础油质量取决于原料中理想组分的含量和性质。因此，该类基础油在性能改善方面受到一定限制。

2.4.1 Ⅰ类基础油生产工艺

（1）生产工艺流程　Ⅰ类基础油生产仍广泛采用传统方法，即减压渣油经过"老三套"（溶剂精制-溶剂脱蜡-白土精制或加氢补充精制）工艺制得。Ⅰ类基础油生产工艺流程参见图 2-2。溶剂精制工艺分为正序流程及反序流程，先糠醛精制后酮苯脱蜡为正序流程，先酮苯脱蜡后糠醛精制为反序流程，产品品种主要为 HVI、MVI、LVI 等中性基础油。

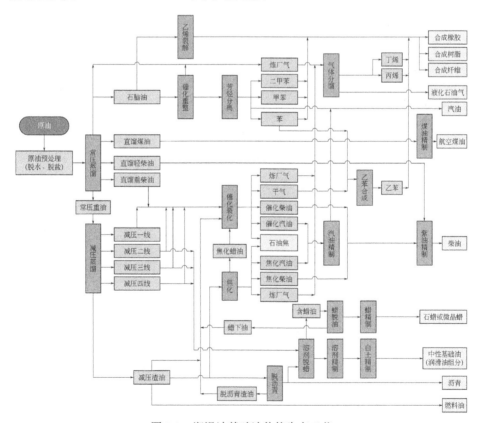

图 2-2　润滑油基础油传统生产工艺

（2）**常减压蒸馏**　常减压蒸馏利用原油中各种组分存在着沸点差这一特征，通过常减压蒸馏装置从原油中分离出各种原油馏分。经过常压塔蒸馏，蒸出沸点在400℃以下的馏分，常压蒸馏只能获得低黏度的基础油料。因为原油被加热到400℃后，就会有部分烃裂解，并在加热炉中结焦，影响基础油质量。根据外压降低、液体的沸点也相应降低的原理，可利用减压蒸馏来分馏高沸点（350～500℃）、高黏度的馏分。典型三段汽化常减压蒸馏流程见图2-3。

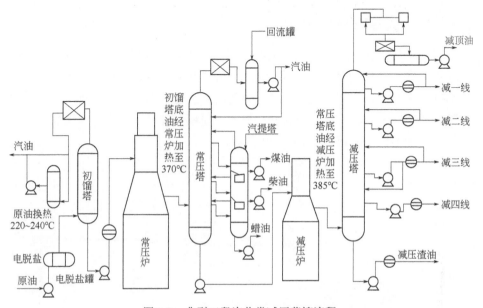

图2-3　典型三段汽化常减压蒸馏流程

（3）**溶剂精制**　溶剂精制是利用某些溶剂对油中非理想组分的溶解度很大，对理想组分的溶解度很小的特性，进行基础油精制的方法。把溶剂加入基础油料中，其中所含非理想组分则迅速溶解在溶剂中，将溶有非理想组分的溶液分出，其余的就是基础油的理想组分。通常把前者叫作提取油或抽出油，后者叫作提余油或精制油。经过溶剂精制后的基础油料，其黏温特性、抗氧化性等性能都有很大改善。常用溶剂是糠醛和苯酚。糠醛精制工艺流程见图2-4。

（4）**酮苯脱蜡**　石蜡基原油和中间基原油经过常减压蒸馏后，得到的润滑油原料中都含有蜡。这些蜡的存在会影响润滑油的低温流动性能。由于蜡的凝点较高，当逐渐降低温度时，蜡就从基础油料中结晶析出，从而可通过过滤或离心分离的方法将蜡与油分离。在低温条件下，基础油的黏度很大，所生成的蜡结晶细小，使过滤或离心分离很困难。因此，需要加入一些在低温时对油的溶解度很大，而对蜡的溶解度很小的溶剂进行稀释。苯类溶剂能很好地溶解基础油，但其对蜡的溶解度也较大，酮类溶剂对蜡的溶解度则很小。为此，常在苯类溶剂中加入一些丙酮或甲基乙基酮，以降低苯类溶剂对蜡的溶解度。溶剂脱蜡过程的工艺流程大体相同，以酮苯脱蜡为例，包括结晶、过滤、溶剂回收、冷冻等过程。溶剂脱蜡工艺流程见图 2-5。

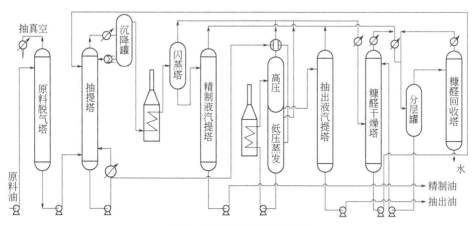

图 2-4　糠醛精制工艺流程

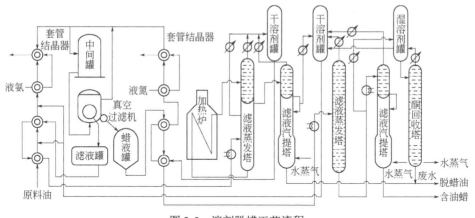

图 2-5　溶剂脱蜡工艺流程

（5）丙烷脱沥青　原油经减压分馏后，仍有一些分子量很大、沸点很高的烃类不能气化蒸馏出来，而残留在减压渣油中，这些烃类是制取高黏度基础油的良好原料。丙烷脱沥青是利用丙烷在一定温度条件下对于减压渣油中的基础油组分和蜡有相当大的溶解能力，而对于胶质和沥青质几乎不溶解的特性，将减压渣油中的胶质、沥青质除去，以生产高质量的基础油，同时还得到沥青。丙烷脱沥青工艺流程见图 2-6。

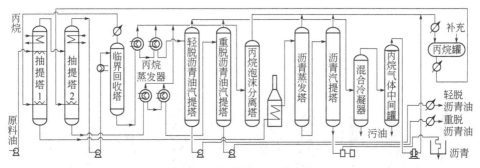

图 2-6　丙烷脱沥青工艺流程

（6）**白土补充精制**　经过溶剂精制和脱蜡后的油品，其质量已基本上达到要求，但一般总会含少量未分离掉的溶剂、水分以及回收溶剂时加热所产生的某些大分子缩合物、胶质和不稳定化合物，还可能从加工设备中带出一些铁屑之类的机械杂质。为了将这些杂质去掉，进一步改善基础油的颜色，提高安定性，降低残炭，还需要一次补充精制，常用的补充精制方法是白土处理。白土精制是利用活性白土的吸附能力，将各类杂质吸附在活性白土上，然后滤去白土以除去所有杂质。该方法是在油品中加入少量（一般为百分之几）预先烘干的活性白土，边搅拌边加热，使油品与白土充分混合，杂质即吸附在白土上，然后用细滤纸（布）过滤，除去白土和机械杂质，即可得到精制基础油。白土补充精制工艺流程见图 2-7。

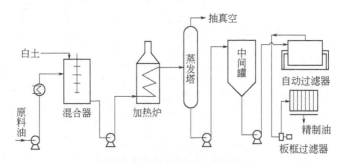

图 2-7　白土补充精制工艺流程

白土补充精制的原理，是依据白土的活性表面有选择地吸附油中的极性物质（如胶质、沥青质等酸性物质），而对油品中的理想组分则不吸附，从而达到除去油中不理想物质的目的。油品中各种物质被白土吸附时由强至弱的顺序为：胶质＞沥青质＞氧化物＞硫酸酯＞芳烃＞环烷烃＞烷烃。

（7）**加氢补充精制**　加氢补充精制是一种缓和加氢精制过程，其目的是脱出油品中有色或生色物质，并伴有浅度脱硫和脱氮作用。经过加氢补充精制后的油品，其颜色、安定性和气味得到改善，对抗氧剂的感受性显著提高，而黏度、黏温性能等变化不大，并且油品中的非烃元素如硫、氮、氧的含量降低。加氢补充精制的产品收率比白土精制收率高，没有废白土处理等问题，是取代白土精制的一种较有前途的方法。加氢补充精制工艺流程见图2-8。

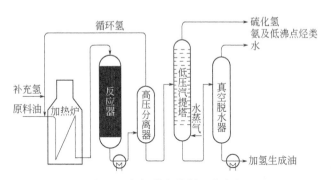

图2-8 加氢补充精制工艺流程

2.4.2 Ⅰ类基础油生产工艺特点

原油的减压馏分油，经过酮苯脱蜡、溶剂精制、白土精制等工艺制得Ⅰ类基础油。生产过程基本以物理过程为主，不改变烃类结构。基础油质量取决于原料中理想组分的含量和性质。这种传统溶剂精制工艺的优点是高黏度基础油产率高，能副产高熔点石蜡和芳香基橡胶油等。其缺点是对原油品种的适应性较差，无法生产高黏度指数、低倾点、低硫氮含量和低芳烃含量的API Ⅱ/Ⅲ类基础油，且对环境污染的程度也较高。

2.4.3 中国石油Ⅰ类基础油

（1）**特性**　在组成上，Ⅰ类基础油芳烃和硫、氮等元素的含量较高。石蜡基基础油的饱和烃含量，最多也只能达到85%左右，芳烃一般在14%左右。环烷基溶剂精制油的芳烃含量可达到30%以上，硫含量一般在$500\mu g/g$上下。含有相对较多的天然抗氧组分，未加抗氧剂时其抗氧性能还略优于加氢基础油。由于对抗氧剂的感受性相对较差，在加入同样抗氧剂的情况下，氧化安定性一般远低于Ⅱ、Ⅲ类基础油。适用于调配各类发动机油、齿轮油、液压油等油品，也用作各类润滑脂的基础油。

（2）**技术参数**　中国石油天然气股份有限公司MVI中黏度指数Ⅰ类基础油企业标准见表2-6，HVI高黏度指数Ⅰ类基础油企业标准见表2-7，HVIS高黏度指数深度精制Ⅰ类基础油企业标准见表 2-8，HVIW 高黏度指数低凝Ⅰ类基础油企业标准见表2-9。

表 2-6 MVI 中黏度指数 I 类基础油企业标准（Q/SY 44—2009）

项目		质量指标									试验方法
		150	300	400	500	600	750	90BS	120BS	150BS	
运动黏度/ (mm²/s)	40℃	28.0~<34.0	50.0~<62.0	74.0~<90.0	90.0~<110	110~<120	135~<160	报告	报告	报告	GB/T 265
	100℃	报告	报告	报告	报告	报告	报告	17.0~<22.0	22.0~<28.0	28.0~<34.0	
外观		透明	透明	透明	透明	透明	透明	透明	透明	透明	目测
色度/号 ≤		1.0	2.0	2.5	3.0	3.5	4.0	5.5	5.5	6.0	GB/T 6540
黏度指数 ≥		80	80	80	80	80	80	80	80	80	GB/T 1995
闪点（开口）/℃ ≥		170	200	210	215	220	225	240	255	270	GB/T 3536
倾点/℃ ≤		−12	−9	−9	−5	−5	−5	−5	−5	−5	GB/T 3535
酸值/ (mgKOH/g) ≤		0.05	0.05	0.05	0.05	0.05	0.05	0.10	0.10	0.10	GB/T 4945[①] GB/T 7304
饱和烃（质量分数）/%		报告	报告	报告	报告	报告	报告	报告	报告	报告	SH/T 0607 SH/T 0753
残炭（质量分数）/% ≤		—	0.02	0.03	0.03	0.035	0.04	0.50	0.50	0.50	GB 268 GB/T 17144[①]
密度（20℃）/ (kg/m³)		报告	报告	报告	报告	报告	报告	报告	报告	报告	GB/T 1884 GB/T 1885 SH/T 0604
苯胺点/℃		报告	报告	报告	报告	报告	报告	报告	报告	报告	GB/T 262
硫含量（质量分数）/%		报告	报告	报告	报告	报告	报告	报告	报告	报告	GB/T 387 GB/T 17040 SH/T 0689 SH/T 0253
氮含量（质量分数）/%		报告	报告	报告	报告	报告	报告	报告	报告	报告	GB 9170 SH/T 0657
碱性氮含量（质量分数）/%		报告	报告	报告	报告	报告	报告	报告	报告	报告	SH/T 0162
抗乳化度/min	54℃（40-40-0）≤	10	15	15	—	—	—	—	—	—	GB/T 7305
	82℃（40-37-3）≤	—	—	—	10	10	15	15	15	15	
蒸发损失（Noack 法，250℃，1h）（质量分数）/% ≤		23	—	—	—	—	—	—	—	—	NB/SH/T 0059[①] SH/T 0731
氧化安定性（旋转氧弹法，150℃）/min ≥		200	200	200	200	200	200	200	130	130	SH/T 0193

① 为有争议时的仲裁方法。

表 2-7 HVI 高黏度指数 I 类基础油企业标准（Q/SY 44—2009）

项目		质量指标							试验方法
		150	200	400	500	650	90BS	120BS	
运动黏度/（mm²/s）	40℃	28.0~<34.0	35.0~<42.0	74.0~<90.0	90.0~<110	120~<135	报告	报告	GB/T 265
	100℃	报告	报告	报告	报告	报告	17.0~<22.0	22.0~<28.0	
外观		透明	透明	透明	透明	透明	透明	透明	目测
色度/号 ≤		1.5	2.0	3.0	3.5	4.5	4.5	4.5	GB/T 6540
黏度指数 ≥		100	98	95	95	95	95	95	GB/T 1995
闪点（开口）/℃ ≥		200	210	225	235	255	260	265	GB/T 3536
倾点/℃ ≤		−12	−9	−7	−7	−5	−5	−5	GB/T 3535
酸值/（mgKOH/g）≤		0.02	0.02	0.03	0.03	0.03	0.03	0.03	GB/T 4945[①] GB/T 7304
饱和烃（质量分数）/%		报告	报告	报告	报告	报告	报告	报告	SH/T 0607 SH/T 0753
残炭（质量分数）/% ≤		—	—	0.10	0.15	0.25	0.30	0.60	GB 268 GB/T 17144[①]
密度（20℃）/（kg/m³）		报告	报告	报告	报告	报告	报告	报告	GB/T 1884 GB/T 1885 SH/T 0604
苯胺点/℃		报告	报告	报告	报告	报告	报告	报告	GB/T 262
硫含量（质量分数）/%		报告	报告	报告	报告	报告	报告	报告	GB/T 387 GB/T 17040 SH/T 0689 SH/T 0253
氮含量（质量分数）/%		报告	报告	报告	报告	报告	报告	报告	GB 9170 SH/T 0657
碱性氮含量（质量分数）/%		报告	报告	报告	报告	报告	报告	报告	SH/T 0162
蒸发损失（Noack 法，250℃，1h）（质量分数）/% ≤		20	15	—	—	—	—	—	NB/SH/T 0059[①] SH/T 0731
氧化安定性（旋转氧弹法，150℃）/min ≥		200	200	190	170	150	150	150	SH/T 0193
低温动力黏度（−15℃）/mPa·s		报告	—	—	—	—	—	—	GB/T 6538

① 为有争议时的仲裁方法。

表 2-8　HVIS 高黏度指数深度精制 I 类基础油企业标准（Q/SY 44—2009）

项目		质量指标							试验方法
		150	200	400	500	650	120BS	150BS	
运动黏度/ （mm²/s）	40℃	28.0～ <34.0	35.0～ <42.0	74.0～ <90.0	90.0～ <110	120～ <135	报告	报告	GB/T 265
	100℃	报告	报告	报告	报告	报告	22.0～ <28.0	28.0～ <34.0	
外观		透明	透明	透明	透明	透明	透明	透明	目测
色度/号　≤		1.0	1.5	2.0	2.5	3.5	4.5	5.0	GB/T 6540
黏度指数　≥		100	98	95	95	95	95	95	GB/T 1995
闪点（开口）/℃　≥		200	210	225	235	255	290	300	GB/T 3536
倾点/℃　≤		−15	−9	−9	−9	−7	−5	−5	GB/T 3535
酸值/（mgKOH/g）　≤		0.02	0.02	0.03	0.03	0.03	0.03	0.03	GB/T 4945[①] GB/T 7304
饱和烃（质量分数）/%		报告	报告	报告	报告	报告	报告	报告	SH/T 0607 SH/T 0753
残炭（质量分数）/% 　≤		—	—	0.10	0.15	0.25	0.50	0.60	GB 268 GB/T 17144[①]
密度（20℃）/（kg/m³）		报告	报告	报告	报告	报告	报告	报告	GB/T 1884 GB/T 1885 SH/T 0604
苯胺点/℃		报告	报告	报告	报告	报告	报告	报告	GB/T 262
硫含量（质量分数）/%		报告	报告	报告	报告	报告	报告	报告	GB/T 387 GB/T 17040 SH/T 0689 SH/T 0253
氮含量（质量分数）/%		报告	报告	报告	报告	报告	报告	报告	GB 9170 SH/T 0657
碱性氮含量（质量分数）/%		报告	报告	报告	报告	报告	报告	报告	SH/T 0162
抗乳化度/ min	54℃ （40-40-0）	10	10	15	—	—	—	—	GB/T 7305
	82℃ （40-37-3）	—	—	—	15	15	25	25	
蒸发损失（Noack 法， 250℃，1h）（质量分数）/ %　≤		20	15	—	—	—	—	—	NB/SH/T 0059[①] SH/T 0731
氧化安定性（旋转氧弹 法，150℃）/min　≥		200	200	200	200	200	180	180	SH/T 0193

① 为有争议时的仲裁方法。

表 2-9　HVIW 高黏度指数低凝 I 类基础油企业标准（Q/SY 44—2009）

项目		质量指标						试验方法
		150	200	400	500	650	120BS	
运动黏度/ （mm²/s）	40℃	28.0～ <34.0	35.0～ <42.0	74.0～ <90.0	90.0～ <110	120～ <135	报告	GB/T 265
	100℃	报告	报告	报告	报告	报告	22.0～ <28.0	
外观		透明	透明	透明	透明	透明	透明	目测
色度/号　　　　≤		1.5	2.0	2.5	3.0	4.0	4.5	GB/T 6540
黏度指数　　　　≥		100	98	95	95	95	95	GB/T 1995
闪点（开口）/℃　≥		200	210	225	235	255	290	GB/T 3536
倾点/℃　　　　≤		−16	−16	−12	−12	−12	−12	GB/T 3535
酸值/（mgKOH/g）≤		0.02	0.02	0.03	0.03	0.03	0.03	GB/T 4945[①] GB/T 7304
饱和烃（质量分数）/%		报告	报告	报告	报告	报告		SH/T 0607 SH/T 0753
残炭（质量分数）/% 　　　　　　　　≤		—	—	0.10	0.15	0.25	0.60	GB 268 GB/T 17144[①]
密度（20℃）/（kg/m³）		报告	报告	报告	报告	报告	报告	GB/T 1884 GB/T 1885 SH/T 0604
苯胺点/℃		报告	报告	报告	报告	报告	报告	GB/T 262
硫含量（质量分数）/%		报告	报告	报告	报告	报告	报告	GB/T 387 GB/T 17040 SH/T 0253 SH/T 0689
氮含量（质量分数）/%		报告	报告	报告	报告	报告	报告	GB 9170 SH/T 0657
碱性氮含量（质量分数）/ %		报告	报告	报告	报告	报告	报告	SH/T 0162
蒸发损失（Noack 法， 250℃，1h）（质量分数）/ %　　　　　　　　≤		17	13	—	—	—	—	NB/SH/T 0059[①] SH/T 0731
氧化安定性（旋转氧弹法， 150℃）/min　　　　≥		200	200	200	180	180	150	SH/T 0193
低温动力黏度（−20℃）/ mPa·s		报告	报告	—	—	—	—	GB/T 6538

① 为有争议时的仲裁方法。

（3）生产厂家　中国石油天然气股份有限公司大连石化分公司、中国石油天然气股份有限公司大庆炼化分公司、中国石油天然气股份有限公司兰州石化分公司、中国石油天然气股份有限公司克拉玛依石化分公司。

2.4.4　中国石化Ⅰ类基础油

（1）特性　低硫石蜡基原油经过溶剂精制-溶剂脱蜡-补充精制（包括白土精制和低压加氢精制）传统工艺制得。能除去矿物油中的多环芳烃和极性物质等非理想组分，但不能改变原组分中固有的烃类结构，能够生产中高黏度基础油。其中烷烃和长侧链环烷烃含量较高，芳香烃和非烃类（杂原子有机化合物、胶质、沥青质）含量较低，对添加剂溶解性好。芳烃主要为轻芳烃，也含有少量的中芳烃和重芳烃。与加氢Ⅱ/Ⅲ类基础油相比，具有更好的光安定性。适用于调配齿轮油、船用油、润滑脂、金属加工油等油品。

（2）技术参数　中国石化Ⅰ类基础油 HVIⅠa、HVIⅠb 和 HVIⅠc 的中国石油化工集团公司企业标准，分别见表2-10～表2-12。

表2-10　HVIⅠa基础油中国石化集团公司企业标准（Q/SH PRD0731—2018）

项目		质量指标									试验方法
牌号[①]		75	150	350	400	500	650	750	900	120BS	150BS	
外观		透明无絮状物										目测[②]
运动黏度/ （mm²/s）	40℃	12.0～ <16.0	28.0～ <34.0	62.0～ <74.0	74.0～ <90.0	90.0～ <110	120～ <135	135～ <160	160～ <180	报告		GB/T 265[③]
	100℃	报告								22～ <28	28～ <34	
色度/号　≤		0.5	1.5	3.0	3.5	4.0	5.0			5.5	6.0	GB/T 6540
饱和烃含量（质量分数）/%		报告										SH/T 0753
硫含量（质量分数）/%		报告										SH/T 0689[④]
黏度指数　≥		85		80								GB/T 1995[⑤]
闪点（开口）/℃　≥		175	200	220	225	235	255			275	290	GB/T 3536
倾点/℃　≤		−12	−9	−5								GB/T 3535
浊点/℃		—		报告								GB/T 6986
酸值/（mgKOH/g）　≤		0.02	0.05		报告							NB/SH/T 0836[⑥] GB/T 7304[⑦]

项目	质量指标										试验方法
牌号①	75	150	350	400	500	650	750	900	120BS	150BS	
残炭值（质量分数）/% ≤	—		0.10		0.15	0.30		0.50	0.60	0.70	GB/T 17144⑧
蒸发损失（Noack 法，250℃，1h）（质量分数）/% ≤	—	报告	—								NB/SH/T 0059⑨
密度（20℃）/（kg/m³）	报告										SH/T 0604⑩
苯胺点/℃	报告										GB/T 262
碱性氮含量（质量分数）/（μg/g）	报告										SH/T 0162
水分（质量分数）/% ≤	痕迹										目测⑪
机械杂质	无										目测⑫
氧化安定性旋转氧弹⑬（150℃）/min ≥	180				130				110		SH/T 0193
泡沫性（泡沫倾向/泡沫稳定）/（mL/mL）	报告										GB/T 12579

① 75～900 为 40℃赛氏黏度整数值，120BS～150BS 为 100℃赛氏黏度整数值。

② 将油品注入 100mL 洁净量筒中，油品应均匀透明无絮状物，如有争议，将油温控制在 15℃±2℃，应均匀透明无絮状物。

③ 也可以采用 GB/T 30515 方法，有争议时，以 GB/T 265 为仲裁方法。

④ 也可以采用 GB/T 387、GB/T 17040、GB/T 11140、SH/T 0253 方法。

⑤ 也可以采用 GB/T 2541 方法，有争议时，以 GB/T 1995 为仲裁方法。

⑥ 75 号采用该方法。

⑦ 75 号以上牌号也可以采用 GB/T 4945 方法，有争议时，以 GB/T 7304 为仲裁方法。

⑧ 也可以采用 GB/T 268 方法，有争议时，以 GB/T 17144 为仲裁方法。

⑨ 试验方法也可以采用 SH/T 0731。

⑩ 也可以采用 GB/T 1884 和 GB/T 1885 方法。

⑪ 将试样注入 100mL 玻璃量筒中观察，应当透明，没有悬浮和沉降的水分。在有异议时，以 GB/T 260 方法为准。

⑫ 将试样注入 100mL 玻璃量筒中观察，应当透明，没有悬浮和沉降的机械杂质。在有异议时，以 GB/T 511 方法为准。

⑬ 试验补充规定：加入 0.8%抗氧剂 T501（2,6-二叔丁基对甲酚）。采用精度为千分之一的天平，称取 0.88g T501 于 250mL 烧杯中，加入待测油样，至总重为 110g（供平行试验用）。将油样均匀加热至 50～60℃，搅拌 15min，冷却后装入玻璃瓶备用。试验用铜丝最好使用一次即更换。建议抗氧剂 2,6-二叔丁基对甲酚（T501）采用一级品。

表 2-11　HVIⅡb 基础油中国石化集团公司企业标准（Q/SH PRD0731—2018）

项目		质量指标										试验方法
牌号①		75	150	350	400	500	650	750	900	120BS	150BS	
外观		透明无絮状物										目测②
运动黏度/（mm²/s）	40℃	12.0～<16.0	28.0～<34.0	62.0～<74.0	74.0～<90.0	90.0～<110	120～<135	135～<160	160～<180	报告		GB/T 265③
	100℃	报告								22～<28	28～<34	
色度/号　≤		0.5	1.5	3.0	3.5	4.0	5.0			5.5	6.0	GB/T 6540
饱和烃含量（质量分数）/%		报告										SH/T 0753
硫含量（质量分数）/%		报告										SH/T 0689④
黏度指数　≥		90										GB/T 1995⑤
闪点（开口）/℃　≥		175	200	220	225	235	255			275	290	GB/T 3536
倾点/℃　≤		−12		−9		−5						GB/T 3535
浊点/℃		—		报告								GB/T 6986
酸值/（mgKOH/g）　≤		0.02	0.03	0.05								NB/SH/T 0836⑥ GB/T 7304⑦
残炭值（质量分数）/%　≤		—		0.10	0.15	0.30		0.40	0.60	0.70		GB/T 17144⑧
蒸发损失（Noack 法，250℃，1h）（质量分数）/%　≤		—	23	—								NB/SH/T 0059⑨
空气释放值（50℃）/min		报告		—								SH/T 0308
密度（20℃）/（kg/m³）		报告										SH/T 0604⑩
苯胺点/℃		报告										GB/T 262
氮含量（质量分数）/%		报告										NB/SH/T 0704⑪
碱性氮含量（质量分数）/（μg/g）		报告										SH/T 0162
水分离性［54（40-40-0）］/min　≤		10		15		—						GB/T 7305
水分（质量分数）/%　≤		痕迹										GB/T 260⑫
机械杂质		无										GB/T 511⑬

项目	质量指标										试验方法
牌号①	75	150	350	400	500	650	750	900	120BS	150BS	
氧化安定性旋转氧弹（150℃）/min ≥	200				180				150		SH/T 0193
泡沫性（泡沫倾向/泡沫稳定）/（mL/mL）	报告										GB/T 12579

① 75~900 为 40℃赛氏黏度整数值，120BS~150BS 为 100℃赛氏黏度整数值。

② 将油品注入 100mL 洁净量筒中，油品应均匀透明无絮状物，如有争议，将油温控制在 15℃±2℃，应均匀透明无絮状物。

③ 也可以采用 GB/T 30515 方法，有争议时，以 GB/T 265 为仲裁方法。

④ 也可以采用 GB/T 387、GB/T 17040、GB/T 11140、SH/T 0253 方法。

⑤ 也可以采用 GB/T 2541 方法，有争议时，以 GB/T 1995 为仲裁方法。

⑥ 75 号采用该方法。

⑦ 75 号以上牌号也可以采用 GB/T 4945 方法，有争议时，以 GB/T 7304 为仲裁方法。

⑧ 也可以采用 GB/T 268 方法，有争议时，以 GB/T 17144 为仲裁方法。

⑨ 试验方法也可以采用 SH/T 0731，结果有争议时，以 NB/SH/T 0059 为仲裁方法。

⑩ 也可以采用 GB/T 1884 和 GB/T 1885 方法。

⑪ 试验方法也可以采用 GB/T 9170、SH/T 0657。

⑫ 将试样注入 100mL 玻璃量筒中观察，应当透明，没有悬浮和沉降的水分。在有异议时，以 GB/T 260 方法为准。

⑬ 将试样注入 100mL 玻璃量筒中观察，应当透明，没有悬浮和沉降的机械杂质。在有异议时，以 GB/T 511 方法为准。

⑭ 试验补充规定：加入 0.8%抗氧剂 T501（2,6-二叔丁基对甲酚）。采用精度为千分之一的天平，称取 0.88g T501 于 250mL 烧杯中，加入待测油样，至总重为 110g（供平行试验用）。将油样均匀加热至 50~60℃，搅拌 15min，冷却后装入玻璃瓶备用。试验用铜丝最好使用一次即更换。建议抗氧剂 2,6-二叔丁基对甲酚（T501）采用一级品。

表 2-12　HVII c 基础油中国石化集团公司企业标准（Q/SH PRD0731—2018）

项目		质量指标										试验方法
牌号①		75	150	350	400	500	650	750	900	120BS	150BS	
外观		透明无絮状物										目测②
运动黏度/（mm²/s）	40℃	12.0~<16.0	28.0~<34.0	62.0~<74.0	74.0~<90.0	90.0~<110	120~<135	135~<160	160~<180	报告		GB/T 265③
	100℃	报告								22~<28	28~<34	
色度/号 ≤		0.5	1.5	3.0	3.5	4.0	5.0			5.5	6.0	GB/T 6540
饱和烃含量（质量分数）/%		报告										SH/T 0753
硫含量（质量分数）/%		报告										SH/T 0689④
黏度指数 ≥		95										GB/T 1995⑤
闪点（开口）/℃ ≥		175	200	220	225	235	255			275	290	GB/T 3536
倾点/℃ ≤		−21	−15	−12						−5		GB/T 3535
浊点/℃		—		报告								GB/T 6986

项目 \ 牌号[①]	质量指标										试验方法
	75	150	350	400	500	650	750	900	120BS	150BS	
酸值/（mgKOH/g） ≤	0.01	0.03	0.05								NB/SH/T 0836[⑥] GB/T 7304[⑦]
残炭值（质量分数）/% ≤	—		0.10	0.15		0.30			0.60	0.70	GB/T 17144[⑧]
蒸发损失（Noack 法，250℃，1h）（质量分数）/% ≤	—	17	—								NB/SH/T 0059[⑨]
空气释放值（50℃）/min	报告			—							SH/T 0308
密度（20℃）/（kg/m³）	报告										SH/T 0604[⑤]
苯胺点/℃	报告										GB/T 262
氮含量（质量分数）/%	报告										NB/SH/T 0704[⑪]
碱性氮含量（质量分数）/（μg/g）	报告										SH/T 0162
水分离性 [54（40-40-0）] /min ≤	10		15			—					GB/T 7305
水分（质量分数）/% ≤	痕迹										目测[⑫]
机械杂质	无										目测[⑬]
氧化安定性旋转氧弹[⑭]（150℃）/min ≥	200					180			150		SH/T 0193
泡沫性（泡沫倾向/泡沫稳定）/（mL/mL）	报告										GB/T 12579

① 75～900 为 40℃赛氏黏度整数值，120BS～150BS 为 100℃赛氏黏度整数值。

② 将油品注入 100mL 洁净量筒中，油品应均匀透明无絮状物，如有争议，将油温控制在 15℃±2℃，应均匀透明无絮状物。

③ 也可以采用 GB/T 30515 方法，有争议时，以 GB/T 265 为仲裁方法。

④ 也可以采用 GB/T 387、GB/T 17040、GB/T 11140、SH/T 0253 方法。

⑤ 也可以采用 GB/T 2541 方法，有争议时，以 GB/T 1995 为仲裁方法。

⑥ 75 号采用该方法。

⑦ 75 号以上牌号也可以采用 GB/T 4945 方法，有争议时，以 GB/T 7304 为仲裁方法。

⑧ 也可以采用 GB/T 268 方法，有争议时，以 GB/T 17144 为仲裁方法。

⑨ 试验方法也可以采用 SH/T 0731，结果有争议时，以 NB/SH/T 0059 为仲裁方法。

⑩ 也可以采用 GB/T 1884 和 GB/T 1885 方法。

⑪ 试验方法也可以采用 GB/T 9170、SH/T 0657。

⑫ 将试样注入 100mL 玻璃量筒中观察，应当透明，没有悬浮和沉降的水分。在有异议时，以 GB/T 260 方法为准。

⑬ 将试样注入 100mL 玻璃量筒中观察，应当透明，没有悬浮和沉降的机械杂质。在有异议时，以 GB/T 511 方法为准。

⑭ 试验补充规定：加入 0.8%抗氧剂 T501（2,6-二叔丁基对甲酚）。采用精度为千分之一的天平，称取 0.88g T501 于 250mL 烧杯中，加入待测油样，至总重为 110g（供平行试验用）。将油样均匀加热至 50～60℃，搅拌 15min，冷却后装入玻璃瓶备用。试验用铜丝最好使用一次即更换。建议抗氧剂 2,6-二叔丁基对甲酚（T501）采用一级品。

（3）**生产厂家**　中国石油化工股份有限公司茂名分公司、中国石油化工股份有限公司荆门分公司、上海高桥石油化工有限公司。

2.5　Ⅱ/Ⅲ类基础油

为应对现代汽车发动机、高端设备对润滑油的更高要求，20世纪八九十年代开始采用加氢工艺生产API Ⅱ/Ⅲ类基础油。加氢工艺不仅显著地提高了成品润滑油产品的使用性能，而且扩展了基础油的使用范围。通过加氢处理脱除原料中的硫、氮、金属及其他杂质，再经加氢异构脱蜡转化过程，将低黏度指数的组分转化为高黏度指数、低倾点的Ⅱ/Ⅲ类基础油。与Ⅰ类基础油相比，Ⅱ/Ⅲ类基础油减少了挥发物质、硫、芳香烃的含量，并具有较高的黏温指数和较低的低温黏度。

2.5.1　Ⅱ/Ⅲ类基础油生产工艺

（1）**生产工艺流程**　基础油加氢工艺是在催化剂及氢气的作用下，通过加氢工艺包括加氢处理、加氢裂化、加氢异构化、加氢精制、催化脱蜡等化学转化过程，将基础油中的非理想组分转化为理想组分，从而使油品得到精制。加氢反应深度与催化剂的性能、反应条件的选择以及原料性质有密切关系。基础油加氢技术现经历了加氢精制、加氢裂化及催化脱蜡等阶段。目前国内外生产API Ⅱ和Ⅲ类基础油，主要有雪佛龙公司（Chevron）的加氢处理-异构脱蜡（Isodewax）技术，埃克森-美孚公司（ExxonMobil）的加氢处理-选择性异构脱蜡（MSDW）技术，中国石油化工股份有限公司石油化工科学研究院（RIPP）的加氢处理（RLT）-加氢异构化（RIW）技术，壳牌公司（Shell）的加氢裂化-加氢异构化技术和法国原油研究院（IFP）的加氢处理技术等。

按工艺路线不同，基础油加氢工艺可以归纳为两类。

第一类是将加氢与传统"老三套"工艺相结合，称为组合工艺，为充分利用传统工艺产能创造了条件。组合工艺进料来自溶剂精制的精制油，硫、氮和重金属大部分被除去，经过加氢异构化-加氢后精制，生产出Ⅱ/Ⅲ类基础油。一种组合工艺流程见图2-9。

第二类是全加氢型工艺。原料是减压蜡油（VGO）或脱沥青油（DAO），经过加氢预处理，将硫、氮和重金属降低到催化剂可以承受的水平，然后经过加氢裂化-加氢异构化-加氢后精制，生产出API Ⅱ/Ⅲ类基础油。中国石化上海高桥分公司年产30万吨润滑油加氢装置，采用了美国雪佛龙公司（Chevron）开发的异构脱蜡技术，是国内石化第一套全加氢法的润滑油加工装置。以雪佛龙公司的异构脱蜡技术为代表，装置主要由加氢裂化（HCR）、异构脱蜡（IDW）、加氢后精制（HDF）三段临氢反应串联组成。产品符合 API Ⅱ类、Ⅲ类基础油标准。工艺流程如图 2-10 所示。

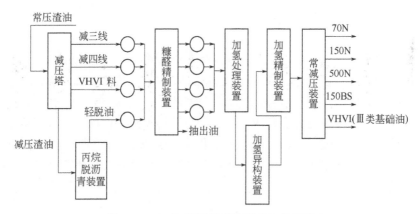

图 2-9　API Ⅱ/Ⅲ类基础油组合工艺流程

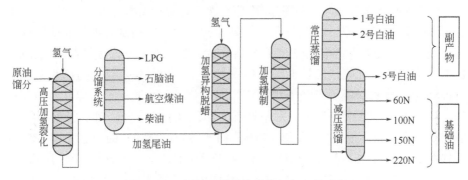

图 2-10　API Ⅱ/Ⅲ类基础油全加氢工艺流程

（2）**加氢裂化（HCR）**　加氢裂化是原料油在高温、高压、临氢及催化剂存在下，进行加氢、脱硫、脱氮、分子骨架结构重排和裂解等反应的一种催化转化过程，是重油深度加工的主要工艺手段之一。加氢裂化催化剂是加氢裂化技术的核心。与加氢处理比较，加氢裂化一般是选择更为苛刻的反应条件，使油料在催化剂的作用下裂化、加氢和异构化等，转化为轻质烃类油品和润滑油料。因此，加氢裂化比加氢处理的转化率更高。加氢裂化可将更多的芳烃和环烷烃加氢开环，生成单环环烷烃和链烷烃，所以加氢裂化生成油的黏度指数较高。燃料型加氢裂化尾油可以用作生产润滑油基础油的原料，而润滑油型炼油厂加氢裂化装置是为生产润滑油专门设计的，可以更好地满足生产润滑油基础油的要求。采用两段加氢裂化的工艺流程见图 2-11。

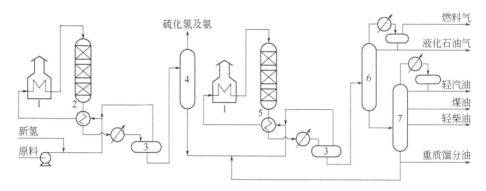

图 2-11　两段加氢裂化工艺流程

1—加热炉；2——段加氢反应器；3—分离器；4—汽提塔；
5—二段加氢反应器；6、7—蒸馏塔

（3）催化脱蜡（CDW）　采用溶剂脱蜡时，为了得到一定凝点的基础油，需把溶剂和基础油料冷却到比基础油凝点更低的温度，因此需要昂贵的冷冻设备，同时也较难得到凝点很低的润滑油基础油。催化脱蜡也称临氢降凝，是利用孔道独特的 ZSM-5 分子筛，选择性裂化原料中的正构烷烃和短侧链异构烷烃，使之裂化成石脑油及液化原油气，通过蒸馏从基础油中分离出去，从而使基础油的凝点降低。以选择性加氢裂化为主的催化脱蜡，采用裂解活性很强的分子筛为担体的催化剂。由于分子筛有规则的孔结构，所以在这种催化剂上的反应以正构烷烃的选择性加氢裂化为主，同时也能裂化进入分子筛孔道的环状烃类的长侧链以及侧链上碳数较少的异构烷烃。

催化脱蜡的缺点是其脱蜡油的黏度指数一般比溶剂脱蜡低，脱蜡油收率低。为了克服上述缺点，Chevron 公司、Mobil 公司和中国石化石油化工科学研究院都开发了润滑油异构化脱蜡工艺。由于异构脱蜡催化剂能使石蜡异构成为基础油的理想组分异构烷烃，所以其脱蜡油的收率及黏度指数都比催化脱蜡高。

（4）异构脱蜡（IDW）　异构脱蜡是采用高选择性的异构脱蜡催化剂，在双功能催化剂上连续进行加氢裂化及异构化反应，将蜡裂解的同时也将蜡异构化。异构脱蜡催化剂能使正构烷烃异构化成为异构烷烃，在保持高黏度指数的同时降低倾点，其脱蜡油收率及黏度指数都比催化脱蜡高。基础油的加氢异构脱蜡反应机理，是典型的双功能烷烃异构化和裂化反应机理。首先通过催化剂的强金属功能，将长直链正构烷烃脱氢变成长直链正构烯烃。长直链正构烯烃扩散到酸性中心被质子化成正碳离子，正碳离子在沸石的孔道中很快发生骨架异构化反应，其支化程度和支链长度完全受沸石孔道的几何形状控制。异构化的正碳离子放出质子返回沸石，通过 β 位断裂变成低分子量产物，或者变成另一种烯烃，然后在加氢中心被加氢成为异构烷烃。

异构脱蜡的优点是在基础油倾点相同时，收率高于溶剂脱蜡，同时突破了传统基础油制备工艺的局限性，可以利用劣质原油或低黏度指数原油为原料，生产出具有优良性能的基础油。使用异构脱蜡工艺生产的基础油，黏度指数比催化脱蜡和溶剂脱蜡都高一些，同时表现出良好的热安定性和抗氧化安定性，部分时候可以代替昂贵的PAO。同催化脱蜡相比，异构脱蜡副产品少，润滑油收率高，润滑油黏度指数高。

异构脱蜡催化剂的金属组分都是贵金属，对原料油中的硫、氮、金属等杂质含量有严格要求，只有经过深度脱氮、脱硫、脱金属的原料油才能作为进料。进入异构化反应器的原料，其硫含量应低于$10\mu g/g$，氮含量应低于$2\mu g/g$，故在异构脱蜡装置之前，常建有原料油加氢处理（或加氢裂化）装置。采用异构脱蜡技术生产润滑油基础油的工艺流程见图2-12。

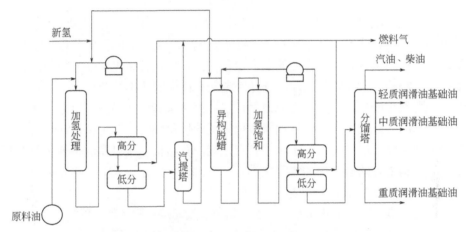

图2-12　异构脱蜡生产润滑油基础油的工艺流程

由于碳链进一步发生裂解或异构化反应，故目前采用异构脱蜡技术生产的高品质基础油，仅限制在较低黏度的产品系列上。

（5）加氢后精制（HDF）　物料经加氢处理和异构脱蜡后，由于含有残留的少量稠环芳烃，得到的脱蜡油的稳定性往往并不理想，在光照下与空气接触容易变色并生成沉淀。加氢后精制主要反应是脱除四环或四环以上的芳烃。这些物质要求HDF催化剂在比较低的温度下操作，否则难以饱和。经过加氢饱和后，可以改进产品的颜色和产品的氧化安定性。

2.5.2　加氢基础油特点

加氢油化学组成的变化，既给成品油带来很多优点，也对添加剂带来新的要求。与常规溶剂精制油相比，加氢基础油的主要特点是低硫、低氮、低芳烃含量、低毒性，较高的黏度指数，优良的热安定性和氧化安定性，挥发度较低，同时具有良好的黏温性能和添加剂感受性等。加氢油的不足之处是对极性物质的溶解性不理想，与添加剂的配伍性也有待改善，还有一个明显的缺点就是光安定性差。加氢基础油与溶剂精制基础油、PAO性能相比较，如表2-13所示。总体来说，加氢基础油是一种性能优异且具有成本优势的基础油。

表2-13　加氢基础油与溶剂精制基础油、PAO性能对比

项目	溶剂精制基础油	加氢基础油	PAO
烷烃（质量分数）/%	15	50	85
环烷烃（质量分数）/%	65	48	15
芳烃（质量分数）/%	19	0.2	0
硫（质量分数）/%	0.6	0.02	0
苯胺点/℃	180	118	125
成焦板/min	5.0	7.0	8.0

此外，加氢基础油优于普通Ⅰ类基础油的特性还包括：具有更好的油水分离性，更低的残炭含量和蒸发性，以及更好的生物降解性。按CEC-L33-A-93试验，加氢基础油与溶剂精制油品的可降解比为60%∶30%，更有利于环境保护。

API Ⅱ类基础油通过组合工艺（溶剂工艺和加氢工艺结合）制得，工艺主要以化学过程为主，不受原料限制，可以改变原来的烃类结构。因而API Ⅱ类基础油杂质少，芳烃含量<10%，饱和烃含量高，热安定性和抗氧化性能好，低温和烟炱分散性能均优于API Ⅰ类基础油。

API Ⅲ类基础油有很低的挥发性，某些API Ⅲ类基础油的性能可与聚 α-烯烃（PAO）相媲美，其价格却比合成基础油便宜得多。Ⅲ类基础油由全加氢工艺制得，与API Ⅱ类基础油相比，属高黏度指数加氢基础油，又称作非常规基础油（UCBO）。API Ⅲ类基础油在性能上超过API Ⅰ类基础油和API Ⅱ类基础油，尤其是具有很高的黏度指数。

2.5.3　大庆加氢润滑油基础油

（1）特性　原油馏分经加氢异构脱蜡工艺生产制得，具有毒性低，挥发性低等特点。与Ⅰ类基础油比较，通过改变基础油化学组成，其颜色、安定性和气味等得到改善，并提高了黏温性能以及对抗氧剂的感受性，适用于调配各类发动机油和工业润滑油。

（2）技术参数　产品按黏度指数的高低分为三个品种，其中Ⅱ类基础油为HVIH、HVIP，Ⅲ类基础油为VHVI。HVIH基础油企业标准见表2-14，HVIP基础油企业标准见表2-15，VHVI基础油企业标准见表2-16。

表 2-14 HVIH 基础油企业标准（Q/SY QL0143—2017）

项目		质量指标										试验方法
		2	3	4	5	6	7	8	10	12	14	
运动黏度/(mm²/s)	40℃	报告										GB/T 265
	100℃	1.5~<2.5	2.5~<3.5	3.5~<4.5	4.5~<5.5	5.5~<6.5	6.5~<7.5	7.5~<9.0	9.0~<11.0	11.0~<13.0	13.0~<15.0	
外观		透明										目测
色度/号 ≤		0.5										GB/T 6540
黏度指数 ≥		报告	100									GB/T 1995
闪点（开口）/℃ ≥		140	200	205	210			220	230		240	GB/T 3536
倾点/℃ ≤		−25	−15									GB/T 3535
酸值/(mgKOH/g) ≤		0.01										GB/T 4945
密度（20℃）/(kg/m³)		报告										GB/T 1884 / GB/T 1885
硫含量/(μg/g) ≤		10										SH/T 0689
氧化安定性（旋转氧弹法，150℃）/min ≥		—	280									SH/T 0193
蒸发损失（Noack法，250℃，1h）（质量分数）/% ≤		—	18	15	13			—				NB/SH/T 0059
抗乳化度/min	54℃（40-40-0） ≤	10							—			GB/T 7305
	82℃（40-37-3） ≤	—								15	25	
低温动力黏度/mPa·s	−25℃	—	报告					—				GB/T 6538
	−20℃	—		报告			—					

表 2-15 HVIP 基础油企业标准（Q/SY QL0143—2017）

项目		质量指标										试验方法
		2	3	4	5	6	7	8	10	12	14	
运动黏度/ (mm²/s)	40℃	报告										GB/T 265
	100℃	1.5~<2.5	2.5~<3.5	3.5~<4.5	4.5~<5.5	5.5~<6.5	6.5~<7.5	7.5~<9.0	9.0~<11.0	11.0~<13.0	13.0~<15.0	
外观		透明										目测
色度/号 ≤		0.5										GB/T 6540
黏度指数 ≥		报告		105								GB/T 1995
闪点（开口）/℃ ≥		145		200	205	210		220	230		240	GB/T 3536
倾点/℃ ≤		−25	−15									GB/T 3535
酸值/ (mgKOH/g) ≤		0.01										GB/T 4945
密度（20℃）/ (kg/m³)		报告										GB/T 1884 / GB/T 1885
硫含量/ (μg/g) ≤		10										SH/T 0689
氧化安定性（旋转氧弹法，150℃）/ min ≥		—		280								SH/T 0193
蒸发损失（Noack法，250℃，1h）（质量分数）/% ≤		—		18	15	13		—				NB/SH/T 0059
抗乳化度/min	54℃ (40-40-0) ≤	10							—			GB/T 7305
	82℃ (40-37-3) ≤	—								15	25	
低温动力黏度/ mPa·s	−25℃	—	报告	—								GB/T 6538
	−20℃	—		报告				—				

表 2-16 VHVI 基础油企业标准（Q/SY QL0143—2017）

项目		质量指标								试验方法
		4	5	6	7	8	10	12	14	
运动黏度/ (mm²/s)	40℃	报告								GB/T 265
	100℃	3.5～<4.5	4.5～<5.5	5.5～<6.5	6.5～<7.5	7.5～<9.0	9.0～<11.0	11.0～<13.0	13.0～<15.0	
外观		透明								目测
色度/号 ≤		0.5								GB/T 6540
黏度指数 ≥		120								GB/T 1995
闪点（开口）/℃ ≥		200	205	210		220	230		240	GB/T 3536
倾点/℃ ≤		−12								GB/T 3535
酸值/(mgKOH/g)		0.01								GB/T 4945
密度(20℃)/(kg/m³)		报告								GB/T 1884 GB/T 1885
硫含量/(μg/g) ≤		10								SH/T 0689
氧化安定性（旋转氧弹法，150℃）/min ≥		280								SH/T 0193
蒸发损失(Noack 法，250℃，1h)（质量分数)/% ≤		18	15	13		—				NB/SH/T 0059
抗乳化度/min ≤	54℃ (40-40-0)	10					—			GB/T 7305
抗乳化度/min ≤	82℃ (40-37-3)	—					15		25	GB/T 7305
低温动力黏度/mPa·s	−25℃	报告		—						GB/T 6538
	−20℃	—		报告						

（3）生产厂家 中国石油天然气股份有限公司大庆炼化分公司。

2.5.4 中海油通用润滑油基础油

（1）特性 由原油馏分经溶剂精制、白土补充精制或加氢补充精制工艺生产出的基础油，或经加氢包括全加氢或混合加氢及异构脱蜡等工艺生产制得。适用于调配发动机油、工业润滑油、润滑脂等油品。

（2）技术参数 HVIⅡ基础油的企业标准见表 2-17，HVIⅡ⁺基础油的企业标准见表 2-18，Ⅲ类润滑油基础油的企业标准见表 2-19。

表2-17 HVI II基础油企业标准（Q/321200EZY014—2017）

项目	质量指标											试验方法
牌号	2	4	5	6	8	10	12	14	26	30	150BSM	
	60N	100N	150N	220N	250N	500N			120BS	150BS		
运动黏度（100℃）/（mm²/s）	1.50~<2.50	3.50~<4.50	4.50~<5.50	5.50~<6.50	7.50~<9.00	9.00~<11.0	11.0~<13.0	13.0~<15.0	22.0~<28.0	28.0~<34.0	28.0~<34.0	GB/T 265
外观	透明	透明	透明	透明	透明	透明	透明	透明	透明	透明	透明	目测
色度/号 ≤	0.5	0.5	0.5	0.5	0.5	0.5	0.5	0.5	1.5	1.5	1.5	GB/T 6540
黏度指数 ≥	90	90	90	90	90	90	90	90	90	90	90	GB/T 1995
闪点（闭口）/℃ ≥	140	—	—	—	—	—	—	—	—	—	—	GB/T 261
闪点（开口）/℃ ≥	—	185	185	200	220	230	230	240	260	270	275	GB/T 3536
倾点/℃ ≤	-25	-12	-12	-12	-12	-12	-12	-12	-9	-9	-9	GB/T 3535
酸值/（mgKOH/g） ≤	0.01	0.01	0.01	0.01	0.01	0.01	0.01	0.01	0.02	0.02	0.02	GB/T 4945
浊点/℃ ≤	-5								报告	报告	报告	GB/T 6986
饱和烃（质量分数）/% ≥	90.00	90.00	90.00	90.00	90.00	90.00	90.00	90.00	90.00	90.00	90.00	SH/T 0753
硫含量/（mg/kg） <	50.00	50.00	50.00	50.00	50.00	50.00	50.00	50.00	50.00	50.00	50.00	SH/T 0689
氧化安定性（旋转氧弹法，150℃）/min ≥	250	250	250	250	250	250	250	250	250	250	250	SH/T 0193
蒸发损失（Noack法，250℃，1h）/（质量分数）/% ≤	—	18.0	15.0	13.0	—	—	—	—	—	—	—	NB/SH/T 0059

表2-18 HVI Ⅱ⁺基础油企业标准（Q/321200EZY014—2017）

项目 牌号		质量指标								试验方法
		2	4	5	6	8	10	12	14	
运动黏度（100℃）/（mm²/s）	≥	1.50~<2.50	3.50~<4.50	4.50~<5.50	5.50~<6.50	7.50~<9.00	9.00~<11.0	11.0~<13.0	13.0~<15.0	GB/T 265
外观		透明	透明	透明	透明	透明	透明	透明	透明	目测
赛波特比色/号	≥	+22	+22	+22	+22	+22	+22	+20	+20	GB/T 3555
黏度指数	≥	110	110	110	110	110	110	110	110	GB/T 1995
闪点（闭口）/℃	≥	135	—	—	—	—	—	—	—	GB/T 261
闪点（开口）/℃	≥	—	200	205	210	220	230	230	240	GB/T 3536
倾点/℃	≤	-30	-15	-15	-15	-15	-15	-15	-15	GB/T 3535
酸值/（mgKOH/g）	≤	0.01	0.01	0.01	0.01	0.01	0.01	0.01	0.01	GB/T 4945
浊点/℃	≤	—	—	-5	-5	—	—	—	—	GB/T 6986
饱和烃（质量分数）/%	≥	95.00	95.00	95.00	95.00	90.00	90.00	90.00	90.00	SH/T 0753
硫含量/（mg/kg）	<	10.00	10.00	10.00	10.00	10.00	10.00	10.00	10.00	SH/T 0689
氧化安定性（旋转氧弹法，150℃）/min	≥	250	250	250	250	250	250	250	250	SH/T 0193
蒸发损失（Noack法，250℃，1h）（质量分数）/%	≤	—	18.0	15.0	13.0	—	—	—	—	NB/SH/T 0059

表2-19 Ⅲ类润滑基础油企业标准（Q/321200EZY014—2017）

项目		质量指标 牌号								试验方法
		2	4	5	6	8	10	12	14	
运动黏度（100℃）/（mm²/s）		1.50~<2.50	3.50~<4.50	4.50~<5.50	5.50~<6.50	7.50~<9.00	9.00~<11.0	11.0~<13.0	13.0~<15.0	GB/T 265
外观		透明	透明	透明	透明	透明	透明	透明	透明	目测
赛波特比色/号	≥	+22	+22	+22	+22	+22	+22	+22	+22	GB/T 3555
黏度指数	≥	120	120	120	120	120	120	120	120	GB/T 1995
闪点（闭口）/℃	≥	135	—	—	—	—	—	—	—	GB/T 261
闪点（开口）/℃	≥	—	200	205	210	220	230	230	240	GB/T 3536
倾点/℃	≤	−30	−18	−18	−18	−15	−15	−15	−15	GB/T 3535
酸值/（mgKOH/g）	≤	0.01	0.01	0.01	0.01	0.01	0.01	0.01	0.01	GB/T 4945
浊点/℃	≤	—	—	−5	−5	−5	−5	−5	−5	GB/T 6986
饱和烃（质量分数）/%	≥	95.00	95.00	95.00	95.00	95.00	95.00	95.00	95.00	SH/T 0753
硫含量/（mg/kg）	<	10.00	10.00	10.00	10.00	10.00	10.00	10.00	10.00	SH/T 0689
氧化安定性（旋转氧弹法，150℃）/min	≥	250	250	250	250	250	250	250	250	SH/T 0193
蒸发损失（Noack法，250℃，1h）（质量分数）/%	≤	15.0	13.0	11.0	—	—	—	—	—	NB/SH/T 0059

（3）生产厂家　中海油气（泰州）石化有限公司。

2.5.5　中国石化Ⅱ/Ⅲ类基础油

（1）特性　天然原油经过加氢裂化-加氢异构/改质-加氢补充精制非传统工艺制得。通过深度加氢转化的加氢裂化工艺反应，将多环芳烃转化为支链烷烃和单环环烷烃等理想组分。加氢异构化基础油的饱和烃质量分数可达99％以上。芳烃质量分数<1％，且都为轻芳烃。基础油中硫、氮含量极低。适用于调配各类高档发动机油、工业润滑油等油品。

（2）技术参数　中国石化Ⅱ/Ⅲ类基础油 HVI Ⅱ、HVI Ⅱ⁺、HVI Ⅲ、HVI Ⅲ⁺的中国石油化工集团公司企业标准，分别见表2-20～表2-23。

表2-20　HVI Ⅱ基础油中国石油化工集团公司企业标准（Q/SH PRD0731—2018）

项目		质量指标									试验方法
牌号[①]		2	4	6	8	10	12	20	26	30	
								90BS	120BS	150BS	
外观		透明无絮状物									目测[②]
运动黏度/(mm²/s)	40℃	报告									GB/T 265[③]
	100℃	1.5～<2.50	3.5～<4.50	5.50～<6.50	7.50～<9.00	9.00～<11.0	11.0～<13.0	17.0～<22.0	22.0～<28.0	28.0～<34.0	
色度/号 ≤		0.5						1.5			GB/T 6540
饱和烃含量（质量分数）/% ≥		92						90			SH/T 0753
硫含量（质量分数）/% ≤		0.03									SH/T 0689[④]
黏度指数 ≥		—	100			95		90			GB/T 1995[⑤]
闪点（开口）/℃ ≥		—	185	200	220	230		265	270	275	GB/T 3536
闪点（闭口）/℃ ≥		145									GB/T 261
倾点/℃ ≤		−25		−12				−9			GB/T 3535
浊点/℃ ≤		—			报告						GB/T 6986
酸值/(mgKOH/g) ≤		0.005		0.01				0.02			NB/SH/T 0836[⑥] GB/T 7304[⑦]
残炭值（质量分数）/% ≤		—			0.05			0.15			GB/T 17144[⑧]
蒸发损失（Noack法，250℃，1h）（质量分数）/% ≤		—	18	13	—						NB/SH/T 0059[⑨]

项目	质量指标									试验方法
牌号①	2	4	6	8	10	12	20	26	30	
							90BS	120BS	150BS	
密度(20℃)/(kg/m³)	报告									SH/T 0604⑩
水分（质量分数)/% ≤	痕迹									目测⑪
机械杂质	无									目测⑫
氧化安定性旋转氧弹⑬（150℃)/min ≥	—	280					250			SH/T 0193
泡沫性（泡沫倾向/泡沫稳定)/(mL/mL)	报告									GB/T 12579

① 2～30 为100℃运动黏度整数值，90BS～150BS 为100℃赛氏黏度整数值。

② 将油品注入100mL洁净量筒中，油品应均匀透明无絮状物，如有争议，将油温控制在15℃±2℃，应均匀透明无絮状物。

③ 也可以采用 GB/T 30515 方法，有争议时，以 GB/T 265 为仲裁方法。

④ 也可以采用 GB/T 387、GB/T 17040、GB/T 11140、SH/T 0253 方法，有争议时，以 SH/T 0689 为仲裁方法。

⑤ 也可以采用 GB/T 2541 方法，有争议时，以 GB/T 1995 为仲裁方法。

⑥ 2号酸值测定采用该方法。

⑦ 4 号～30 号也可以采用 GB/T 4945 方法，有争议时，以 GB/T 7304 为仲裁方法。

⑧ 也可以采用 GB/T 268 方法，有争议时，以 GB/T 17144 为仲裁方法。

⑨ 也可以采用 SH/T 0731，结果有争议时，以 NB/SH/T 0059 为仲裁方法。

⑩ 也可以采用 GB/T 1884 和 GB/T 1885 方法。

⑪ 将试样注入100mL玻璃量筒中观察，应当透明，没有悬浮和沉降的水分。在有异议时，以 GB/T 260 方法为准。

⑫ 将试样注入100mL玻璃量筒中观察，应当透明，没有悬浮和沉降的机械杂质。在有异议时，以 GB/T 511 方法为准。

⑬ 试验补充规定：加入 0.8%抗氧剂 T501 (2,6-二叔丁基对甲酚)。采用精度为千分之一的天平，称取 0.88g T501 于 250mL 烧杯中，加入待测油样，至总重为 110g (供平行试验用)。将油样均匀加热至 50～60℃，搅拌 15min，冷却后装入玻璃瓶备用。试验用铜丝最好使用一次即更换。建议抗氧剂 2,6-二叔丁基对甲酚 (T501) 采用一级品。

表2-21 HVI Ⅱ⁺基础油中国石化集团公司企业标准（Q/SH PRD0731—2018)

项目		质量指标					试验方法
牌号①		4	6	8	10	12	
外观		透明无絮状物					目测②
运动黏度/ (mm²/s)	40℃	报告					GB/T 265③
	100℃	3.5～<4.50	5.50～<6.50	7.50～<9.00	9.00～<11.0	11.0～<13.0	

项目	质量指标					试验方法
牌号[①]	4	6	8	10	12	
色度/号　　　　　　　≤	0.5					GB/T 6540
饱和烃含量（质量分数）/%　≥	96					SH/T 0753
硫含量（质量分数）/%　＜	0.03					SH/T 0689[④]
黏度指数　　　　　　　≥	110					GB/T 1995[⑤]
闪点（开口）/℃　　　≥	185	200	220	230		GB/T 3536
倾点/℃　　　　　　　≤	−15					GB/T 3535
浊点/℃　　　　　　　≤	—		报告			GB/T 6986
酸值/（mgKOH/g）　　≤	0.01					GB/T 7304[⑥]
残炭值（质量分数）/%　≤	—		0.05			GB/T 17144[⑦]
蒸发损失（Noack 法，250℃，1h）（质量分数）/%　　≤	17	13	—			NB/SH/T 0059[⑧]
密度（20℃）/（kg/m³）	报告					SH/T 0604[⑨]
水分（质量分数）/%　≤	痕迹					目测[⑩]
机械杂质	无					目测[⑪]
氧化安定性旋转氧弹[⑫]（150℃）/min　　　　≥	280					SH/T 0193
泡沫性（泡沫倾向/泡沫稳定）/（mL/mL）	报告					GB/T 12579

① 4~12 为 100℃ 运动黏度整数值。

② 将油品注入 100mL 洁净量筒中，油品应均匀透明无絮状物，如有争议，将油温控制在 15℃±2℃，应均匀透明无絮状物。

③ 也可以采用 GB/T 30515 方法，有争议时，以 GB/T 265 为仲裁方法。

④ 也可以采用 GB/T 387、GB/T 17040、GB/T 11140、SH/T 0253 方法，有争议时，以 SH/T 0689 为仲裁方法。

⑤ 也可以采用 GB/T 2541 方法，有争议时，以 GB/T 1995 为仲裁方法。

⑥ 也可以采用 GB/T 4945 方法，有争议时，以 GB/T 7304 为仲裁方法。

⑦ 也可以采用 GB/T 268 方法，有争议时，以 GB/T 17144 为仲裁方法。

⑧ 也可以采用 SH/T 0731，结果有争议时，以 NB/SH/T 0059 为仲裁方法。

⑨ 也可以采用 GB/T 1884 和 GB/T 1885 方法。

⑩ 将试样注入 100mL 玻璃量筒中观察，应当透明，没有悬浮和沉降的水分。在有异议时，以 GB/T 260 方法为准。

⑪ 将试样注入 100mL 玻璃量筒中观察，应当透明，没有悬浮和沉降的机械杂质。在有异议时，以 GB/T 511 方法为准。

⑫ 试验补充规定：加入 0.8% 抗氧剂 T501（2,6-二叔丁基对甲酚）。采用精度为千分之一的天平，称取 0.88g T501 于 250mL 烧杯中，加入待测油样，至总重为 110g（供平行试验用）。将油样均匀加热至 50~60℃，搅拌 15min，冷却后装入玻璃瓶备用。试验用铜丝最好使用一次即更换。建议抗氧剂 2,6-二叔丁基对甲酚（T501）采用一级品。

表 2-22 HVI Ⅲ基础油中国石化集团公司企业标准（Q/SH PRD0731—2018）

项目		质量指标				试验方法
牌号①		4	6	8	10	
外观		透明无絮状物				目测②
运动黏度/(mm²/s)	40℃	报告				GB/T 265③
	100℃	3.5～<4.50	5.50～<6.50	7.50～<9.00	9.00～<11.0	
色度/号 ≤		0.5				GB/T 6540
饱和烃含量（质量分数）/% ≥		98				SH/T 0753
硫含量（质量分数）/% <		0.03				SH/T 0689④
黏度指数 ≥		120				GB/T 1995⑤
闪点（开口）/℃ ≥		185	200	220	230	GB/T 3536
倾点/℃ ≤		−18		−15		GB/T 3535
浊点/℃ ≤		—		报告		GB/T 6986
酸值/（mgKOH/g） ≤		0.01				GB/T 7304⑥
残炭值（质量分数）/% ≤		—		0.05		GB/T 17144⑦
蒸发损失（Noack 法，250℃，1h）（质量分数）/% ≤		15	11	—		NB/SH/T 0059⑧
密度（20℃）/（kg/m³）		报告				SH/T 0604⑨
水分（质量分数）/% ≤		痕迹				目测⑩
机械杂质		无				目测⑪
氧化安定性旋转氧弹⑫（150℃）/min ≥		300				SH/T 0193
泡沫性（泡沫倾向/泡沫稳定）/（mL/mL）		报告				GB/T 12579

① 4～10 为 100℃运动黏度整数值。

② 将油品注入 100mL 洁净量筒中，油品应均匀透明无絮状物，如有争议，将油温控制在 15℃±2℃，应均匀透明无絮状物。

③ 也可以采用 GB/T 30515 方法，有争议时，以 GB/T 265 为仲裁方法。

④ 也可以采用 GB/T 387、GB/T 17040、GB/T 11140、SH/T 0253 方法，有争议时，以 SH/T 0689 为仲裁方法。

⑤ 也可以采用 GB/T 2541 方法，有争议时，以 GB/T 1995 为仲裁方法。

⑥ 也可以采用 GB/T 4945 方法，有争议时，以 GB/T 7304 为仲裁方法。

⑦ 也可以采用 HVI 268 方法，有争议时，以 GB/T 17144 为仲裁方法。

⑧ 也可以采用 SH/T 0731，结果有争议时，以 NB/SH/T 0059 为仲裁方法。

⑨ 也可以采用 GB/T 1884 和 GB/T 1885 方法。

⑩ 将试样注入 100mL 玻璃量筒中观察，应当透明，没有悬浮和沉降的水分。在有异议时，以 GB/T 260 方法为准。

⑪ 将试样注入 100mL 玻璃量筒中观察，应当透明，没有悬浮和沉降的机械杂质。在有异议时，以 GB/T 511 方法为准。

⑫ 试验补充规定：加入 0.8%抗氧剂 T501（2,6-二叔丁基对甲酚）。采用精度为千分之一的天平，称取 0.88g T501 于 250mL 烧杯中，加入待测油样，至总重为 110g（供平行试验用）。将油样均匀加热至 50～60℃，搅拌 15min，冷却后装入玻璃瓶备用。试验用铜丝最好使用一次即更换。建议抗氧剂 2,6-二叔丁基对甲酚（T501）采用一级品。

表 2-23　HVI Ⅲ⁺基础油中国石化集团公司企业标准（Q/SH PRD0731—2018）

项目		质量指标				试验方法
牌号①		4	6	8	10	
外观		透明无絮状物				目测②
运动黏度/(mm²/s)	40℃	报告				GB/T 265③
	100℃	3.5～<4.50	5.50～<6.50	7.50～<9.00	9.00～<11.0	
色度/号 ≤		0.5				GB/T 6540
饱和烃含量（质量分数）/% ≥		98				SH/T 0753
硫含量（质量分数）/% <		0.03				SH/T 0689④
黏度指数 ≥		130				GB/T 1995⑤
闪点（开口）/℃ ≥		185	200	220	230	GB/T 3536
倾点/℃ ≤		−18		−15		GB/T 3535
浊点/℃ ≤		—		报告		GB/T 6986
酸值/（mgKOH/g） ≤		0.01				GB/T 7304⑥
残炭值（质量分数）/% ≤		—		0.05		GB/T 17144⑦
蒸发损失（Noack 法，250℃，1h）（质量分数）/% ≤		14	9	—		NB/SH/T 0059⑧
密度（20℃）/（kg/m³）		报告				SH/T 0604⑨
水分（质量分数）/% ≤		痕迹				目测⑩
机械杂质		无				目测⑪
氧化安定性旋转氧弹⑫（150℃）/min ≥		300				SH/T 0193
泡沫性（泡沫倾向/泡沫稳定）/（mL/mL）		报告				GB/T 12579

① 4～10 为 100℃ 运动黏度整数值。

② 将油品注入 100mL 洁净量筒中，油品应均匀透明无絮状物，如有争议，将油温控制在 15℃±2℃，应均匀透明无絮状物。

③ 也可以采用 GB/T 30515 方法，有争议时，以 GB/T 265 为仲裁方法。

④ 也可以采用 GB/T 387、GB/T 17040、GB/T 11140、SH/T 0253 方法，有争议时，以 SH/T 0689 为仲裁方法。

⑤ 也可以采用 GB/T 2541 方法，有争议时，以 GB/T 1995 为仲裁方法。

⑥ 也可以采用 GB/T 4945 方法，有争议时，以 GB/T 7304 为仲裁方法。

⑦ 也可以采用 GB/T 268 方法，有争议时，以 GB/T 17144 为仲裁方法。

⑧ 也可以采用 SH/T 0731，结果有争议时，以 NB/SH/T 0059 为仲裁方法。

⑨ 也可以采用 GB/T 1884 和 GB/T 1885 方法。

⑩ 将试样注入 100mL 玻璃量筒中观察，应当透明，没有悬浮和沉降的水分。在有异议时，以 GB/T 260 方法为准。

⑪ 将试样注入 100mL 玻璃量筒中观察，应当透明，没有悬浮和沉降的机械杂质。在有异议时，以 GB/T 511 方法为准。

⑫ 试验补充规定：加入 0.8% 抗氧剂 T501（2,6-二叔丁基对甲酚）。采用精度为千分之一的天平，称取 0.88g T501 于 250mL 烧杯中，加入待测油样，至总重为 110g（供平行试验用）。将油样均匀加热至 50～60℃，搅拌 15min，冷却后装入玻璃瓶备用。试验用铜丝最好使用一次即更换。建议抗氧剂 2,6-二叔丁基对甲酚（T501）采用一级品。

（3）**生产厂家**　中国石油化工股份有限公司茂名分公司、中国石油化工股份有限公司荆门分公司、中国石油化工股份有限公司北京燕山分公司、中国石油化工股份有限公司济南分公司、上海高桥石油化工有限公司。

2.6　环烷基基础油

环烷基基础油是从环烷基原油中提取的，是以环烷烃为主要组分的基础油。此类基础油具有低含蜡、高密度、低残炭、低黏度指数等特点，还有高溶解能力、高传热性、好的低温性质。与中间基和石蜡基基础油相比，环烷基基础油黏温性能较差。主要用于生产变压器油、橡胶填充油、冷冻机油、润滑脂、金属加工油等特种产品。

2.6.1　环烷基原油性质

按关键馏分特性因数 K 值及碳型分析，原油可大致分为石蜡基、中间基和环烷基 3 大类。三种原油特性对比见表 2-24。其中环烷基原油其润滑油馏分的化学组成以环烷烃、芳烃为主，直链石蜡烃少，凝点较低。

表 2-24　三种原油特性对比

原油分类	特性因数 K 值	碳型分析	性能比较
石蜡基	>12.1	链烷碳含量（C_P）>50%	高黏度指数 HVI，凝点高
中间基	11.5~12.1	环烷碳含量（C_N）<40%	中黏度指数 MVI，凝点较低
环烷基	10.5~11.5	环烷碳含量（C_N）≥40%	低黏度指数 LVI，凝点低

环烷基原油的烃分子结构主要以环烷环居多，而石蜡基原油的烃分子则具有较长的烷基侧链。二者的典型分子结构如下：

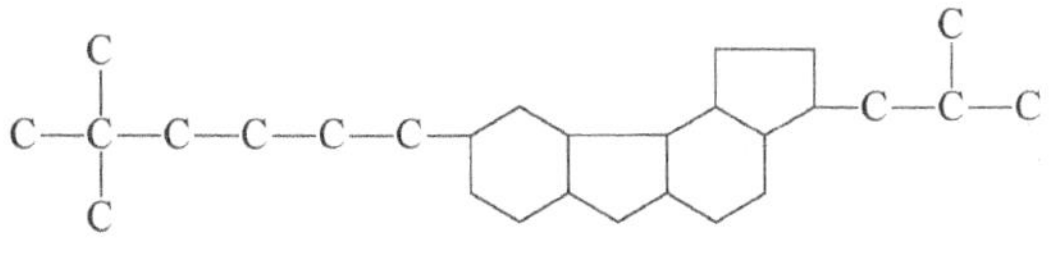

环烷基油

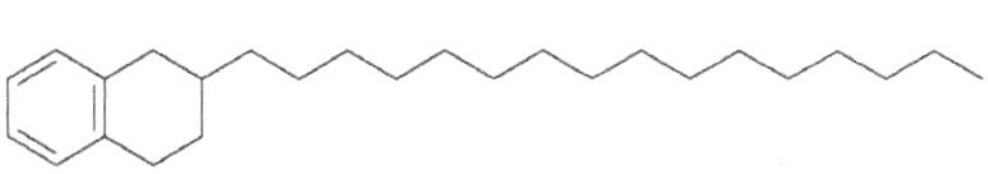

石蜡基油

环烷基原油属稀缺资源，储量只占世界已探明原油储量的 2.2%。全球目前只有中国、美国和委内瑞拉等国家拥有环烷基原油资源。我国环烷基原油存在于新疆油田、辽河油田、大港油田以及渤海湾等地区。我国上述几个地区环烷基原油的性质对比见表2-25。

表2-25　我国环烷基原油的性质对比

项目	克拉玛依九区	渤海绥中36-1	大港羊三木	辽河欢喜岭
密度（20℃）/（kg/m³）	928.4	969.8	947.9	947.5
运动黏度（50℃）/（mm²/s）	530	845.2	683.0	472.9
凝点/℃	−19.0	−9	−13.0	2.0
酸值/（mgKOH/g）	4.68	2.69	1.273	2.69
硫含量（质量分数）/%	0.13	0.24	0.26	0.26
残炭含量（质量分数）/%	5.34	8.94	6.612	8.93
水含量（质量分数）/%	0.3	痕迹	痕迹	0.6
闪点（开口）/℃	120	—	143	96
盐含量/（mgNaCl/L）	84.9	18.6	85.2	5.02
蜡含量（质量分数）/%	2.54	0.85	4.28	7.75
胶质（质量分数）/%	13.06	—	19.74	21.22
沥青质（质量分数）/%	<0.5		<0.5	<0.5
金属含量/（mg/kg）				
铁	4.4	10.7	5.1	18.2
镍	10.4	48.9	—	35.8
铜	0.26	—	0.31	0.2
钒	1.32	—	—	0.8
钙	165	89.0	—	—

环烷基原油具有蜡含量低、酸值高、密度大、黏度大、胶质和残炭含量高以及金属含量高等特点，其裂解性能很差，不能作为催化原料，然而却是生产沥青的优质原料。国内大部分环烷基原油含有环烷酸，酸值较高，同时含有较多胶质及沥青质，外观颜色深。

我国的环烷基原油具有密度高、硫含量低等优点，但其缺点是酸值高，特别是克拉玛依九区原油某些润滑油馏分酸值高达 8～9mgKOH/g。克拉玛依稠油由于具有倾点低、芳烃含量低的特点，其润滑油加工路线以高档环烷基油为主。辽河和中海环烷基稠油由于倾点和芳烃含量相对较高，其环烷基润滑油的加工路线以中、低档环烷基基础油为主。大港羊三木环烷基原油，目前产量已经很低。

2.6.2　环烷基基础油加工工艺

加工环烷基油，首先要除去环烷酸。虽然碱洗脱酸与乙醇胺溶剂脱酸等工艺可以回收部分环烷酸，但或因仅适用于轻馏分油，或因脱酸深度不够，而难以大规模应用。目前，世界上环烷基润滑油的生产，90%以上采用加氢工艺。通过加氢反应，可有效提高黏度指数，进一步降低凝点，降低色度，甚至达到无色，从而扩大了其应用范围。

（1）**加氢脱酸工艺流程**　润滑油基础油的加工过程，是将原料中所含氧、硫、氮等的杂环化合物除去，同时除去胶质、重芳烃，降低倾点，还要尽可能降低芳烃含量。传统的溶剂精制、白土精制等工艺，一般不适用于环烷基原料，因为很难大幅度降低酸值等。环烷基原油的加工装置，一般是按照燃料—沥青—润滑油型路线设计的。加氢脱酸工艺流程为：常减压蒸馏→加氢脱酸→糠醛精制→白土精制，可以生产常三、减二、减三线及残渣基础油料。加氢脱酸工艺流程见图2-13。

图 2-13　加氢脱酸工艺流程

加氢技术可以弥补传统流程的不足。加氢脱酸工艺在很缓和的低温、低压条件下，就达到深度脱酸的目的。通过很缓和的加氢精制就可以大幅度降低酸值，在较高压力下加氢精制可以大幅度饱和芳烃，同时收率下降很少。

（2）**中压加氢工艺流程**　由于环烷基油链状烃含量低，特别是缺少长链分子，因此各馏分黏度指数都比较低。经过糠醛精制与中压加氢处理，可以较大幅度改善油品的黏温性质，同时可以达到脱硫、脱氮、脱色、降低芳烃含量与改善氧化安定性的目的。中压加氢工艺流程见图2-14。

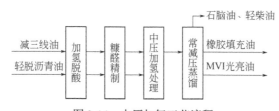

图 2-14　中压加氢工艺流程

（3）**高压全氢型工艺流程**　与加氢脱酸—糠醛精制流程相比，高压全氢型流程不再生产低价值的糠醛抽出油，主要产品质量也大大提高。同时，基础油产率也有较大提高。其中减二、减三线基础油料产率达到85%以上，轻脱沥青油产率达到75%以上。环烷基基础油高压全氢型工艺包括高压加氢处理→临氢降凝→加氢后精制等加工过程，见图2-15。

克拉玛依石化分公司采用中国石化石油化工科学研究院技术，建成了30万吨/年环烷基原油全氢型高压加氢生产润滑油基础油生产装置。基础油生产能力超过20万吨/年，主要产品为冷冻机油、橡胶填充油和光亮油。该装置在

15MPa 氢分压下，以环烷基减二、减三线馏分油与轻脱沥青油为原料，进行单馏分进料，切换操作。工艺流程见图 2-16。

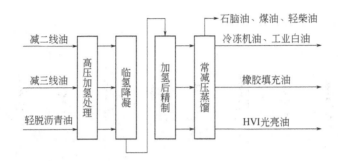

图 2-15　高压全氢型工艺流程

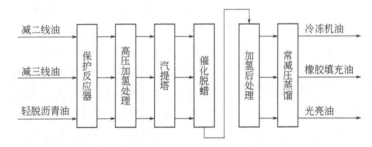

图 2-16　克拉玛依石化公司全氢型高压加氢工艺流程

2.6.3　环烷基基础油特点

我国橡胶填充油的消费量，其中 60% 以上是环烷基橡胶油。环烷基基础油还用于生产电气用油、冷冻机油、润滑脂、金属加工油、油墨油等。经加氢工艺处理后的环烷基基础油，具有倾点低、密度高，硫、氮及芳烃含量低，以及黏度指数高、热氧化安定性好、挥发性低、换油期长等特点。环烷基基础油被广泛应用于橡胶、电气、纺织、医药及食品等领域。

环烷基基础油对金属皂均有良好的溶解性，有助于皂凝胶颗粒分散体的充分分散，以其制备的润滑脂胶体安定性好，稠化剂含量低。此外，环烷基基础油还具有较高的压力-黏度系数，有利于脂胶体在弹性流体动力润滑状态（EHD）下发挥润滑作用。同时，环烷基基础油凝点低，也是生产低温润滑脂不可缺少的原料。

由于环烷基基础油富含环烷烃和适量芳烃，使得原料苯胺点较低，从而使其对润滑脂稠化剂的溶解能力得到大幅提升。这将使润滑脂的外观呈现透明状，可以满足终端客户对产品外观透明度的要求。

润滑脂不可避免地要和橡胶件进行接触，而环烷基基础油又可以作为橡胶填充油直接使用，因而环烷基基础油可在一定程度上解决润滑脂和橡胶接触后的变硬问题。在润滑脂配方中添加一定比例的环烷基基础油，是最经济的解决该类问题的方法，特别是在汽车类润滑脂中。但是，环烷基基础油如果在制备润滑脂时使用比例过大，会引起橡胶的过度膨胀，同样会引起密封失效等问题。因此，需要综合考虑基础油与橡胶的相容性问题。

2.6.4 橡胶增塑剂环烷基矿物油

（1）**特性** 清澈透明液体。具有倾点低，密度高，硫、氮及芳烃含量低，黏度指数高，热氧化安定性好，挥发性低，换油期长等特点。适用于调配冷冻机油、橡胶填充油等油品。

（2）**技术参数** 橡胶增塑剂环烷基矿物油化工行业标准见表2-26。

表2-26 橡胶增塑剂环烷基矿物油化工行业标准（HG/T 5086—2016）

项目		质量指标			试验方法
		N4006	N4010	N4016	
外观		清澈透明			目测
运动黏度/（mm²/s） 40℃ 100℃		报告 5～7	报告 9～11	报告 15～17	GB/T 265
苯胺点/℃		报告			GB/T 262
赛波特比色/号	≥	+26	+26	+20	GB/T 3555
闪点（开口）/℃	≥	185	210	220	GB/T 3536
倾点/℃	≤	−18	−15	−10	GB/T 3535 NB/SH/T 0886
密度（20℃）/（kg/m³）		报告			GB/T 1884 GB/T 1885
折射率 n_D^{20}		报告			SH/T 0724
黏重常数（VGC）		报告			NB/SH/T 0835
紫外吸光系数（260nm）/ [L/（g·cm）]	≤	0.20	0.30	0.40	NB/SH/T 0415
机械杂质（质量分数）/%		无			GB/T 511
水分（体积分数）/%		痕迹			GB/T 260
硫含量/（mg/kg）	≤	10			SH/T 0689
氮含量/（mg/kg）	≤	10			SH/T 0657
稠环芳烃（PCA）含量/%	<	3			NB/SH/T 0838

（3）**生产厂家** 中国石油天然气股份有限公司克拉玛依石化分公司。

2.6.5 盘锦北沥环烷基基础油

（1）**特性** 采用绥中环烷基原油为原料生产制得润滑油基础油。适用于调配变压器油、橡胶填充油、冷冻机油（或工业白油）等油品。

（2）**技术参数**　盘锦北沥环烷基基础油典型数据见表2-27。

表2-27　盘锦北沥环烷基基础油典型数据

项目	常三线	减二线	减三线	减四线
密度（20℃）/（kg/m³）	932.9	949.7	960.4	963.3
馏程/℃				
IBP/10%	238～328	339～372	365～423	393～444
30%/50%	371～389	386～398	436～442	457～465
70%/90%	405～429	410～427	449～459	474～494
95%/EBP	438～458	434～445	465～476	507～526
运动黏度/（mm²/s）				
40℃	40.89	86.27	768.1	1528.0
100℃	5.031	6.948	19.41	28.65
硫含量/（μg/g）	2600	3100	2400	2500
氮含量/（μg/g）	1356	1966	1740	2390
倾点/℃	−9	−6	−3	3
酸值/（mgKOH/g）	3.64	4.80	3.56	3.56
胶质（质量分数）/%	0	4.5	4.8	4.9
沥青质（质量分数）/%	0.07	0.06	0.07	0.09
金属/（μg/g）				
Fe/V/Ni	2.67/0.03/<0.01	1.55/0.03/0.01	5.10/0.02/0.01	13.20/0.04/0.11
Ca/Na	0.43/<0.01	0.19/<0.01	<0.01/<0.01	0.21/<0.01

（3）**生产厂家**　中国兵器工业集团盘锦北方沥青股份有限公司。

2.6.6　通用环烷基基础油

（1）**特性**　采用环烷基原油经糠醛-白土精制装置生产制得。适用于调配橡胶填充油等油品。

（2）**技术参数**　通用环烷基基础油企业标准见表2-28。

表2-28　通用环烷基基础油企业标准（Q/370000 ZLQ016—2016）

项目	质量指标						试验方法
	3#	6#	10#	14#	18#	22#	
色度/号　　　≤	1.5	2.0	2.0	2.5	3.0	3.0	GB/T 6540
密度（20℃）/（kg/m³）　≤	920	930	940	950	960	960	GB/T 1884
运动黏度（100℃）/（mm²/s）	1.0～6.0	4.0～9.0	9.0～12.0	12.0～16.0	16.0～20.0	20.0～24.0	GB/T 265

项目	质量指标						试验方法
	3#	6#	10#	14#	18#	22#	
倾点/℃ ≤	-8	10	10	20	20	20	GB/T 3535
闪点（开口）/℃ ≥	140	180	185	190	200	210	GB 267
水分	痕迹	痕迹	痕迹	痕迹	痕迹	痕迹	GB/T 260

（3）**生产厂家** 中海沥青股份有限公司。

2.6.7 橡胶增塑剂环烷基基础油

（1）**特性** 常减压蒸馏侧线油经润滑油加氢精制和糠醛-白土精制生产制得。具有高溶解性，优异的低温性能，橡胶相容性好。主要用于橡胶增塑剂。

（2）**技术参数** 橡胶增塑剂环烷基基础油企业标准见表 2-29。

表 2-29 橡胶增塑剂环烷基基础油企业标准（Q/SY LL0005—2017）

项目	质量指标				
	N6	N10B	N10C	N14	N18
密度（20℃）/（kg/m³）	报告				
运动黏度（100℃）/（mm²/s）	4.0~8.0	8.1~12.0		12.1~16.0	16.1~24.0
闪点（开口）/℃ ≥	170	200	190	210	220
凝点/℃ ≤	报告				
色度/号 ≤	—	1	—	—	—
比色/号 ≤	1	—	1.5	2	2.5
酸值/（mgKOH/g） ≤	0.15	0.02	0.15	0.15	0.15
折射率（20℃）	1.480~1.510			1.485~1.510	1.485~1.525
族组成/%					
芳碳含量 C_A ≤	15	6	15	15	15
环烷碳含量 C_N ≥	35	40	35	35	35
链烷碳含量 C_P	报告	报告	报告	报告	报告

（3）**生产厂家** 中国石油天然气股份有限公司辽河石化分公司。

2.7 白油

白油也称作白矿油，是经深度精制除去润滑油馏分中芳烃和硫化物等杂质后而得到的一类石油产品。其一般由分子量为 300~400 的烷烃和环烷烃组成，且基本组成为饱和烃结构，芳香烃及含氮、氧、硫等的物质含量近似于零。因其具有无色、无味、化学性质稳定等特点，被广泛应用于化工、日用品、食品、医药、润滑剂、纺织和农业等领域。

2.7.1　白油分类

国外将白油分为工业级和食品医药级两类，而国内按质量标准不同将白油分为工业级、化妆级和食品（医药）级三类。工业级白油可用作化纤、铝材加工、橡胶、增塑等工业用油的基础油，也可用作纺织机械、精密仪器的润滑油以及压缩机密封油。化妆级白油可制作发乳、发油、唇膏、护肤脂等。食品（医药）级白油适用于食品上光、防黏、消泡、密封、抛光和食品机械的润滑，还用作润滑性泻药、药膏和药剂的基础油，以及用于手术器械、制药机械的防腐润滑等。

2.7.2　白油性能

（1）芳烃含量　食品级白油被广泛地应用在食品、化妆品、医疗器械等领域。由于原料和生产加工过程会产生一些芳烃，且许多芳烃及多环芳烃化合物被确定或被怀疑有致癌和致突变作用，因此对食品级白油中芳烃含量控制很严格。

在波长为 200~420nm 的紫外光范围内，烷烃和环烷烃不吸收能量，而芳烃及多环芳烃在这一波长范围内则吸收能量。因此，通常用吸收程度来表示芳烃含量。紫外吸光度越小，表明油中芳烃越少。按照紫外吸光度测定的一般规律，波长<285nm 时，主要显示的是单环芳烃含量；波长>285nm 时，主要显示的是双环以上芳烃的含量。在紫外吸光度测量中，可以用 275nm 的测量值表征单环芳烃的含量，用 295nm、300nm 的测量值表征双环以上芳烃的含量。

（2）氧化安定性　氧化安定性是反映白油在实际使用、储存和运输过程中氧化变质或老化倾向的重要特性。在储存和使用过程中，白油经常与空气接触而发生氧化反应，温度的升高和金属的催化会加深白油油品的氧化。白油发生氧化后颜色变深，黏度增大，酸性物质增多并产生沉淀。这些无疑会对白油的使用带来一系列不良影响。因此，氧化安定性是白油油品必须控制的质量指标之一。通常油品中均加有一定数量的抗氧剂，以增强其抗氧化能力，延长使用寿命。

（3）热安定性　热安定性表示油品的耐高温能力，也就是白油对热的分解的抵抗能力，即热分解温度。尤其是食品级白油，对热安定性的要求更高。在高温下，食品级白油本身的碳氢化合物与空气及一氧化氮、二氧化氮和二氧化硫发生氧化反应，生成醇、醛、酮、酸等含氧化合物。另外，高温会导致白油挥发度加大，增加白油的消耗。白油的热安定性，主要取决于基础油的烃类组成。

（4）光安定性　光安定性是指油品在光照条件下发生变色、浑浊、沉淀的程度，这一过程被认为是一种轻度的氧化过程。在光裂解过程中，自由基一般是瞬间产生的活性物种，而氧分子易与自由基反应形成过氧自由基，成为光裂解反应中的主要产物。其结果是光裂解过程导致了自动氧化自由基链反应发生。一些含硫、氮、氧的物质及芳烃类化合物，受光的作用被引发产生活性中心，先生成激发态分子，接着是分子链的断裂。这时由于氧化作用生成了羰基、羟基等产物，再进一步氧化便产生着色基团，导致白油变色变质。白油光安定性劣化的重要因素是碱性氮化物。通过溶剂精制、吸附精制或络合精制，都可以提高白油的光安定性。

2.7.3　白油生产工艺

白油的生产方法目前有两种：一种是以低硫石蜡基或环烷基原油的润滑油馏分为原料，采用发烟硫酸或三氧化硫的磺化法生产白油；另一种是采用加氢法生产白油。前者由于存在硫酸耗量大、生产成本高、"三废"排量大、收率低等缺点，已经逐渐被无污染、收率高、原料来源广泛、产品质量好的加氢法所取代。

（1）**磺化法**　发烟硫酸磺化法的原理是三氧化硫与原料中的含硫、氧、氮的非烃类化合物反应，生成磺化油和酸渣等物质。发烟硫酸磺化法生产白油的原料可以是润滑油馏分（例如减二线、减三线）的脱蜡油或加氢裂化尾油脱蜡油。发烟硫酸磺化法生产白油的工艺流程如图 2-17 所示。此方法中仅有约 20%的硫酸参加反应，反应效率较低，而且酸渣难处理，环境污染大。

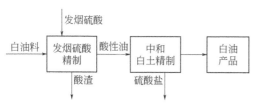

图 2-17　发烟硫酸磺化法制取白油工艺流程

以润滑油馏分为原料生产工业级白油一般得经过 4 次磺化，而生产医用食品级的白油需要经过 5 次以上的磺化。与普通馏分油相比，以加氢裂化尾油脱蜡油作白油原料，磺化剂耗量有较大幅度的降低。发烟硫酸磺化法生产白油在我国已经被淘汰。

三氧化硫磺化法工艺与发烟硫酸磺化法基本相同，原理也相同。其优点是投资低，操作简单，磺化时间缩短，磺化效率有所提高。使用浓度为 6%～8%的三氧化硫气体作磺化剂，大大提高了磺化效率。不仅减少了 50%～70%磺化剂用量，还可以减少约 50%酸渣生成量，而副产品——油溶性的石油磺酸的收率却提高近 1 倍。国内间歇三氧化硫气相磺化法工艺流程如图 2-18 所示。酸性油经中和、白土精制等工艺后得到白油产品。

（2）**加氢法**　加氢法生产白油的工艺，包括一段加氢、二段加氢、一段串联加氢及异构脱蜡补充精制、三段加氢等。与磺化法相比，加氢法虽然由于操作压力高而投资较大，但具有工艺流程简单，产品收率接近 100%、质量好，无"三废"污染等特点，是白油生产的发展方向。

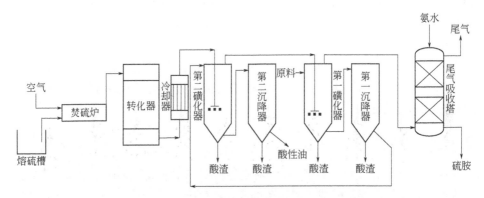

图 2-18　国内间歇三氧化硫气相磺化法工艺流程

一段加氢法工艺，是以溶剂脱蜡油或加氢裂化尾油为原料，采用还原型金属（如镍、铂等）催化剂在高压条件下进行加氢制取白油。产品可达到工业级、化妆级、食品级白油标准要求。一段法白油加氢工艺流程见图2-19。

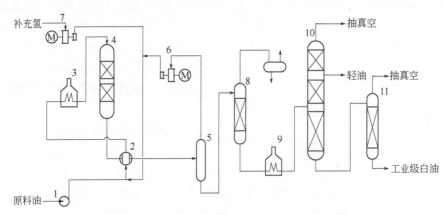

图 2-19　一段法加氢生产工业级白油工艺流程

1—原料油泵；2—高压换热器；3—反应炉；4—反应器；5—高压分离器；6—循环氢压缩机；
7—新氢压缩机；8—汽提塔；9—分馏炉；10—减压分馏塔；11—干燥塔

一段加氢工艺对原料要求较高，加氢装置前必须进行预处理。原料的芳烃含量一般＜5%，还要有较低的硫含量和氮含量，防止白油加氢催化剂活性金属成分失活。

大庆炼化分公司林源炼油厂采用一段白油加氢技术，建成年产3万吨白油加氢装置。该装置采用石科院开发的新一代白油加氢专用催化剂RLF-10W，以大庆炼化分公司润滑油异构降凝装置生产的基础油为原料，生产食品级白油及聚苯乙烯专用白油。其工艺流程见图2-20。

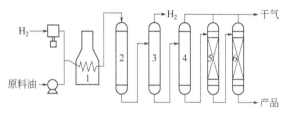

图 2-20　白油加氢装置工艺流程

1—加热炉；2—反应器；3—高压分离器；4—低压分离器；5—汽提塔；6—干燥塔

二段加氢工艺制取白油，可适应更广泛的原料。第一段采用抗硫型（如 W-Ni 或 Mo-Ni）催化剂，在适宜的条件下加氢可得到工业级白油或硫、氮含量很低的中间产品。第一段加氢是原料的加氢精制过程，主要目的是除去硫、氮、氧和使部分芳烃饱和。由于相同分子量的烃类的黏度由高到低依次为多环芳烃、双环芳烃、单环芳烃、环烷烃，以及可能存在的少量裂解反应，故在一段加氢过程中不可避免地有黏度下降。一般芳烃含量越高，黏度越大的原料，黏度下降越大。第二段采用还原型（如高镍或贵金属）催化剂，在高压条件下加氢，可得到化妆级白油、食品级白油。该段加氢主要为芳烃饱和过程。因芳烃含量已较少，温度较低，几乎无裂解，产品黏度基本无变化。二段法白油加氢工艺流程见图 2-21。

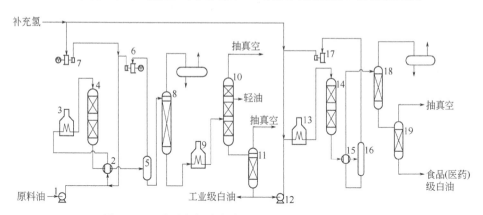

图 2-21　二段法加氢生产食品（医药）级白油工艺流程

1—一段原料油泵；2—一段高压换热器；3—一段反应炉；4—一段反应器；5—一段高压分离器；
6—一段循环氢压缩机；7—新氢压缩机；8—一段汽提塔；9—分馏炉；10—减压分馏塔；
11—干燥塔；12—二段原料油泵；13—二段反应炉；14—二段反应器；
15—二段高压换热器；16—二段高压分离器；17—二段循环氢压缩机；
18—二段汽提塔；19—减压干燥塔

采用三段白油加氢工艺，可以用来生产高黏度的食品（医药）级白油。与二段白油加氢工艺比较，三段白油加氢工艺对原料的适应性更强。三段白油加氢工艺的原料，一般为减压瓦斯油（VGO）或轻脱油（渣油经过丙烷脱沥青后得到的油品）。三段白油加氢工艺的简化流程如图 2-22 所示。

图 2-22　三段白油加氢工艺流程

2.7.4　工业白油

（1）**特性**　无色、无臭、无味、透明的油状液体。原油的润滑油馏分经脱蜡、化学精制或加氢而制得。在化纤生产中，可用作合成纤维表面处理剂、润滑剂，以改善合成纤维的集束性和平滑性。在塑料工业中，可用作润滑剂、脱模剂和增塑剂。另外，还可作为纺织机械及精密仪器的润滑油、压缩机密封用油、铝材加工油等。

（2）**技术参数**　工业白油石化行业标准见表 2-30。

表2-30　工业白油石化行业标准（SH/T 0006—2002）

项目	质量指标											试验方法
等级	优级品							合格品				
牌号	5	7	10	15	32	68	100	5	7	10	15	
运动黏度（40℃）/（mm²/s）	4.14～5.06	6.12～7.48	9.0～11.0	13.5～16.5	28.8～35.2	61.2～74.8	90.0～110	4.14～5.06	6.12～7.48	9.0～11.0	13.5～16.5	GB/T 265
闪点（开口）/℃　≥	110	130	140	150	180	200	200	110	130	140	150	GB/T 3536
倾点/℃　≤	−5			−10				3			2	GB/T 3535
赛波特比色/号	+30							+20			+24	GB/T 3555
腐蚀试验（100℃，3h）/级	1											GB/T 5096
水分/%	无											GB/T 260
机械杂质/%	无											GB/T 511
水溶性酸或碱	无											GB 259
硫酸显色试验	通过							—				SH/T 0006 附录 A
硝基萘试验	通过							—				SH/T 0006 附录 B
外观	本产品为无色、无味、无荧光、透明的油状液体											目测

（3）**生产厂家** 主要有中国石油天然气股份有限公司大庆炼化分公司林源炼油厂、中国石油天然气股份有限公司克拉玛依石化分公司、中国石油天然气股份有限公司抚顺石化分公司石油三厂、杭州石化有限公司、中海油能源发展股份有限公司惠州石化分公司等。

2.7.5 粗白油

（1）**特性** 无色、无味、无臭。主要由烷烃、环烷烃及少量带有烷烃侧链的芳烃组成。具有化学惰性和对光稳定性，可作为生产白油成品的原料。

（2）**技术参数** 粗白油石化行业标准见表2-31。

表2-31 粗白油石化行业标准（NB/SH/T 0914—2015）

项目	质量指标										试验方法
	3号	5号	7号	10号	15号	22号	32号	46号	68号	100号	
运动黏度（40℃）/（mm²/s）	1～<3	3～<6	6～<8	8～<12	12～<18	18～<26	26～<38	38～<56	56～<82	82～<120	GB/T 265
运动黏度（100℃）/（mm²/s）	—				报告						GB/T 265
密度①（20℃）/（kg/m³）	报告					—					GB/T 1884 GB/T 1885
倾点/℃ ≤	—	3		−9②							GB/T 3535
闪点（开口）/℃ ≥	—			140	160		180	200	210	220	GB/T 3536
闪点（闭口）/℃ ≥	38	70	80	—							GB/T 261
赛波特比色/号 ≥	+20				+20②						GB/T 3555
机械杂质及水分	无										目测③
铜片腐蚀（50℃，3h）/级 ≤	1			—							GB/T 5096
铜片腐蚀（100℃，3h）/级 ≤	—			1							GB/T 5096
硫含量④/（mg/kg）≤	50				100						SH/T 0689
芳烃含量（体积分数）/% ≤	15	—									GB/T 11132

项目	质量指标										试验方法
	3号	5号	7号	10号	15号	22号	32号	46号	68号	100号	
芳烃含量（质量分数）/% ≤	—		15				20				NB/SH/T 0606⑤ SH/T 0806⑥ SH/T 0753⑥
氮含量/（mg/kg）≤						500					NB/SH/T 0704

① 密度允许用 SH/T 0604 方法测定，仲裁试验以 GB/T 1884 方法测定的结果为准。

② 可以与用户进行商定。

③ 将试样注入 100mL 玻璃量筒中，在室温（20℃±5℃）下观察，应透明，没有悬浮和沉降的水分及机械杂质。结果有争议时，按 GB/T 260 或 GB/T 511 测定。

④ 硫含量允许用 GB/T 11140、NB/SH/T 0842 方法测定，仲裁试验以 SH/T 0689 方法测定的结果为准。

⑤ 5 号粗白油芳烃含量测定方法，仲裁试验以 NB/SH/T 0606 方法测定的结果为准。

⑥ 7 号～100 号粗白油芳烃含量测定方法。

（3）**生产厂家** 中国石油化工股份有限公司上海高桥分公司、中国石油化工股份有限公司金陵分公司、中国石油天然气股份有限公司抚顺石化分公司、中海油能源发展股份有限公司惠州石化分公司、杭州石化有限公司。

2.7.6 化妆用白油

（1）**特性** 无色、无臭、无异味、透明的油状液体。采用原油的润滑油馏分经脱蜡、化学精制或加氢精制而得的白色油。溶于乙醚、氯仿、汽油及苯等溶剂，不溶于水和乙醇。纯度高，具有良好的抗氧性和化学稳定性。适用于作化妆品原料用以制作发乳、发油、发蜡、口红、面油、护发脂等，还可用于轻型机械仪表的润滑油等。

（2）**技术参数** 化妆用白油石化行业标准见表 2-32。

表 2-32 化妆用白油石化行业标准（NB/SH 0007—2015）

项目	质量指标						试验方法
	10	15	26	36	50	70	
运动黏度（40℃）/（mm²/s）	7.6～12.4	12.5～17.5	24.0～28.0	32.5～39.5	45.0～55.0	63.0～77.0	GB/T 265
闪点（开口）/℃ ≥		150		160		200	GB/T 3536
易炭化物				通过			NB/SH 0007 附录 A
赛波特比色/号 ≥				+30			GB/T 3555
重金属含量/（mg/kg）≤				10			SH/T 0128

项目		质量指标						试验方法
		10	15	26	36	50	70	
铅含量/（mg/kg）	≤			1				GB 5009.12
砷含量/（mg/kg）	≤			1				GB 5009.11
稠环芳烃（紫外吸光度，260～420nm）/cm	≤			0.1				GB/T 11081
水溶性酸或碱				无				GB 259
固态石蜡				通过				SH/T 0134
机械杂质				无				GB/T 511
性状			无色、无味、无荧光透明油状液体					目测①

① 将 300mL 试样倒入 500mL 的烧杯中，在室温和良好空气环境下静置数分钟后，用目测和嗅觉判定。

（3）**生产厂家** 杭州石化有限公司、中国石油天然气股份有限公司大庆炼化分公司、中海油（惠州）石油化工有限公司。

2.7.7 食品添加剂白油

（1）**特性** 又名液体石蜡。无色、无味、透明油状液体。由原油的润滑油馏分经脱蜡、化学精制或加氢精制所制得。主要成分为 $C_{16}\sim C_{20}$ 正构烷烃。不溶于水、甘油、冷乙醇，溶于苯、乙醚、氯仿、二硫化碳、热乙醇。对光、热、酸等稳定，但长时间接触光和热会慢慢氧化。在食品工业可用作被膜剂、面包脱模剂、食品机械润滑剂等。

（2）**技术参数** 食品添加剂白油国家标准见表 2-33。

表 2-33　食品添加剂白油国家标准（GB 1886.215—2016）

项目		质量指标					试验方法
		低、中黏度				高黏度	
		1 号	2 号	3 号	4 号	5 号	
运动黏度/（mm²/s）	100℃	2.0～3.0	3.0～7.0	7.0～8.5	8.5～11	≥11	GB/T 265
	40℃	符合声称	符合声称	符合声称	符合声称	符合声称	
初馏点/℃	＞	230	230	230	230	350	NB/SH/T 0558
5%（质量分数）蒸馏点碳数	≥	14	17	22	25	28	NB/SH/T 0558
5%（质量分数）蒸馏点温度/℃	＞	235	287	356	391	422	NB/SH/T 0558

项目	质量指标					试验方法
	低、中黏度				高黏度	
	1 号	2 号	3 号	4 号	5 号	
平均分子量 ≥	250	300	400	480	500	GB/T 17282
赛波特比色/号 ≥	+30	+30	+30	+30	+30	GB/T 3555
稠环芳烃（紫外吸光度，260~420nm）/cm ≤	0.1	0.1	0.1	0.1	0.1	GB/T 11081
铅（Pb）/（mg/kg） ≤	1.0	1.0	1.0	1.0	1.0	GB 1886.215 附录 A
砷（As）/（mg/kg） ≤	1.0	1.0	1.0	1.0	1.0	GB 5009.76
重金属（以 Pb 计）/（mg/kg） ≤	10	10	10	10	10	GB 5009.74
易炭化物	通过试验	通过试验	通过试验	通过试验	通过试验	GB/T 11079
固态石蜡	通过试验	通过试验	通过试验	通过试验	通过试验	SH/T 0134
水溶性酸或碱	不得检出	不得检出	不得检出	不得检出	不得检出	GB 259

（3）生产厂家　茂名环海精细化工有限公司。

2.7.8　低凝点白环烷油

（1）**特性**　无色，无味，无荧光，透明油状液体。性能稳定，闪点高，凝点低。适用于作为低温润滑油脂的基础油。

（2）**技术参数**　低凝点白环烷油技术标准见表 2-34。

表 2-34　低凝点白环烷油技术标准（Q/SY KL0114—2002）

项目	质量指标				
	10	15	22	32	46
运动黏度（40℃）/（mm²/s）	9~11	13.5~16.5	19.8~24.2	28.8~35.2	41.4~50.6
闪点（开口）/℃ ≥	135	150	160	165	165
倾点/℃ ≤	−50	−45	−40	−35	−30
赛波特比色/号 ≥	+30				
腐蚀试验（100℃，3h）/级	1				
水分（质量分数）/%	无				
机械杂质（质量分数）/%	无				
水溶性酸或碱	无				
硫酸显色试验	通过				
硝基萘试验	通过				
外观	无色，无味，无荧光，透明油状液体				

（3）生产厂家 中国石油天然气股份有限公司克拉玛依石化分公司。

2.8 抽出油

润滑油糠醛抽出油，是润滑油生产过程中的副产品，是以糠醛作溶剂精制润滑油基础油时，从中脱除的润滑油的非理想组分。在抽出油中，含有大量的单环、双环或多环芳烃，还含有一部分饱和烷烃和少量胶质、沥青质等。国内抽出油总芳烃含量大都超过 50%，有的接近 70%，属于典型的高芳烃油。

2.8.1 抽出油生产工艺

润滑油生产，有正序和反序两种生产工艺。正序工艺为先进行糠醛精制然后进行酮苯脱蜡的工艺。该工艺所得馏分油分为含溶剂的抽出液和抽余液，分别蒸出溶剂，即可获得抽出油和蜡含量高的抽余油。将抽余油再用酮苯混合溶剂（甲基乙基酮-甲苯）脱蜡后，得到润滑油精制油和蜡膏。正序工艺获得的抽出油蜡含量高，凝点偏高。反序工艺为先进行酮苯脱蜡后进行糠醛精制的工艺，即先利用酮苯混合溶剂在低温下将减压蜡油分为两相，利用过滤机过滤，再分别进行溶剂回收，得到含油蜡膏和脱蜡油两种中间产品。含油蜡膏去生产石蜡，脱蜡油再进行糠醛精制，得到精制油和抽出油。反序糠醛抽出油中固态正构烷烃即石蜡含量少，最大的优点是凝点低，使用方便，易于运输。采用反序工艺生产糠醛抽出油的流程见图 2-23。

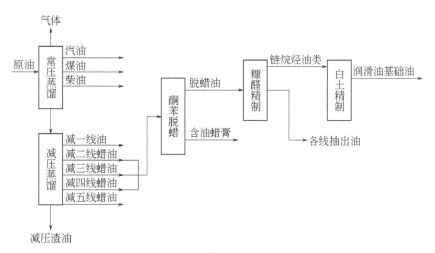

图 2-23 反序工艺生产糠醛抽出油的流程

2.8.2 糠醛抽出油

（1）**特性** 属于典型的高芳烃油，还含有部分饱和烷烃和少量胶质、沥青质，蜡含量低，黏性好，闪点高，耐高温性好。主要用于调和道路沥青、重交通道路沥青、防腐沥青，以及生产橡胶填充油、橡胶加工油、油墨溶剂油等。

（2）**技术参数** 糠醛抽出油企业标准见表2-35。

表2-35 糠醛抽出油企业标准（Q/370000 ZLQ017—2015）

项目	质量指标					试验方法
	1#	2#	3#	4#	5#	
运动黏度（100℃）/（mm²/s）	2.0～6.0	6.0～14.0	14.0～18.0	18.0～24.0	24.0～38.0	GB/T 265
密度（20℃）/(kg/m³)	实测	实测	实测	实测	实测	GB/T 1884
闪点（开口）/℃ ≥	140	185	195	205	210	GB 267
苯胺点/℃	实测	实测	实测	实测	实测	GB/T 262
硫含量	实测	实测	实测	实测	实测	GB/T 17040
水分	痕迹	痕迹	痕迹	痕迹	痕迹	GB/T 260
残炭（质量分数）/% ≤	0.2	0.2	0.2	0.2	0.35	GB 268
灰分（质量分数）/% ≤	0.2	0.2	0.2	0.2	0.2	GB 508
酸值/（mgKOH/g）	实测	实测	实测	实测	实测	GB 264
倾点/℃ ≤	−5	10	10	10	0	GB/T 3535
结构族组成/% C_A ≥ C_N C_P	40 实测 实测	40 实测 实测	40 实测 实测	40 实测 实测	40 实测 实测	SH/T 0725
烃类族组成/% 芳香分 ≥ 饱和分 胶质 沥青质	70 实测 实测 实测	70 实测 实测 实测	70 实测 实测 实测	70 实测 实测 实测	70 实测 实测 实测	NB/SH/T 0509

（3）**生产厂家** 中海沥青股份有限公司。

2.8.3 芳香基基础油

（1）**特性** 常减压蒸馏侧线油经润滑油加氢精制装置和糠醛-白土精制装置生产制得。适用于调和道路沥青、橡胶填充油等。

（2）**技术参数** 芳香基基础油企业标准见表2-36。

表 2-36 芳香基基础油企业标准（Q/SY LL0002—2017）

项目	质量指标			
	A20	A30	A50	A160
密度（20℃）/（kg/m³）	报告			
运动黏度（100℃）/（mm²/s）	≤4.00	4.01～8.00	8.01～14.00	>24.00
闪点（开口）/℃ ≥	140	170	185	210
凝点/℃	报告			
灰分（质量分数）/% ≤	0.01			
水分（体积分数）/% ≤	0.1			
折射率（20℃）	报告	报告	1.550～1.590	1.550～1.590
族组成/% 芳碳含量 C_A ≥ 环烷碳含量 C_N 链烷碳含量 C_P	30 报告 报告	35 报告 报告	35 报告 报告	38 报告 报告

（3）生产厂家 中国石油天然气股份有限公司辽河石化分公司。

第 **3** 章

合成基础油

　　合成基础油是根据具体的性能需求合成的特定化学结构的基础油。与矿物基础油相比，合成基础油具有更好的高低温性、耐高真空性、化学安定性、难燃性和抗辐射性等，通常可以满足矿物油不能满足的使用要求，更可用于军工和民用设备工作条件苛刻的场合，如低温、高温、高负荷、高转速、高真空、高能辐射、强氧化介质和要求长寿命的润滑部位。但是，因其价格比矿物基础油高 2~10 倍，故其使用范围也受到一定限制。

3.1　合成基础油性能

3.1.1　高低温性能和黏温性能

　　合成基础油比矿物基础油的热安定性要好，热分解温度、闪点和自燃点高，热氧化安定性好，允许在较高的温度下使用。大多数合成润滑油比矿物油黏度指数高，黏度随温度变化小。在高温黏度相同时，大多数合成油比矿物油的倾点（或凝点）低，低温黏度小。这样一来，就使合成油可在较低温度下使用。表 3-1 列出了各类合成润滑油的黏度指数及凝点的范围。

表 3-1　各类合成润滑油的黏度指数以及凝点的范围

类别	黏度指数	凝点/℃
矿物油	50~130	−45~−6
聚 α-烯烃油	80~150	−60~−20
双酯	110~190	<−80~−40
多元醇酯	60~190	<−80~−15
聚醚	90~280	−65~5
磷酸酯	30~60	<−50~−15
硅油	100~500	<−90~10
硅酸酯	110~300	<−60

类别	黏度指数	凝点/℃
聚苯醚	−100～+10	−15～20
全氟碳化合物	−240～+10	<−60～16
聚全氟烷基醚	23～355	−77～−40

3.1.2 氧化安定性和热安定性

合成油与矿物油相比，具有较好的氧化安定性，加入添加剂后，使用温度更高。各类合成油氧化后的黏度变化均低于矿物油，沉淀也远比矿物油少，表明合成油的抗氧化能力远比矿物油强。由于合成油比矿物油的闪点高，自燃点高，热分解温度高，加入抗氧剂后的热氧化安定性好，因此合成油比矿物油的使用温度高。

合成油一般具有热安定性好、热分解温度高、闪点及自燃点高等特点。合成油比矿物油具有更为优良的高温性能，允许在较高的温度下使用。表 3-2 列出了各类合成油的热分解温度和整体极限工作温度范围。

表3-2 各类合成基础油热分解温度及整体极限工作温度范围

类别	热分解温度/℃	长期工作温度/℃	短期工作温度/℃
矿物油	250～340	93～121	135～149
聚 α-烯烃油	338	177～232	316～343
双酯	283	175	200～220
多元醇酯	316	177～190	218～232
聚醚	279	163～177	204～218
磷酸酯	194～421	93～177	135～232
硅油	388	218～274	316～343
硅酸酯	340～450	191～218	260～288
聚苯醚	454	316～371	427～482
全氟碳化合物	—	288～343	399～454
聚全氟烷基醚	—	232～260	288～343

从表 3-2 可以看出，对于黏度相近的基础油来说，合成油具有更高的热分解温度，因此合成油比矿物油的使用温度要高。

3.1.3 挥发性

油品的挥发性是使用过程中的一项重要性能。挥发性大的油品不但耗油量高，而且由于其轻组分的挥发损失而使油品变黏，基本性能发生变化，因而影响油品的使用寿命。与相同黏度的矿物油相比，合成油的挥发性较低。矿物油是一段馏分油，其中既含有小分子，又含有大分子，在一定温度下，其轻馏分（小分子）易挥发。合成油一般是一种纯化合物，其沸点范围较窄，挥发性较低，因此可延长油品的使用寿命。

3.1.4　抗燃性

矿物油遇火会燃烧。在许多靠近热源的部位，常常由于矿物油的泄漏着火造成重大事故。目前，尚未找到依靠加入添加剂来改善矿物油的着火性能的办法。某些合成油却具有优良的难燃性能。例如，磷酸酯虽然本身闪点并不高，但是由于没有易燃和维持燃烧的分解产物，因此不会造成延续燃烧。芳基磷酸酯在 700℃ 以上遇明火会发生燃烧，但它不传播火焰，一旦火源切断，燃烧立即停止。所以，磷酸酯其本身具有难燃性。聚醚是水-乙二醇难燃液的重要组分，主要用来增加黏度。聚醚和乙二醇都能燃烧，但水-乙二醇难燃液中含 40%～60%的水，在着火情况下，由于水大量蒸发，水蒸气隔绝了空气，从而达到阻止燃烧的目的。全氟碳润滑油在空气中根本不燃烧，而全氟烷基醚油甚至于在氧气中也不能燃烧。表 3-3 列出了部分合成基础油的难燃性能。

表 3-3　合成基础油的难燃性能

油品类型	闪点/℃	燃点/℃	自燃点/℃	热歧管着火温度/℃	纵火剂点火
矿物汽轮机油	200	240	<360	<510	燃
芳基磷酸酯	240	340	650	>700	不燃
聚全氟甲乙醚	>500	>500	>700	>930	不燃

3.1.5　密度

矿物油的相对密度小于 1。某些合成基础油具有较大的相对密度，能满足一些特殊用途的要求，如用于导航的陀螺液、仪表隔离液等。合成基础油的相对密度见表 3-4。

表 3-4　合成基础油的相对密度

品种	相对密度（d_4^{20}）	品种	相对密度（d_4^{20}）
矿物油	0.8～0.9	氟硅油	1.4
多元醇酯	0.9～1.0	聚全氟烷基醚	1.8～1.9
磷酸酯	0.9～1.2	全氟碳油、氟氯油	>2.0
甲基苯基硅油	1.0～1.1	氟溴油	2.4
甲基氯苯基硅油	1.2～1.4		

3.1.6 其他性能

含氟基础油如全氟碳化合物、氟氯油、氟溴油和聚全氟烷基醚等，都具有极好的化学稳定性。这是矿物油及其他合成油所不及的。在 100℃以下，全氟碳油、氟氯油与全氟聚醚油等与氟气、氯气、68%硝酸、98%硫酸、浓盐酸、王水、铬酸洗液、高锰酸钾和 30%的过氧化氢溶液不起作用。

聚苯醚具有极好的耐辐射性。矿物油能耐 $10^6 \sim 10^7 \mathrm{Gy/a}$ 的剂量辐射。酯类油、聚 α-烯烃油与矿物油的耐辐射性能相近，硅油、磷酸酯则低于矿物油，只能耐 $10^5 \mathrm{Gy/a}$ 的剂量。如果需要耐 $10^7 \mathrm{Gy/a}$ 的吸收剂量的润滑油，就需要含苯基的合成油，例如烷基化芳烃、聚苯或聚苯醚。聚苯醚的抗辐射性能最好，可耐 $10^9 \mathrm{Gy/a}$ 的吸收剂量。

矿物润滑油的生物降解性差，因此对环境可能会造成严重的污染。酯类及聚醚合成油具有生物降解功能。

在使用合成基础油时，应选择与这种合成油相适应的橡胶密封件。因为与矿物润滑油相适应的丁腈橡胶密封件，并不与多数合成油相适应。

3.2 聚 α-烯烃基础油

聚 α-烯烃油（PAO）是在催化剂作用下，由 α-烯烃（主要是 $C_8 \sim C_{12}$）聚合而获得的一类比较规则的长链烷烃。与矿物油相比，聚 α-烯烃油具有黏温性能好、黏度指数高、倾点低、蒸发损失小、对添加剂的感受性好等优点，可广泛用于液压油、工业润滑油、光纤膏、热传导液体、喷气发动机机油、合成型车用机油、齿轮油、压缩机油、润滑脂等油品中。

3.2.1 聚 α-烯烃结构

α-烯烃指双键在分子链端部的单烯烃，结构简式为 $R—CH＝CH_2$，其中 R 为烷基。若 R 为直链烷基，则称为直链 α-烯烃（LAO）。虽然丙烯等低碳烯烃也属 α-烯烃范畴，但工业上习惯指碳原子数为 4 或 6 以上的 α-烯烃。原料 α-烯烃的碳数及双键的位置对合成的 PAO 的性能有较大影响。研究表明，双键在 α-位的 $C_8 \sim C_{12}$ α-烯烃（尤其是 C_{10}）合成的 PAO 的性能最优，是合成 PAO 的理想原料。反应条件对 PAO 的性能也有很大影响。一般来说，随反应温度的降低，产物分子量增大，二聚物收率降低，产品的黏度、黏度指数和倾点增大，蒸发损失减小。

商品 PAO 大都是 α-癸烯的低聚物，其中可能含有二聚物、三聚物、四聚物、五聚物和少量的高聚物。每个低聚物都含一个双键，为改善其氧化稳定性，必须再经过加氢处理。聚 α-烯烃（PAO）分子结构通式为：$R^1{-}[CH_2{-}CHR^2]_n{-}R^3$，其中 R^1、R^2、R^3 是碳数不等的烷基。其可能结构如下：

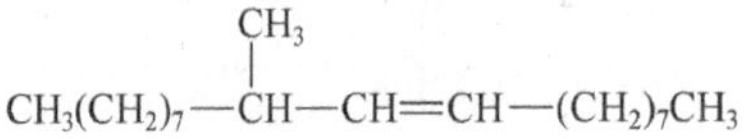

α-癸烯二聚物($C_{20}H_{40}$)

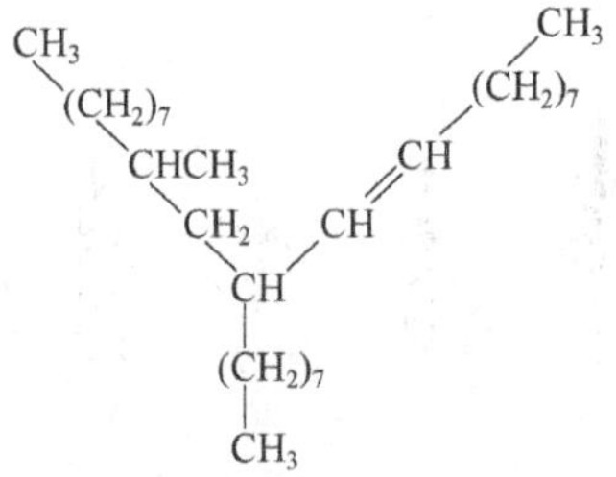

α-癸烯三聚物($C_{30}H_{60}$)

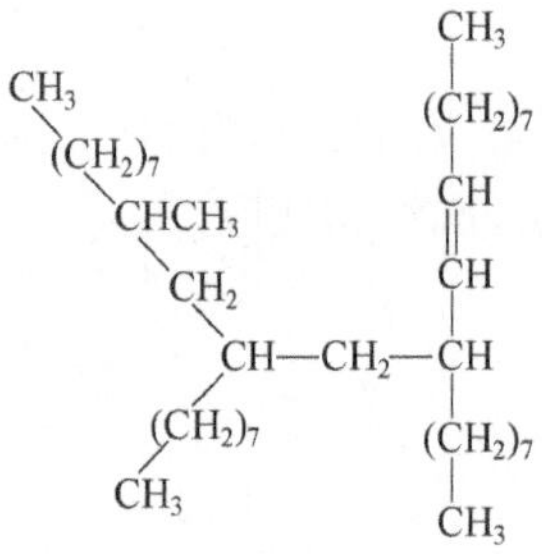

α-癸烯四聚物($C_{40}H_{80}$)

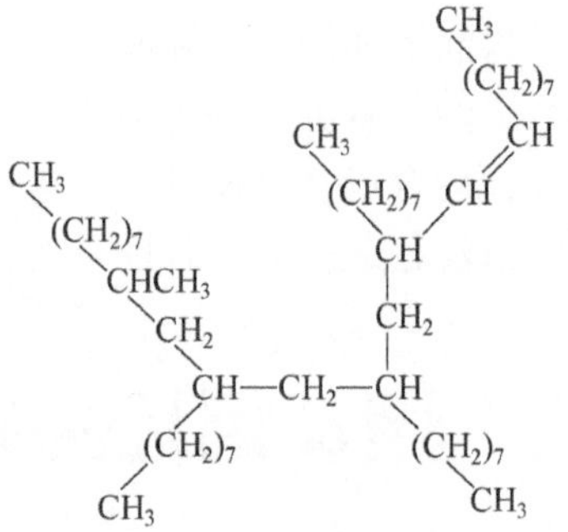

α-癸烯五聚物($C_{50}H_{100}$)

按 100℃运动黏度不同，PAO 可分为低黏度 PAO（100℃黏度为 2～10mm²/s）和高黏度 PAO（100℃黏度为 40～100mm²/s）两类。此外，ExxonMobil Chemical 公司还提出一种新型超高黏度的 PAO SuperSyn™，其 100℃黏度可达 150～3000mm²/s，黏度指数高至 220～388。与传统的 PAO 相比，SuperSyn™ 具有更规整的结构。为区别于常规 PAO，这种新的 PAO 基础油被称为 mPAO。两种 PAO 的结构如下：

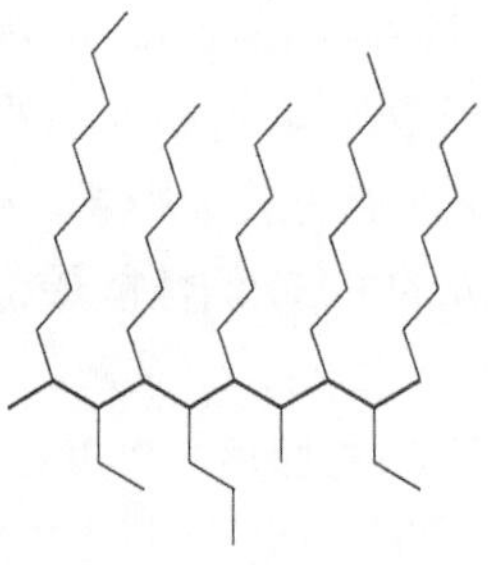

常规PAO
（侧链平均为C_6～C_7）

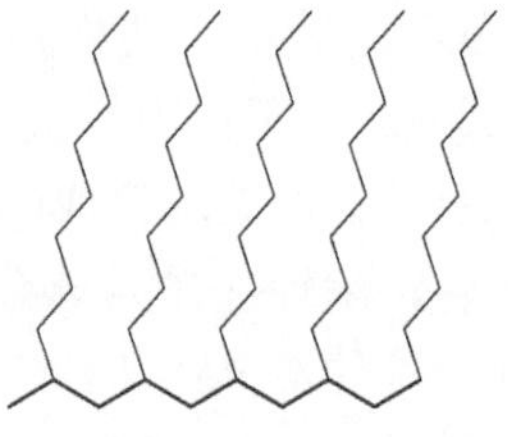

mPAO
（侧链平均为C_8）

最低黏度等级的商品 PAO 的 100℃黏度为 2mm²/s（PAO 2），主要由二聚物（C_{20}）组成。高黏度的 PAO 则是由三聚物（C_{30}）、四聚物（C_{40}）、五聚物（C_{50}）及痕量的高聚物所组成。不同 PAO 的物理性质见表 3-5。

表3-5　聚 α-烯烃基础油的物理性质

品种	运动黏度（100℃）/（mm²/s）	平均分子量
PAO 2	2	287
PAO 4	4	437
PAO 6	6	529
PAO 8	8	596
PAO 10	10	632
PAO 40	40	1400
PAO 100	100	2000

3.2.2　聚α-烯烃合成油特性

（1）黏温特性和低温特性　PAO 的黏度指数高，一般都在 135 以上，而矿物基础油一般在 85～90，精制矿物基础油一般在 95 左右。精制程度更高的如Ⅲ类基础油的黏度指数一般在 120 左右。由于聚 α-烯烃的主要成分是长链的烷烃，所以具有较好的黏温特性，比同黏度的矿物油更为优异。聚 α-烯烃油与同黏度的矿物油相比，具有良好的低温流动性，黏度指数也较高。数据表明：各种碳数 α-烯烃的三聚体和四聚体都具有较高的黏度指数、较低的倾点和低温黏度，尤其是 C_8～C_{12} α-烯烃的三聚体和四聚体，最适宜制备性能优良的基础油。表 3-6 列出了各种纯 α-烯烃三聚体和四聚体的黏度、黏度指数和倾点。

表3-6　各种纯 α-烯烃三聚体和四聚体的物理性能

原料 α-烯烃	聚合度	聚合物碳数	运动黏度/（mm²/s）			黏度指数	倾点/℃
			100℃	40℃	-40℃		
1-己烯	三聚体	18	1.4	3.8	165	88	<-55
1-辛烯	三聚体	24	2.3	8.0	580	92	<-55
1-壬烯	三聚体	27	3.0	123	1450	104	<-55
1-癸烯	三聚体	30	3.7	15.6	2070	122	<-55
1-十一烯	三聚体	33	4.4	20.2	3350	131	<-55
1-十二烯	三聚体	36	5.1	24.3	13300	144	<-45
1-十四烯	三聚体	42	6.7	33.8	凝固	157	-20
1-己烯	四聚体	24	2.6	9.8	1780	94	<-55
1-辛烯	四聚体	32	4.1	20.0	4750	106	<-55
1-癸烯	四聚体	40	5.7	29.0	7457	141	<-55

（2）**氧化安定性和热安定性**　聚 α-烯烃油与抗氧剂的协同效应极好，在旋转氧弹（RBOT）测试中，高品质的 PAO 达到压降的时间是 Ⅱ 类加氢基础油的 3～4 倍，是 Ⅲ 类深度加氢基础油的 1.5～2 倍。PAO 调配的油品具有优异的抗氧化安定性能。

聚 α-烯烃油的热安定性与双酯类油相当，优于矿物基础油。用 PAO 4 油在 135℃、金属催化剂作用下加热 168h，其黏度仅增加 15%，同黏度矿物油则增加 30%。由于聚 α-烯烃油主要由异构烷烃组成，加氢后基本上不含芳烃和胶质，在高温下不易生成积炭。聚 α-烯烃油的热安定性的顺序是二聚体优于三聚体，而三聚体又优于四聚体。这是因为最不稳定的是分子中与叔碳原子相连的部分，也就是分子碳链中的支链。高聚体中含有较多的支链，因此较易热降解。聚 α-烯烃油与双酯或多元醇酯的混合油，具有很好的热安定性，这种混合油在许多高档润滑油脂中广泛使用。

（3）**挥发性**　油品蒸发度高，会导致耗油量增加，基础油具有低的挥发性变成一个重要的因素。将 PAO 与不同类型矿物基础油的挥发性进行比较，见图 3-1。可见聚 α-烯烃油具有最低的挥发性。

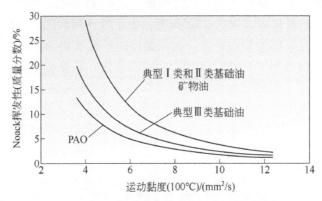

图 3-1　PAO 与不同类型基础油的挥发性比较

（4）**牵引系数**　矿物基础油牵引系数为 0.018，聚 α-烯烃油牵引系数为 0.012。聚 α-烯烃具有的低牵引力特性，能使其处在不规则表面，可使齿轮和滚动元件轴承负荷区的流体摩擦降低，可降低工作温度，能够提高齿轮的效率，降低运作成本。作为齿轮油使用时可使与润滑剂有关的牵引力减小，因而可节约动力。

（5）**对添加剂的感受性**　聚 α-烯烃油是由 α-烯烃经低聚再加氢饱和分子中剩余的双键而得到的纯度很高的油品。不加添加剂时，聚 α-烯烃油的高温氧化安定性并不好。相反，矿物润滑油中含有硫氮杂质，是天然的抗氧剂，在某种程度上有一定的抗氧化效果。但是，聚 α-烯烃油对抗氧化添加剂的感受性特别好。例如：PAO 6 油在 175℃下氧化 18h 酸值就达到 2.0mgKOH/g；当加入 0.5%二丁基二硫代氨基甲酸锌后，在相同条件下，达到同一酸值的时间则需 104h。

（6）**毒性**　聚 α-烯烃油无毒，对皮肤的浸润性好。聚 α-烯烃油的纯度高，尤其是由乙烯低聚的 α-烯烃聚合油，油中不含芳烃，因此无毒，对皮肤无刺激。对大鼠急性经口中毒的半数致死量 $LD_{50}>15\mu g/g$。用聚 α-烯烃油制备的白油可以符合食品级白油的规格要求。聚 α-烯烃油对皮肤及毛发的浸润性好，可用于化妆品、润肤液和护发素。PAO 基础油对哺乳动物的毒性见表 3-7。

表 3-7　PAO 基础油对哺乳动物的毒性

PAO 基础油 运动黏度（100℃）/（mm²/s）	急性经口（LD_{50}）/（g/kg）	对皮肤刺激	对眼睛刺激
2	>5	阴性	阴性
4	>5	阴性	阴性
6	>5	阴性	阴性
8	>5	阴性	阴性
10	>5	阴性	阴性

注：根据联邦危险物质法规（FHSA，16CFR 1500）。

（7）**生物降解性**　生物降解性是评价生态毒性的关键。低黏度的 PAO 基础油（100℃运动黏度 2~4mm²/s）是容易生物降解的，如 100℃运动黏度为 4mm²/s 的 PAO 4 基础油也有 65%以上的生物降解率，而低黏度矿物基础油 LVI 4 仅有 30%左右的生物降解率。可见，PAO 基础油生物降解率明显优于传统矿物基础油。

采用不同时间和不同的实验室重复测定，不同黏度的 PAO 基础油的生物降解率结果见图 3-2。从结果可看出 PAO 基础油的生物降解率随黏度的增加而降低，高黏度的 PAO 基础油（6mm²/s 以上）是不能快速生物降解的。高黏度的 PAO 基础油之所以生物降解率降低了，因为黏度从低向高增加时，平均分子量和侧支链增加。这被认为是极低的水溶性和极低的生物利用率所致。

（8）**聚 α-烯烃合成油缺陷**　聚 α-烯烃油的成本比矿物基础油高，且添加剂溶解性不好，还会使某些橡胶产生收缩和变硬，从而会影响密封性能。据一些研究表明，聚 α-烯烃合成油的抗磨性不如酯类和矿物油，须添加相应的抗磨剂。可以通过加入少量橡胶膨胀剂克服聚 α-烯烃对某些添加剂溶解性差的缺点，同时改善聚 α-烯烃对橡胶相容性差的问题。橡胶膨胀剂可以是邻苯二甲酸二丁酯、癸二酸酯等酯类油，也可以是烷基苯基础油或烷基萘基础油。聚 α-烯烃油对各种橡胶性能的影响见表 3-8。

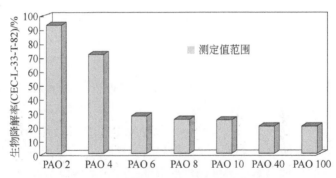

图 3-2 不同黏度的 PAO 基础油的生物降解率

表 3-8 聚 α-烯烃油对各种橡胶性能的影响

橡胶类型	质量变化/%	体积变化/%	硬度变化/%
丁腈橡胶	−8.9	−11.4	+29.5
氯丁橡胶	−1.9	−1.2	+16.5
氟橡胶	+0.2	+0.5	−1.0
石棉橡胶	+7.2	+9.1	−3.5

3.2.3 聚α-烯烃合成油生产工艺

（1）石蜡裂解法 石蜡裂解法是在反应温度 540℃、反应压力 0.2～0.4MPa 条件下，将含 C_{25}～C_{35} 的软石蜡进行裂解后，经过分离得到 α-烯烃产物。软石蜡裂解 α-烯烃的组成复杂，生成的直链 α-烯烃含有 C_5～C_{20} 的烯烃，还含有较多的内烯烃、双烯烃、烷烃、环烷烃和芳烃杂质。随着科技进步，石蜡裂解法在经济和产品质量方面都缺乏竞争力。

（2）乙烯齐聚法 乙烯齐聚法只得到偶数碳原子的 α-烯烃，其中杂质含量少。在国外，一般以乙烯齐聚 α-烯烃为原料生产聚 α-烯烃合成油。PAO 基础油主要由长链 α-烯烃在齐格勒-纳塔（Ziegler-Natta）或茂金属催化剂下通过配位聚合，或者在 $AlCl_3$ 或 BF_3 催化剂下通过阳离子低聚得到。近年来，国外乙烯齐聚生产 α-烯烃工艺催化剂的开发主要集中在镍系、锆系、铁系、铬系等催化剂上。聚 α-烯烃基础油的生产过程主要由烯烃聚合、催化剂分离、蒸馏和加氢反应 4 个单元组成。生产工艺流程见图 3-3。

烯烃聚合是根据所要求生产的基础油黏度不同，采用不同的催化剂和聚合条件，可聚合成二聚体、三聚体、四聚体、五聚体等。对于低黏度（100℃，1～10mm²/s）润滑油的生产，通常以三氟化硼为催化剂，以水、醇或弱羧酸为助催化剂；而高黏度的润滑油（100℃，40～100mm²/s）生产，则以 Ziegler-Natta（如三乙基铝+四氯化钛）为催化剂。

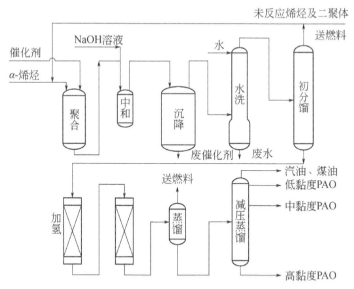

图 3-3　聚 α-烯烃基础油生产工艺流程

加氢反应是以金属镍或钯为催化剂，对聚合油进行加氢反应，通过加氢饱和双键，来提高油的化学稳定性及氧化安定性。国外的聚 α-烯烃油都经过加氢精制来饱和分子中残留的双键，否则在高温时会发生热聚合断链，影响油品的氧化安定性。如果不进行加氢，即使加入最好的抗氧化剂也解决不了热氧化安定性问题。

生产质量优良的高档聚 α-烯烃油，原料是一个关键性的问题。乙烯齐聚法和蜡裂解法这两条工艺路线得到的 α-烯烃其实均为宽馏分混合烯烃，需要将其分离为单体 α-烯烃或窄馏分烯烃，以实现综合利用。

（3）mPAO 生产工艺　ExxonMobil 公司推出了使用茂金属催化剂合成工艺合成的新一代高黏度聚 α-烯烃 SpectraSyn Elite。通常情况下 PAO 分子拥有突出的基干，从基干以无序方式伸出长短不一的侧链。mPAO 采用茂金属催化剂合成工艺，茂金属为单活性中心催化剂，其独特的几何结构可得到均一的化学产品，故 mPAO 拥有梳状结构，不存在直立的侧链。与常规 PAO 相比，这种形状拥有改进的流变特性和流动特征，从而可更好地提供剪切稳定性、较低的倾点和较高的黏度指数，特别是由于有较少的侧链而具有比常规 PAO 高得多的剪切稳定性。

合成 mPAO 的生产工艺主要为间歇式生产工艺，埃克森美孚、BP 和三井化学等公司的专利都采用釜式反应器。在氢气气氛中将反应物料加热至反应温度，注入预先配制好的催化剂的甲苯溶液，反应完全后，经过水洗、加氢、蒸馏等步骤得到 mPAO 产品。具体流程如图 3-4 所示。

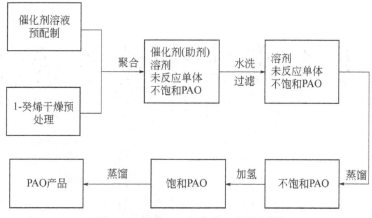

图 3-4　合成 mPAO 生产工艺流程图

（4）**费托合成法**　费托合成法是在催化剂和适宜的条件下，由合成气（CO 和 H_2 的混合气体）合成以液态碳氢化合物为主油品的生产技术。费托合成所得产品组分相对复杂，主要产品是 α-烯烃、正构烷烃，不含芳烃、硫、氮等杂质，但含有各种低分子的醇、酸、醛、酮、酯等含氧化合物。费托合成法得到的产物，再经过馏分切割，脱酸、脱氧等工艺过程，就得到了 α-烯烃。

费托合成制备 PAO，是先将费托合成产品通过蒸馏切割出所需的 $C_8 \sim C_{12}$ 馏分段或更短的 $C_9 \sim C_{11}$ 馏分段，再直接聚合生成 PAO 基础油。

3.2.4　聚α-烯烃合成油应用

（1）**合成发动机油**　合成发动机油所用的主要基础油是 PAO，尤其是 0W-XX 和 5W-XX 油。合成发动机油的特点是具有优良的高低温性能、黏温性能和启动性能，且蒸发损失小，减少油耗，利于环保，可减少黏度指数改进剂用量，降低启动磨损，减少摩擦磨损，延长车辆使用寿命，满足现代车辆要求。

（2）**合成车辆齿轮油**　合成车辆齿轮油多为低黏度和大跨度的油品，如 75W-90、75W-80、80W-140，甚至 75W-140 等，主要成分是 PAO。合成齿轮油的优势在于低温性能好，节能、温升小，可减少齿轮的磨损，延长齿轮寿命，延长换油期，减少润滑油的油耗；同时由于 PAO 的黏度指数高，可大大减少增黏剂的用量，进一步提高油品的剪切安定性。

（3）**合成工业齿轮油** PAO 调制的合成工业齿轮油，可用于矿物油型工业齿轮油性能满足不了要求的场合，如负荷高、低温操作的场合。合成工业齿轮油的使用特点是，提高热功率极限，降低能耗，提高效率，改善低温启动性能，减少磨损尤其是高温下的抗磨损性能，延长设备使用寿命，延长换油期等。

（4）**合成液压油** PAO 调制的合成液压油使用温度一般在-20~150℃。其特点是高低温性能优良，剪切安定性好，沉积物少，油耗小，换油期长。适用于苛刻条件下，尤其是高温高氧化，长时间工作的齿轮泵、叶片泵、活塞泵，如炼钢厂、热轧厂、热处理等场合使用的高温高压液压油，还适用于需要低温启动性能好的寒区及高寒区用油。

（5）**合成空气压缩机油** PAO 合成空气压缩机油的特点是，低温流动性和高温稳定性都良好，挥发度低，闪点高，使用安全，可减少或消除沉积物的形成。因而，合成空气压缩机油可显著延长换油期，滑片式可从 500h 提高到 4000h，螺杆式或往复式可从 1000h 提高到 8000h。

（6）**合成涡轮机油** PAO 合成涡轮机油的特点是，具有优良的低温流动性、高温抗氧性、破乳化性以及防锈性。

（7）**合成润滑脂** PAO 适用于调配高低温性能优异的润滑脂，使用温度范围可达-50~200℃。这种合成润滑脂的热氧化安定性好，还可用于食品加工机械。

3.2.5 SinoSyn 聚α-烯烃

（1）**性状** 无色透明液体。具有优异的低温性能和低挥发性，更高的热稳定性。黏度指数较高，在低温下具有更好的流动性，在高温下具有更高的油膜厚度。适合调配在极端条件下使用的需要高稳定性的润滑油脂，如发动机油和传动油、工业齿轮油和车用齿轮油、压缩机油、液压油，以及工业、航空和汽车用宽温润滑脂等。

（2）**技术参数** SinoSyn 聚α-烯烃的典型数据见表 3-9，SinoSyn PAO150 聚α-烯烃的典型数据见表 3-10。

表 3-9 SinoSyn 聚α-烯烃典型数据

项目	10	25	30	40A	100A	试验方法
运动黏度/（mm²/s）						ASTM D445
100℃	9.9	26	31.3	40.5	101	
40℃	61	220	280	387.4	1150	
黏度指数	148	151	152	156	179	ASTM D2270
闪点（开口）/℃	260	275	275	295	300	ASTM D92

项目	10	25	30	40A	100A	试验方法
倾点/℃	−52	−47	−46	−40	−30	ASTM D97
ASTM 色度 <	0.5	0.5	0.5	0.5	0.5	ASTM D1500
诺亚克蒸发（质量分数）/%	3.2	1.5	1.3	0.7	0.6	ASTM D5800

表 3-10　SinoSyn PAO150 聚 α-烯烃典型数据

项目	典型值	试验方法
外观	清亮透明	目测
密度（15.6℃）/（g/cm³）	0.855	ASTM D1298
运动黏度/（mm²/s）		ASTM D445
100℃	155	
40℃	1780	
黏度指数	200	ASTM D2270
闪点（开口）/℃	300	ASTM D92
倾点/℃	−23	ASTM D97
色度	<0.5	ASTM D1500
酸值/（mgKOH/g）	0.01	ASTM D974
水含量/（μg/g）	30	ASTM D6304
KRL 剪切试验 KV100 变化（20h）/%	−2.191	CECL-45-A-99

（3）生产厂家　上海道普化学有限公司。

3.2.6　SmartSyn C 系列合成烃基础油

（1）性状　清澈透明液体。适用于各种工业及车辆润滑剂，包括齿轮油、液压油、内燃机油、压缩机油、润滑脂及其他功能液。

（2）技术参数　SmartSyn C 系列合成烃基础油企业标准见表 3-11。

表 3-11　SmartSyn C 系列合成烃基础油企业标准（Q31/01150003030029—2016）

项目	15C	20C	40C	200C	试验方法
外观	清澈透明				目测
运动黏度（100℃）/（mm²/s）	14～16	19～21	39～42	195～210	GB/T 265
运动黏度（40℃）/（mm²/s）	100～125	140～165	370～420	报告	GB/T 265

项目		15C	20C	40C	200C	试验方法
黏度指数	≥	报告	报告	报告	195	GB/T 2541
闪点（开口）/℃	≥	240	260	270	275	GB/T 3536
倾点/℃	≤	−35	−30	−28	−15	GB/T 3535
酸值/（mgKOH/g）	≤	0.1				GB/T 7304
密度（20℃）/（g/cm³）		报告				GB/T 1884
色度（ASTM）/号	≤	0.5			2.0	GB/T 6540

（3）生产厂家　上海道普化学有限公司。

3.2.7　聚α-烯烃合成基础油（PAO）

（1）性状　透明液体。主要用作多级内燃机油、齿轮油、冷冻机油、低温液压油和润滑脂的基础油等。

（2）技术参数　聚 α-烯烃合成基础油（PAO）企业标准见表 3-12。

表 3-12　聚 α-烯烃合成基础油（PAO）企业标准（Q/SYHC-01—2017）

项目		质量指标									试验方法
		2	4	6	8	10	20	25	35	40	
色度/号	≤	0.5									GB/T 6540
运动黏度/（mm²/s）	100℃	1.7~2.6	3.5~4.5	5.5~6.5	6.5~8.5	9~11	18~22	23~27	33~37	38~42	GB/T 265
	40℃	报告									
黏度指数	≥	—	120	125	125	125	130	130	140	140	GB/T 2541
开口闪点/℃	≥	130	200	220	230	240	250	250	250	260	GB/T 3536
倾点/℃	≤	−55	−50	−50	−45	−45	−40	−35	−35	−35	GB/T 3535
密度（20℃）/（kg/m³）		报告									GB/T 1884
水分/（μg/g）	≤	50	50	50	50	50	50	50	50	50	GB/T 11133
酸值/（mgKOH/g）	≤	0.03									GB 264
溴值/（gBr/100g）	≤	0.3									SH/T 0236

项目	质量指标									试验方法
	2	4	6	8	10	20	25	35	40	
诺亚克法蒸发损失/%	报告									NB/SH/T 0059
红外图谱	报告									—

（3）**生产厂家**　沈阳宏城精细化工有限公司。

3.2.8　SpectraSyn™低黏度聚α-烯烃油

（1）**性状**　无色透明液体。具有低温性能、挥发性低和热稳定性好的特点。适用于客车发动机、重型柴油机、传动装置、齿轮箱和各种工业应用领域的合成润滑剂的基础油。

（2）**技术参数**　SpectraSyn™低黏度聚α-烯烃典型数据见表3-13。

表3-13　SpectraSyn™低黏度聚α-烯烃典型数据

项目	2	2B	2C	4	5	6	8	10
相对密度（15.6℃/15.6℃）	0.798	0.799	0.798	0.820	0.824	0.827	0.833	0.835
运动黏度/（mm²/s）								
100℃	1.7	1.8	2.0	4.1	5.1	5.8	8.0	10.0
40℃	5	5	6.4	19	25	31	48	66
−40℃	252	—	—	2900	4920	7800	19000	39000
黏度指数	—	—	—	126	138	138	139	137
倾点/℃	−66	−54	−57	−66	−57	−57	−48	−48
闪点（开口）/℃	157	149	>150	220	240	246	260	266
水分/（μg/g）　＜	50	50	50	50	50	50	50	50
总酸值/（mgKOH/g）　＜	0.05	0.05	0.05	0.05	0.05	0.05	0.05	0.05
外观	无色透明							
色度（ASTM）/号　＜	0.5	0.5	0.5	0.5	0.5	0.5	0.5	0.5

（3）**生产厂家**　埃克森美孚化工商务（上海）有限公司。

3.2.9　SpectraSyn Plus™高级聚α-烯烃油

（1）**性状**　无色透明液体。具有挥发性低和低温流动性好的特点。主要作为客车发动机、重型柴油机、传动装置和各种工业应用领域等合成润滑剂的基础油。

（2）**技术参数**　SpectraSyn Plus™高级聚 α-烯烃典型数据见表 3-14。

表 3-14　SpectraSyn Plus™高级聚 α-烯烃典型数据

项目		3.6	4	6
相对密度（15.6℃/15.6℃）		0.816	0.820	0.827
运动黏度/（mm²/s）				
100℃		3.6	3.9	5.9
40℃		15.4	17.2	30.3
-40℃		2000	2430	7400
黏度指数		120	126	143
蒸发损失（质量分数）/%	<	17	12	6
倾点/℃	<	-65	-60	-54
闪点（开口）/℃		224	228	246
水分/（μg/g）	<	50	50	50
总酸值/（mgKOH/g）	<	0.05	0.05	0.05
外观			无色透明	
色度（ASTM）/号	<	0.5	0.5	0.5

（3）**生产厂家**　埃克森美孚化工商务（上海）有限公司。

3.2.10　SpectraSyn Ultra™高黏度指数聚α-烯烃油

（1）**性状**　无色透明液体。具有黏度指数高、倾点低、牵引力低、气泡释放性好并且起泡倾向小等特点。常与其他合成基础油如 SpectraSyn™聚 α-烯烃、Esterex™酯、Synesstic™烷基萘等混配使用。

（2）**技术参数**　SpectraSyn Ultra™高黏度指数聚 α-烯烃典型数据见表 3-15。

表 3-15　SpectraSyn Ultra™高黏度指数聚 α-烯烃典型数据

项目		150	300	1000
相对密度（15.6℃/15.6℃）		0.850	0.852	0.855
运动黏度/（mm²/s）				
100℃		150	300	1000
40℃		1500	3100	10000
黏度指数		218	241	307
倾点/℃		-33	-27	-18
闪点（开口）/℃	≥	265	265	265
水分/（μg/g）	<	50	50	50
总酸值/（mgKOH/g）	<	0.10	0.10	0.10
外观			无色透明	
色度（ASTM）/号	<	0.5	0.5	0.5

（3）**生产厂家** 埃克森美孚化工商务（上海）有限公司。

3.2.11 SpectraSyn Elite™茂金属聚α-烯烃基础油

（1）**性状** 具有高剪切稳定性，更高的黏度指数和优异的低温性能。适用于调配需要在极端运行条件下具有高稳定性的工业润滑油。也可以与低黏度基础油共同使用，调配各种不同黏度等级的工业齿轮油和车用齿轮油。

（2）**技术参数** SpectraSyn Elite™茂金属聚α-烯烃基础油典型数据见表3-16。

表3-16 SpectraSyn Elite™茂金属聚α-烯烃基础油典型数据

项目	65	150
运动黏度/（mm²/s）		
100℃	65	156
40℃	614	1705
倾点/℃	−48	−60
闪点（开口）/℃	277	282

（3）**生产厂家** 埃克森美孚化工商务（上海）有限公司。

3.2.12 出光mPAO

（1）**性状** 色度浅，具有较高的黏度指数、较低的倾点以及低的蒸发损失。产品同分异构体少，分子量分布集中。可用于调配各种润滑油品。

（2）**技术参数** 出光mPAO基础油的典型数据见表3-17。

表3-17 出光mPAO基础油典型数据

项目	典型值		试验方法
	50	120	
运动黏度/（mm²/s）			GB/T 265
40℃	393.6	1273	
100℃	46.35	130.5	
黏度指数	177	209	GB/T 1995
灰分（质量分数）/%	0.002	0.002	GB 508
碱值/（mgKOH/g）	0.01	0.02	SH/T 0251
闪点（开口）/℃	279	282	GB/T 3536
倾点/℃	−45	−36	GB/T 3535
色度/号	0	0	GB/T 6540
酸值/（mgKOH/g）	0.01	0.01	GB/T 4945
蒸发损失（诺亚克法）（质量分数）/%	1.6	1.1	NB/SH/T 0059

项目	典型值		试验方法
	50	120	
氮含量/（μg/g）	<10	—	SH/T 0657
族组成胶质（质量分数）/%	0	0	RH 01 ZB 4514
族组成饱和烃（质量分数）/%	98.8	98.3	RH 01 ZB 4514
族组成芳烃（质量分数）/%	1.2	1.7	RH 01 ZB 4514
硫含量（质量分数）/%	0.00062	0.00063	GB/T 17040

（3）生产厂家　日本出光兴产株式会社。

3.3　烷基苯基础油

烷基苯基础油是合成烃油的重要品种之一。与聚 α-烯烃合成油及聚丁烯合成油的区别主要在于其分子结构中含有芳环。具有不含硫、氮等杂质，氧化后沉淀少，电气性能好，低温性能优良，蒸发损失小等特点。可与矿物油任意比例混合。国内用作润滑油基础油的烷基苯，主要是制备洗涤剂十二烷基苯的副产物重烷基苯。广泛用于调配冷冻机油、电气用油、增塑剂、导热油和润滑脂。

3.3.1　烷基苯结构

根据芳环上烷链的多少，烷基苯可分为单烷基苯、二烷基苯和多烷基苯。按烷链不同，烷基苯可分为线型烷基苯（LAB）和支链烷基苯（BAB）两类。线型烷基苯又称为直链烷基苯，即烷链为直链；烷链为支链的称为支链烷基苯。线型二烷基苯（DAB）是综合性能良好的烷基苯基础油，其结构如下：

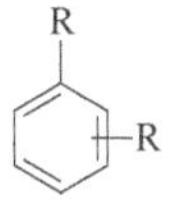

3.3.2　烷基苯合成油特性

（1）常规物理性质　烷基苯作为合成油的组分主要是二烷基苯和三烷基苯。表 3-18 列出了烷基苯与其他基础油的物理性质比较。可见，线型二烷基苯的运动黏度、倾点与聚 α-烯烃、双酯相近，而线型单烷基苯具有更低的运动黏度和倾点，说明线型单烷基苯具有很好的低温性能。但在实际使用中，考虑到单烷基苯 40℃和 100℃时的运动黏度偏低，主要通过提高线型二烷基苯含量来改善其低温性能。

表3-18　烷基苯与其他基础油的物理性质比较

项目	二烷基苯（线型）	单烷基苯（线型）	聚 α-烯烃	双酯	矿物油
运动黏度/（mm²/s）					
100℃	4.3	1.77	3.92	5.3	4.0
40℃	22.0	5.90	17.89	28.2	18.9
−40℃	6000	500	2900	6100	凝固
黏度指数	100	73	120	134	97
倾点/℃	−60	−68	−68	−59	−15
闪点/℃	215	152	218	235	194

（2）**黏度特性**　烷基苯油的性质取决于分子中的侧链数、烷基中的碳原子数和结构。带直链的烷基苯比带支链的烷基苯倾点低、黏度指数高、热安定性好。两种不同结构的烷基苯油的性能见表3-19。可见，直链的烷基苯油一般黏度指数高，还有很低的倾点和很好的低温黏度。商品烷基苯基础油100℃运动黏度在2.5～10mm²/s之间，大都是线型直链烷基苯（LAB）。直链烷基苯的性质与典型的聚 α-烯烃和二元酯仅有很小差别，而支链烷基苯（BAB）则通常黏度指数和低温黏度较差。

表3-19　不同结构的烷基苯油的性能

项目	支链烷基苯（C₁₅以上）		直链烷基苯（C₁₁以上）	
	烷基苯	重烷基苯	烷基苯	重烷基苯
相对密度	0.862	0.872	0.864	0.873
闪点（开口）/℃	132	160	146	202
运动黏度/（mm²/s）				
40℃	6.29	33.46	4.65	26.20
100℃	—	4.35	—	4.61
黏度指数	—	−50	—	82
倾点/℃	−60	−40	<−70	−60
蒸发损失/%	0.32	0.28	0.12	0.09
平均分子量	250	318	250	320
馏程/℃				
初馏点	270	326	282	354
5%	274	332	286	368
50%	284	341	296	379

（3）**溶解能力** 苯胺点是间接测定物质极性的，也是物质溶解在极性物质中的能力。苯胺点的大小，取决于相同体积的苯胺和被测液体组成的混合物达到均一相时的温度。烷基苯对添加剂的溶解能力可用相应的苯胺点衡量，见表3-20。如这些数据所示，烷基苯的苯胺点比聚 α-烯烃或低黏度矿物油的低得多，表明烷基苯基础油对添加剂或其他极性组分有较好的溶解能力。利用这一优异的溶解能力，烷基苯基础油可在许多合成工业润滑油或发动机油配方中作为酯类油的替代物。

表3-20　烷基苯与其他基础油苯胺点比较

项目	直链二烷基苯	聚 α-烯烃	矿物油
运动黏度（100℃）/（mm²/s）	4.2	3.9	4.0
苯胺点/℃	77.8	116.7	100

（4）**挥发性** 一般烷基苯基础油的挥发性低于类似黏度的矿物油，而高于聚 α-烯烃油，见表3-21。作为洗涤剂烷基化物塔底油的烷基化油，因是产自 $C_{10} \sim C_{15}$ 范围的烯烃，其分子量分布很宽。这一宽分子量分布的最轻馏分，对其挥发度起重要作用。如果混合烷基苯中的轻馏分能蒸馏除去，所得烷基苯油的挥发度将明显改善。

表3-21　选择的烷基苯基础油的闪点与 Noack 挥发度的比较

项目	烷基苯 1	聚 α-烯烃 1	100SUS 矿油	烷基苯 2	聚 α-烯烃 2	200SUS 矿油
100℃运动黏度/（mm²/s）	4.2	3.9	4.0	6.55	6.04	6.21
闪点/℃	215（闭口）	215（闭口）	200（闭口）	230（开口）	242（开口）	224（开口）
Noack 挥发/%	17.3	14.4	27.1	10.8	7.9	10.1

（5）**热氧化安定性** 二烷基苯基础油具有优良的热稳定性，与聚 α-烯烃相近，尤其是 3-正烷基苯更具优良的热稳定性。表3-22 列出了在无抗氧剂时，烷基苯、聚 α-烯烃和矿物油的钢弹氧化安定性试验结果。

表3-22　烷基苯钢弹氧化安定性（无抗氧剂）试验结果

品种	38℃运动黏度损失/%
聚 α-烯烃二聚体	75.3
二烷基苯（烷基为 C_{12}）	72.7
1，3，5-三正庚基苯	11.2
1，2，4-三正癸基苯	29.1

注：氧化试验条件为371℃，6h，氧气，不锈钢钢弹。

用旋转氧弹（RBOT）和涡轮油氧化试验评价了在无抗氧剂时烷基苯的氧化安定性，并与聚 α-烯烃和矿物油的氧化安定性进行比较，见表3-23。

表 3-23　烷基苯旋转氧弹和涡轮油的氧化安定性（无抗氧剂）

品种	旋转氧弹诱导期/min	涡轮油诱导期/h
二烷基苯（线形）	23	109
聚 α-烯烃	17	39
矿物油	20	23

注：1. 旋转氧弹试验条件为 150℃，760kPa，氧气，铜催化剂。
　　2. 涡轮油氧化试验条件为 95℃，空气，铁/铜催化剂。

3.3.3　烷基苯合成油生产工艺

（1）**重烷基苯生产工艺**　重烷基苯（HAB）是生产十二烷基苯过程中的副产物，产量约占烷基苯的 10%。目前，国内用作润滑油基础油的烷基苯，大都是制备洗涤剂十二烷基苯的副产物（重烷基苯）。直链烷基苯（LAB）通常是指直链烷基碳数为 $C_{10} \sim C_{13}$ 的直链烷基苯。直链烷基苯的生产是用煤油馏分为原料，经分子筛脱蜡制取 $C_{10} \sim C_{13}$ 的直链（正构）烷烃，再经过催化脱氢得到直链烯烃。烯烃在 HF（氢氟酸）催化剂的作用下与苯发生烷基化反应，最终生产出洗涤剂用直链烷基苯产品。烷基化联合流程简图如图 3-5 所示。

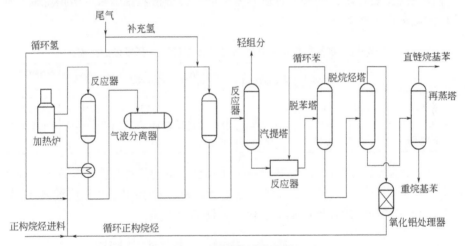

图 3-5　烷基化联合流程

脱氢反应：

　　主反应　正构烷烃 —→ 烷烯烃 + 氢气

　　副反应　a. 继续脱氢，生成二烯、三烯、多烯，直至转变为氢气和碳

　　　　　　b. 脱氢环化，生成环烷，再迅速脱氢成芳烃

　　　　　　c. 异构化，得到不同支链的异构烃

　　　　　　d. 裂解，得到气态氢和低沸物，包括烷烃和烯烃

　　　　　　e. 催化剂上的结炭

烷基化反应：

　　　主反应　烷烯烃 ＋ 苯 ⟶ 直链烷基苯

　　　副反应　a. 烷烯烃 ＋ 苯 ⟶ 异构烷基苯

　　　　　　　b. 烷烯烃 ＋ 苯 ⟶ 二烷基苯

　　　　　　　c. 二烯烃 ＋ 苯 ⟶ 二苯烷

　　　　　　　d. 二烯烃 ＋ 苯 ⟶ 1,3-二烷基茚满 ＋ 1,4-二烷基萘满

　　　　　　　e. 烷烯烃 ＋ 氟化氢 ⟶ 烷烃的氟化物

在直链烯烃与苯发生烷基化反应的同时会发生一些副反应，如聚合、异构化、断链歧化、双烷基化等，这些副反应的产物即为重烷基苯。重烷基苯的沸程范围较高（一般为 310～470℃），最终在烷基苯分馏塔塔底作为副产品被分离出来。

生成异构（支链）烷基苯的反应：

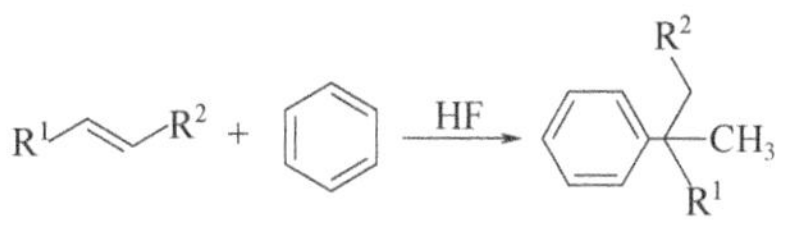

$$R^1 \diagdown R^2 + \bigcirc \xrightarrow{\text{HF}} \text{异构烷基苯}$$

生成二烷基苯的反应：

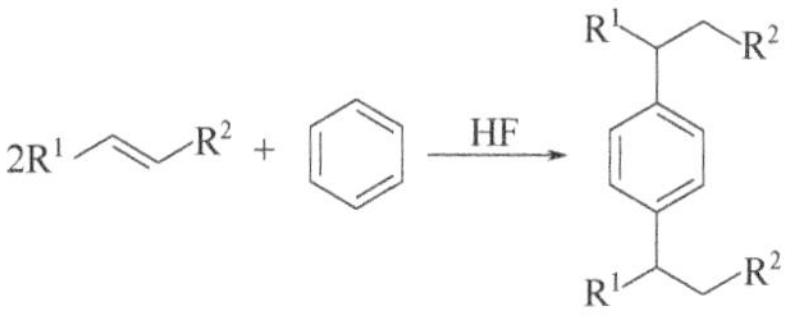

$$2R^1 \diagdown R^2 + \bigcirc \xrightarrow{\text{HF}} \text{二烷基苯}$$

生成二苯烷的反应：

$$R^1 \diagdown\diagdown R^2 + 2\bigcirc \xrightarrow{\text{HF}} \text{二苯烷}$$

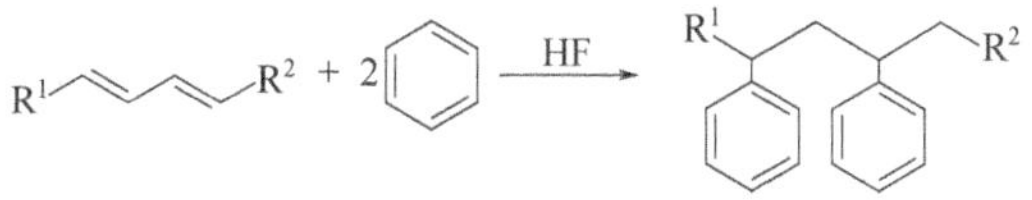

生成烷基茚满、烷基萘满的反应：

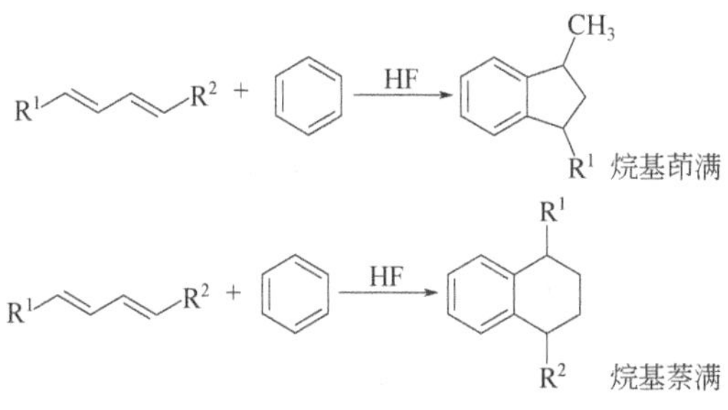

$$R^1 \diagdown\diagdown R^2 + \bigcirc \xrightarrow{\text{HF}} \text{烷基茚满}$$

$$R^1 \diagdown\diagdown R^2 + \bigcirc \xrightarrow{\text{HF}} \text{烷基萘满}$$

生成烷基氟化物的反应：

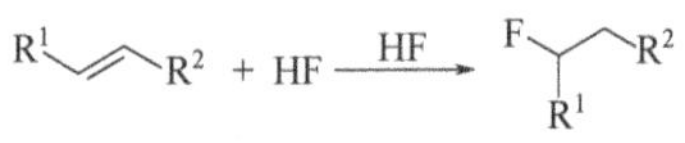

$$R^1 \diagdown R^2 + HF \xrightarrow{\text{HF}} \underset{R^1}{\overset{F}{\diagdown}} R^2$$

重烷基苯是一种淡黄色油类，黏度低，主要由二烷基苯构成。由于重烷基苯属于烷基苯生产装置的副产品，成分相对复杂。重烷基苯由一定量的单烷基苯、二烷基苯、二苯烷、多烷基苯及多苯烷以及二烷基茚满、二烷基萘满、极性物（含硫化合物、含氮化合物）等组成。重烷基苯黏温性能较差，而且由于原料中含少量的不饱和烃，故重烷基苯碘值较高，抗氧化性不理想。

（2）**直接合成法**　由高纯 α-烯烃直接与苯经过烷基化反应制得的烷基苯基础油，具有纯度高、黏度指数和闪点较高、倾点低、低温性能优良和高温蒸发损失少等优点。其化学反应式如下：

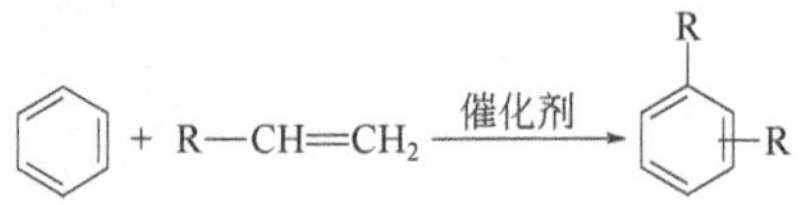

$$\bigcirc + R\text{—}CH\text{=}CH_2 \xrightarrow{\text{催化剂}} \overset{R}{\bigcirc}\text{—}R$$

3.3.4　烷基苯合成油应用

重烷基苯广泛用作冷冻机油、电气用油、增缩剂和导热油的基础油。用 360～450℃ 重烷基苯馏分与其他基础油调和并加入各种添加剂，可以生产质量优异的冷冻机油，其具有低温流动性好、热安定性好、抗泡性好、与制冷剂相容性好、对环境无污染等优点。此外，重烷基苯还可以生产性能优良的低温液压油，其低温黏度小，能够满足低温冷启动的性能要求，特别适合严寒地区冬季露天作业的液压系统。

3.3.5　重烷基苯（HAB）

（1）**性状**　淡黄色液体。具有良好的低温性能，低温流动性好，蒸发损失小。基本不含硫，氧化后沉淀物少，氧化安定性较好，电气性能好。与矿物油有良好的相溶性，能以任意比例混合。可用于制备缓蚀剂、润滑油添加剂、润滑油、辅助增塑剂等。

（2）**技术参数**　重烷基苯企业标准见表 3-24。

表 3-24　重烷基苯企业标准

项目	质量指标				试验方法
	H0 号	H1 号	H2 号	H3 号	
外观	浅黄褐色黏稠液体	水白色透明液体		黄褐色黏稠液体	目测
密度[①](20℃)/(g/cm³)	0.860～0.880	0.855～0.875	0.860～0.880	0.870～0.890	GB/T 1884 GB/T 2013

续表

项目	质量指标				试验方法
	H0 号	H1 号	H2 号	H3 号	
运动黏度（40℃）/（mm²/s）	≥12	5～9	18～25	≥35	GB/T 265
闪点（开口）/℃ ≥	160				GB/T 3536
色度/号 ≤	2.5	0.5	0.5	3.5	GB/T 6540
凝点/℃ ≤	−40				GB/T 510
馏程②/℃ 5%馏出温度 ≥	300	300	310	350	GB/T 6536
95%馏出温度 ≤	485	350	410	500	SH/T 0165

① 允许采用 GB/T 1884、GB/T 2013。有异议时，以 GB/T 2013 测定结果为准。

② H1 号重烷基苯馏程按 GB/T 6536 进行测定，H0、H2、H3 号重烷基苯馏程按 SH/T 0165 进行测定。

（3）**生产厂家**　中国石油化工股份有限公司金陵分公司烷基苯厂、中国石油天然气股份有限公司抚顺石化分公司洗涤剂化工厂、金桐石油化工有限公司、深圳鸿兴泰公司。

3.3.6　二烷基苯（DAB）

结构式：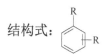

（1）**性状**　清澈透明淡黄色液体。几乎是纯净物。具有高的黏度指数和高的闪点，较低的倾点，以及优良的黏温特性。在热氧化条件下性能稳定。因其结构具有非极性，故不会与添加剂发生表面竞争吸附。对添加剂溶解能力强，与 PAO 或加氢基础油配合使用，以增加其添加剂的溶解性。适用于用作发动机油、自动传动液、车用齿轮油、工业齿轮油、润滑脂、导热油、冷冻机油等的基础油。

（2）**技术参数**　二烷基苯典型数据见表 3-25。

表 3-25　二烷基苯典型数据

项目	DAB4	DAB6	试验方法
外观	清澈透明淡黄色液体		目测
运动黏度/（mm²/s）			ASTM D445
100℃	4.4	5.83	
40℃	21.06	32.3	

项目	DAB4	DAB6	试验方法
黏度指数	120	125	ASTM D2270
闪点（开口）/℃	223	258	ASTM D92
倾点/℃	−53	−41	ASTM D97
苯胺点/℃	81	96.5	ASTM D611

（3）生产厂家　上海道普化学有限公司。

3.4　烷基萘基础油

烷基萘是一种理想的合成润滑油基础油。与矿物基础油相比，烷基萘表现出优异的热氧化安定性，突出的水解安定性，良好的添加剂溶解性和抗乳化性能，以及与密封材料良好的相容性。在高档内燃机油、各种工业用油（如液压油、工业齿轮油、空气压缩机油、热传导油、变压器油）中具有良好的应用前景。

3.4.1　烷基萘结构

烷基萘的一般结构，是核心的萘环由两个富电子共轭大 π 键的六元环构成。这两个共轭的芳香环赋予了这类化合物独特的热氧化安定性。烷基萘的结构如下：

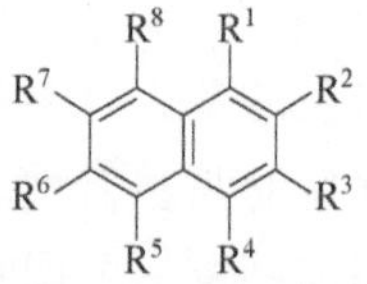

与萘环连接的烷基基团，对化合物的物理性质如黏度、倾点和挥发性等具有重要的影响，这些性质主要依赖于萘环上烷基链的长度和烷基基团的数目。当和其他基础油一起使用时，烷基萘基础油还能显著提高混合油的热氧化安定性。

3.4.2　烷基萘合成油特性

（1）黏温特性和低温特性　烷基萘的黏度指数较低，倾点较高，黏度指数和倾点均不如 PAO 和双酯，见表 3-26。倾点是润滑油低温下使用的一个重要指标，若油品在低温下倾点过高，即使其黏度指数非常好，也会影响润滑油的使用效果。烷基萘基础油的倾点，随着萘环上取代基团的增加而升高。

表 3-26　不同基础油黏温特性和低温特性比较

项目	低黏度烷基萘	高黏度烷基萘	PAO	双酯	I 类基础油
运动黏度（100℃）/（mm²/s）	4.7	12.4	5.5	5.3	4.0
黏度指数	74	105	130	133	90
倾点/℃	−39	−36	−62	−57	−15

（2）**添加剂溶解性**　一种基础油的苯胺点低，表明该油品具有较高的极性和良好的溶解能力。烷基萘和其他基础油的苯胺点的比较见表3-27。可以看出，除己二酸酯外，烷基萘油的苯胺点要远低于黏度相近的矿物油以及其他类型的合成基础油。

表 3-27　烷基萘和其他基础油的苯胺点比较

项目	低黏度烷基萘	高黏度烷基萘	PAO	己二酸酯	烷基苯	I 类矿物油
运动黏度（100℃）/（mm²/s）	4.7	12.4	5.5	5.2	4.2	4.0
苯胺点/℃	32	90	119	20	77.8	100

（3）**挥发性**　萘在烷基化时，会产生分子量不同和烷基异构体的复杂混合物。这些组分可以分为单烷基萘（MAN）、双烷基萘（DAN）和多烷基萘（PAN）三类。双烷基萘在高温下具有较低的挥发性，而多烷基萘在更高的温度或近似真空下具有极低的挥发性。

（4）**热安定性**　一个有机化合物的热安定性，在无氧条件下主要取决于分子间的化学键的强度和极性的大小。烷基萘是芳香族碳氢化合物，仅由 C—C 和 C—H 共价键构成，具有很高的离解能。其中 C—H 键约为 100kJ/mol，C—C 键约为 85kJ/mol。然而，当存在铁、铜金属等催化剂时，这些碳氢化合物的热安定性则会明显降低。在所有普通合成基础油中，烷基萘具有最好的热安定性。表 3-28 列出了烷基萘和其他三种合成基础油的热安定性测定结果。该试验是将基础油在氮气条件下加热至 288℃，时间为 72h。当油样被加热到一定温度，油分子发生热裂解现象，最终导致黏度降低，形成酸性物质，或挥发损失增加。油样的黏度降低越大，酸值越高，挥发损失越大，说明油样的热安定性越差。

表 3-28　烷基萘和其他合成基础油的热安定性比较

项目	低黏度烷基萘	高黏度烷基萘	PAO	双酯	多元醇酯
黏度损失/%	0.4	1.1	9.1	9.2	0.1
总酸值（TAN）/（mgKOH/g）	0.32	0.24	0.22	53.9	8.1
质量损失/%	0.51	0.33	1.16	23.1	1.09

（5）**氧化安定性**　在烷基萘油中，具有富电子的萘环能够捕捉到烃基氧化产生的氧化性基团，使整个氧化链难以形成，从而阻止了氧化过程。因而，烷

基萘作为基础油有很好的热氧化安定性。采用旋转氧弹法（RBOT）和加压差示扫描量热法（PDSC）对烷基萘、聚 α-烯烃（PAO）和酯类基础油的氧化安定性能进行测试，结果见表3-29。数据充分说明，烷基萘与其他基础油相比具有更突出的氧化安定性。

表3-29　烷基萘与聚 α-烯烃、酯类基础油的氧化安定性比较

项目	低黏度烷基萘	高黏度烷基萘	PAO	己二酸酯	多元醇酯
运动黏度（100℃）/（mm²/s）	4.7	12.4	5.8	5.3	4.3
旋转氧弹试验（RBOT）/min	195	180	17	70	不适用
差示扫描量热法（PDSC）/min	>60	>60	2.5	5.0	>60
氧化腐蚀实验（TAN 增加）/（mgKOH/g）	0.092	0.089	不适用	7.1	1.3

烷基萘极易和其他基础油混合，并且常常混合后会产生显著的增效作用，使油品的使用性能明显提高。图 3-6 示出了不同比例的烷基萘和 PAO 混合后，采用旋转氧弹法（RBOT）得到的混合油品的氧化安定性测定结果。

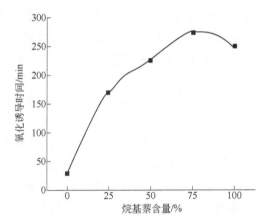

图 3-6　不同比例烷基萘和 PAO 混合后的氧化安定性

由图 3-6 可见，单纯的 PAO 氧化诱导时间仅为 25min，当加入 25% 的烷基萘后，混合油样的氧化诱导时间升至 170min。随着烷基萘的含量的不断提高，混合油样的氧化诱导时间也逐渐增大。当烷基萘含量达到 75% 时，试验结果值达到最大，为 275min。之后再增大烷基萘含量，混合油样的氧化诱导时间又逐渐减小。这说明烷基萘的加入，可以明显提高 PAO 基础油的氧化安定性。

（6）**水解安定性**　烷基萘基础油是由碳氢化合物组成，不含能水解的任何官能团。因此，烷基萘基础油与其他利用官能团制成的基础油相比，更具水解安定性。酯类基础油就比较容易水解而产生酸和醇类物质。表 3-30 列出了烷基萘和其他合成基础油的水解安定性测定结果。

表3-30　烷基萘和其他合成基础油的水解安定性比较

项目	低黏度烷基萘	高黏度烷基萘	PAO	双酯	多元醇酯
运动黏度（100℃）/（mm²/s）	4.7	12.4	5.8	5.3	4.3
总酸值/（mgKOH/g）	0.02	0.02	0	0.16	0.20

（7）抗辐射稳定性　为了比较烷基萘与其他油品的抗辐射稳定性，采用化学辐射产生的氢量来评价油品的抗辐射性能。因为原子氢在破坏机械装置上起到了很重要的作用，通常叫作氢脆裂，这直接影响着滚动轴承的使用性能。比如，在高压试验中，轴承球表面仅仅普加 1μg/g 的氢，就能引起轴承的显著破坏。采用定量气相色谱技术，分析辐射后油品中低浓度氢气的含量，分析结果见表 3-31。G 值为化学辐射值，表示在吸收 100eV 辐射能量时，形成氢气分子的数量。单位 mol/J。当 G 值为 1 时的产额，相当于辐射化学产额为 $1.036×10^{-7}$mol/J。因此，此方法可用来测定润滑油对辐射的敏感性。从表 3-31 中的结果可以看出，烷基萘具有比其他基础油或成品油更好的抗辐射性能。

表3-31　烷基萘及其他基础油的抗辐射性能

品种	G 值（H₂）
石蜡基础油	3.2
全配方真空泵油（矿物基础油）	1.7
双烷基萘基础油	0.05

3.4.3　烷基萘合成油生产工艺

烷基萘主要通过萘的烷基化反应制备。在酸催化剂作用下，利用烯烃和萘发生弗瑞德-克莱福特烷基化反应，反应式如下：

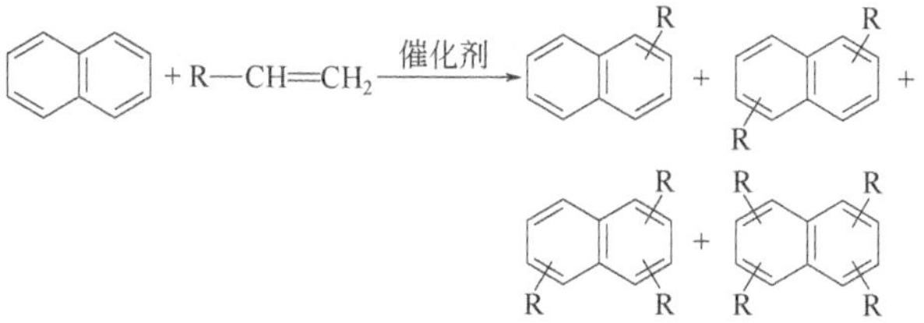

对于润滑油基础油而言，最普通的烯烃是 α-烯烃。萘环上由于 α-位氢原子的活性较强，一般先发生 α-位的烷基取代，但由于烷基是致活基团，因此一般会随之发生多烷基取代反应。正常的弗瑞德-克莱福特烷基化反应会产生复杂的

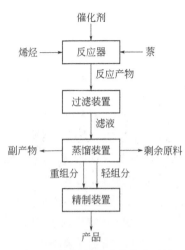

图 3-7　烷基萘基础油生产工艺

具有不同数量的烷基基团的烷基萘混合物。

制备工艺主要分为合成反应、过滤和蒸馏分离三个步骤。根据需要，还可对蒸馏分离出的产品进行精制处理，如白土补充精制等。工艺流程见图 3-7。

进行了不同碳链长度烯烃和萘发生烷基化反应的合成试验，烯烃碳链长度对产品收率及质量的影响结果见表 3-32。可以看出，除癸烯反应时产品收率略低以外，其余几种烯烃反应的产品收率均在 85% 左右。从产品质量看，用 α-十四烯和 α-十六烯合成的烷基萘氧化安定性最好，二者的黏度指数和产品倾点都比较适合制备烷基萘基础油。

表 3-32　烯烃碳链长度对产品收率及质量的影响

项目	癸烯	α-十四烯	α-十六烯	α-十八烯	C$_{20}$～C$_{24}$ 混合烯
产品收率/%	81.7	87.4	85.0	85.1	86.4
DSC（O$_2$）/℃	220.00	228.34	228.80	222.35	220.20
运动黏度/（mm^2/s）					
40℃	26.97	55.26	62.60	88.79	87.57
100℃	4.30	7.51	8.45	11.28	11.35
黏度指数	30	97	105	115	118
倾点/℃	<-60	-48	-27	-6	6
苯胺点/℃	<30.0	61.4	68.5	87.2	90.2

3.4.4　烷基萘合成油应用

烷基萘在合成发动机油、各种工业用油（如液压油、工业齿轮油、空气压缩机油、热传导油、变压器油品）中都得到广泛的应用。在多数应用场合，烷基萘是作为调和组分与 PAO 复合使用，表现出比 PAO 与酯类油复合时更加优异的使用性能。例如用烷基萘与适当的 PAO 及功能剂调制的 0W-XX、5W-XX 发动机油，由于烷基萘对功能剂的增效作用，其 MS 程序ⅣA 及ⅥB 试验数据表明，其减摩及节能效果更好。用烷基萘与 PAO 及部分加氢异构化油调制 75W-90 GL-5 车辆齿轮油，其抗冲击能力和承载能力更加优异。用烷基萘与 PAO 调制的 DAC 压缩机油，其氧化安定性、水解安定性、抗乳化性能均优于 PAO 与酯类的复合油。烷基萘与深精制基础油调制的变压器油，其电气性能更好。在热传导油和合成润滑脂中，烷基萘基础油也有大量应用。

3.4.5 SynNaph 烷基萘基础油

（1）**性状**　清澈透明淡黄色液体。具有优异的热氧化稳定性，闪点高，蒸发损失低，水解安定性、添加剂溶解性、破乳化性优良。与密封材料具有良好的相容性。适用于调配极端苛刻条件下使用的润滑油。

（2）**技术参数**　SynNaph 烷基萘基础油的典型数据见表 3-33。

表 3-33　SynNaph 烷基萘基础油典型数据

项目	AN23	AN25	试验方法
外观	清澈透明淡黄色液体		目测
密度（20℃）/（g/cm³）	0.875	0.870	ASTM D1298
运动黏度/（mm²/s）			ASTM D445
100℃	19.7	25.1	
40℃	196	242	
黏度指数	116	132	ASTM D2270
闪点（开口）/℃	300	290	ASTM D92
倾点/℃	−39	−17	ASTM D97
酸值/（mgKOH/g）	0.01	0.01	ASTM D974
苯胺点/℃	110	118	ASTM D611
诺亚克蒸发损失/%	1.3	1.2	ASTM D5800

（3）**生产厂家**　上海道普化学有限公司。

3.4.6 Synesstic™ 烷基萘

（1）**性状**　透明淡黄色液体。具有优异的水解安定性和热氧化安定性。作为基础油组分，特别适合用于极端工况下要求具有高稳定性的合成润滑油中。

（2）**技术参数**　Synesstic™ 烷基萘的典型数据见表 3-34。

表 3-34　两种烷基萘的典型数据

项目	5	12
运动黏度/（mm²/s）		
100℃	4.7	12.4
40℃	29	109
−40℃	43600	240
黏度指数	74	105
倾点/℃	−39	−36
闪点（开口）/℃	222	258
闪点（闭口）/℃	192	240

（3）生产厂家　埃克森美孚化工商务（上海）有限公司。

3.5　低分子聚异丁烯基础油

聚异丁烯（PIB）是异丁烯（IB）的阳离子聚合产物，主要用作黏合剂、电气绝缘材料、密封材料、润滑油增黏剂、特殊白油等。随着车用发动机油、中高档二冲程发动机油及其他领域对聚异丁烯的发展，所得到的聚异丁烯用于润滑油及添加剂生产越来越多。聚异丁烯与矿物基础油比较，具有杂质少、化学稳定性好、黏度指数高、润滑性能良好等优点，可以单独用作润滑油基础油，也可以与其他基础油复合用作润滑油组分。

3.5.1　聚异丁烯分类

一般来说，聚异丁烯平均分子量在 500～300000 之间，按分子量不同，分为低分子聚异丁烯（LPIB）、中分子聚异丁烯（MPIB）和高分子聚异丁烯（HPIB）三类。通常把平均分子量在 3500 以下的聚异丁烯称为低分子聚异丁烯，而在低分子聚异丁烯中，市场对平均分子量低于 1000 的需求量最大。另外，低分子聚异丁烯又可分为普通低分子聚异丁烯和高活性低分子聚异丁烯两种。高活性低分子聚异丁烯，其链末端的甲基亚乙烯基的含量（即 α-烯烃含量）高达 60% 以上，而普通低分子聚异丁烯链含量却比较低。

3.5.2　聚异丁烯结构

用气体分馏得到的轻 C_4 为原料（异丁烯含量 25%～30%），以路易斯酸（Lewis acid，LA）作催化剂，通过阳离子聚合，可以根据需要生产出不同分子量的聚异丁烯产品。异丁烯聚合成聚异丁烯的反应为：

$$n CH_2 = \underset{\underset{CH_3}{|}}{\overset{\overset{CH_3}{|}}{C}} \xrightarrow[-20°C]{BF_3} H \left(CH_2 - \underset{\underset{CH_3}{|}}{\overset{\overset{CH_3}{|}}{C}} \right)_{m-1} CH_2 - \underset{}{\overset{\overset{CH_3}{|}}{C}} = CH_2$$

聚异丁烯的末端双键结构如下：

$$\sim\sim CH_2 - \underset{\underset{CH_3}{|}}{\overset{\overset{CH_3}{|}}{C}} \begin{cases} \to \sim CH_2 - \overset{\overset{CH_3}{|}}{C} = CH_2 \, (\alpha\text{-末端双键}) \\ \to \sim CH = \overset{\overset{CH_3}{|}}{C} - CH_3 \, (\beta\text{-末端双键}) \\ \to \sim CH_2 - CH - \overset{\overset{CH_3}{|}}{C} = \overset{\overset{CH_3}{|}}{C} - CH_3 \, (T形末端双键) \end{cases}$$

聚异丁烯的活性由分子链中双键的位置所决定。α-烯烃的活性最高，β-烯烃异构体的活性次之，四元取代烯烃则基本不发生反应。高活性聚异丁烯（HRPIB）与普通聚异丁烯（PIB）的活性比较如表3-35所示。

表3-35 HRPIB 与 PIB 活性的比较

项目	α-烯烃	β-烯烃异构体	β-烯烃	四元取代烯烃
结构	$R-CH_2-\overset{\underset{\|}{CH_3}}{C}=CH_2$	$R-\overset{\underset{\|}{CH_3}}{C}=CH-CH_3$	$R-CH=\overset{\underset{\|}{CH_3}}{C}-CH_3$	$\overset{R^1}{\underset{R^2}{}}C=\overset{CH_3}{\underset{CH_3}{}}$
活性	高 ──────────────────────────────→ 低			
HRPIB/%	85	1	10	2.5
普通 PIB/%	10	40	2	15

3.5.3 聚异丁烯合成油特性

低分子聚异丁烯具有良好的剪切稳定性、适宜的氧化安定性及优良的高温清净性，能够牢固地吸附在金属表面，降低摩擦系数，改善极端条件下的润滑，并保护金属表面，防止腐蚀。此外，低分子聚异丁烯通过提高油膜厚度及油膜强度，从而吸收冲击载荷，降低齿轮噪声，减振效果明显。由于其黏附性良好，可以防止启动时缺油，消除黏-滑现象。低分子聚异丁烯还是光亮油的理想替代产品。

（1）剪切安定性 分子量为600~2400的低分子聚异丁烯应用比较广泛。用分子量为1300和2400的聚异丁烯稠化的460号合成烃工业齿轮油，在矿山中速磨煤机磨辊轴上运行一年，其黏度变化不明显。用分子量为1300的聚异丁烯调配的80W-90 GL-5齿轮油，能够完全通过台架试验，而采用分子量为2400的聚异丁烯稠化的车辆齿轮油在运行一年后，其黏度却有明显的变化。按 PIB 30%+650SN 70%对不同品牌的 PIB 做超声波剪切试验，并与 150BS 基础油进行比较，其黏度变化见表3-36。

表3-36 几种 PIB 的超声波剪切结果

品种	PIB800	PIB950	PIB1100	150BS
40℃运动黏度变化/%	0.87	0.84	0.91	0.80

（2）氧化安定性 分别将PIB1100及PIB950以30%比例加入650SN中，与650SN、150BS等基础油一起进行动态氧化试验（铜催化，150℃），结果见图 3-8。可见低分子聚异丁烯的加入对基础油的抗氧化性能没有明显影响。但是，聚异丁烯的热氧化安定性差，易热分解生成气态产物。

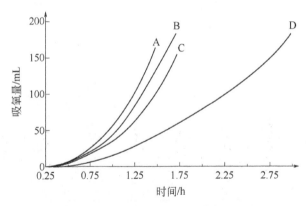

图 3-8　PIB 与基础油的动态氧化曲线
A—650SN；B—PIB1100；C—PIB950；D—150BS

（3）**氧化清净性**　低分子聚异丁烯在高温下分解出自由基单体，在二冲程发动机润滑过程中可充分燃烧，排烟低，积炭轻，漆膜疏松。不采用低分子聚异丁烯的二冲程油在这方面的性能较差。在各类基础油中，低分子聚异丁烯可以减少积炭的效果是一致的。在二冲程发动机油中一般采用 PIB950，在空压机油及高温油品中采用 PIB1300，齿轮油中采用 PIB1300 及 PIB2400。随着分子量的增加，低分子聚异丁烯的清净性变差。

（4）**摩擦性能**　随着低分子聚异丁烯的分子量的增大，四球试验磨痕直径呈下降趋势。这是由于油品黏度差异而导致油膜厚度不同造成的。考察了不同分子量 PIB 以 20%比例加入 650SN 中的磨痕直径。结果见表 3-37。

表 3-37　不同分子量 PIB 的磨痕试验结果

PIB 分子量	600	800	1000	1200
磨痕直径/mm	0.42	0.41	0.41	0.39

3.5.4　聚异丁烯合成油应用

（1）**电气绝缘材料**　低分子聚异丁烯用于电气绝缘材料，主要依赖本身固有的黏度特性、热稳定性及电绝缘性等性能。其膨胀系数小，不含电解质等有害物质，电绝缘性优良，可用于电绝缘油、电气防潮密封材料等。

（2）**润滑油基础油组分**　聚异丁烯与矿物基础油比较，具有杂质少、化学稳定性好、黏度指数高、润滑性能良好等优点，既可以单独用作润滑油，也可以与其他基础油复配用作润滑油组分。聚异丁烯可用作聚乙烯生产中乙烯压缩机的润滑油，也可用作重型空气压缩机的润滑油添加剂。

（3）**油品增黏剂和分散剂**　低分子聚异丁烯为牛顿型流体，黏度指数高，适用于油品增黏剂及润滑油黏度指数改进剂。在矿山球磨机大齿轮润滑脂中加入 PIB1300、PIB2400 等低分子聚异丁烯，通过提高基础油的黏度，改善了润滑脂的黏附性能。在高温下，低分子聚异丁烯 100% 裂解不留残灰，可作为二冲程发动机油的无灰添加剂。最受重视的是聚异丁烯的衍生物，如聚异丁烯硫磷化钡盐、聚异丁烯丁二酰亚胺、聚异丁烯多胺等，均为有效的汽油机油分散剂。

（4）**金属加工油**　低分子聚异丁烯在金属加工中应用广泛。如 PIB2400 和 PIB1300 可以用于淬火油中起到催冷剂及光亮剂的作用，而 PIB2400 用于切削油中还可以降低烟雾。在有色金属拉拔中，采用低分子聚异丁烯可以减少沉积物，从而免去后续的清洗工艺。

3.5.5　高活性聚异丁烯

结构式：$+CH_2-\underset{\underset{CH_3}{|}}{\overset{\overset{CH_3}{|}}{C}}\!\!\frac{}{]_n}CH_2-C(CH_3)\!\!=\!\!CH_2$　$n=17\sim45$

（1）**特性**　无色透明或浅黄色黏稠液体。无毒、无味。主要用于热加合法生产油品无灰分散剂（即聚异丁烯丁二酰亚胺）和用作润滑油黏度指数改进剂，以及石蜡、橡胶改性剂，也用于各种黏合剂、热熔胶、压敏胶、密封胶、减振阻尼胶、黏虫胶等。

（2）**技术参数**　高活性聚异丁烯石化行业标准见表 3-38。

表 3-38　高活性聚异丁烯石化行业标准（NB/SH/T 0927—2016）

项目	质量指标			试验方法
	1000	1300	2300	
外观	无色透明，无机械杂质的胶状物			目测[①]
色度（铂-钴）/号　<	70			GB/T 3143
密度（20℃）/（kg/m³）	870～910			GB/T 13354
运动黏度（100℃）/（mm²/s）	175～270	380～580	1400～1700	GB/T 265
挥发分（质量分数）（105℃）/%　≤	2.00	1.50		GB/T 24131[②]
闪点/℃　≥	200			GB/T 3536
数均分子量	900～1150	1200～1600	1900～2500	GB/T 21863[③]

项目	质量指标			试验方法
	1000	1300	2300	
分子量分布宽度指数 ≤	2.5			GB/T 21863③
α-烯烃（质量分数）/% ≥	80.0		75.0	NB/SH/T 0927—2016 附录 A④

① 将产品盛装在清洁、干燥的 100mL 烧杯中，在室温（20℃±5℃）下直接观察。

② 烘箱 B 法，称取样品 5～6g（精确至 0.1mg）置于长 64mm，宽 42mm，高 10mm 的铝盘中（或底面积相等、高相同的其他形状铝盘），在 105℃±1℃下加热 2h。

③ 以聚异丁烯为标准物质。

④ α-烯烃质量分数测定也可以采用 NB/SH/T 0927—2016 附录 B 方法，当出现数据争议时，以 NB/SH/T 0927—2016 附录 A 方法为仲裁法。

（3）**生产厂家**　中国石油天然气股份有限公司吉林石化分公司、扬子石化-巴斯夫有限公司、山东鸿瑞新材料科技有限公司。

3.5.6　PIB-JX6095

（1）**特性**　无色、化学性能稳定的非挥发性液体。在高温挥发或热分解后不会形成残留物。耐氧化，不透水蒸气及其他气体，具有憎水性。可用于生产低分子无灰分散剂，调配二冲程油，也可用于润滑、黏合剂、橡胶电绝缘材料等行业。

（2）**技术参数**　PIB-JX6095 典型数据见表 3-39。

表 3-39　PIB-JX6095 典型数据

项目	典型值	试验方法
密度（15℃）/（kg/m³）	889.6	ASTM D4052
色度（铂-钴）/号	20	ASTM D1209
闪点（闭口）/℃	170	ASTM D93B
运动黏度（100℃）/（mm²/s）	230	ASTM D445
数均分子量	950	ITM 32-003，00
分子量分布宽度指数	2.0	ITM 32-003，00
水含量/（μg/g）	35	ASTM D6304
外观	清净无异物	AM-S 77-074

（3）**生产厂家**　锦州精联润滑油添加剂有限公司。

3.5.7　PIB-JX6130

（1）**特性**　无色、化学性能稳定的非挥发性液体。在高温挥发或热分解后，不会形成残留物。具有良好的润滑性能，耐氧化，不透水蒸气及其他气体。具有憎水性、增黏性。适用于生产低分子无灰分散剂，调配二冲程油、齿轮油，还可用于润滑、密封、黏合剂、橡胶、电绝缘材料等领域。

（2）**技术参数** PIB-JX6130 典型数据见表 3-40。

表 3-40 PIB-JX6130 典型数据

项目	典型值	试验方法
密度（20℃）/（kg/m³）	898	ASTM D4052
色度（铂-钴）/号	20	ASTM D1209
闪点（闭口）/℃	175	ASTM D93B
运动黏度（100℃）/（mm²/s）	630	ASTM D445
数均分子量	1300	ITM 32-003，00
水含量/（μg/g）	35	ASTM D6304
外观	清净无异物	AM-S 77-074

（3）**生产厂家** 锦州精联润滑油添加剂有限公司。

3.5.8 PIB-JX6240

（1）**特性** 无色、化学性能稳定的非挥发性液体。在高温挥发或热分解后，不会形成残留物，耐氧化。不透水蒸气及其他气体，具有憎水性和增黏性。可用作增黏剂、黏合剂、增塑剂、脱模剂、电绝缘材料等。

（2）**技术参数** PIB-JX6240 典型数据见表 3-41。

表 3-41 PIB-JX6240 典型数据

项目	典型值	试验方法
密度（20℃）/（kg/m³）	910.5	ASTM D4052
色度（铂-钴）/号	20	ASTM D1209
闪点（闭口）/℃	200	ASTM D93B
运动黏度（100℃）/（mm²/s）	4700	ASTM D445
数均分子量	2800	ITM 32-003，00
水含量/（μg/g）	35	ASTM D6304
外观	清净无异物	AM-S 77-074

（3）**生产厂家** 锦州精联润滑油添加剂有限公司。

3.6 酯类基础油

酯类基础油是由有机酸与醇在催化剂作用下，经过酯化脱水而获得，是目前应用最广泛的合成油之一。合成润滑剂的酯类油包括单酯、双酯、芳香酯、多元醇酯及复酯等。国内外广泛使用的航空润滑油基本上是酯类油，其中主要是多元受阻醇如三羟甲基丙烷、季戊四醇的脂肪酸酯或其混合物。此外，酯类油也被广泛用作发动机油、压缩机油、冷冻机油、高速齿轮油、金属加工液以及润滑脂基础油等。

3.6.1 合成酯种类

（1）双酯　二元酸酯也简称双酯。双酯由直链二元酸与 $C_8 \sim C_{13}$ 的带支链的伯醇酯化而制成，其通式为：

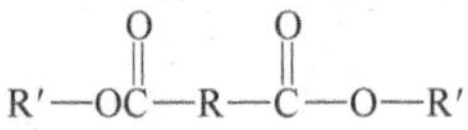

$$R'-OC-R-C-O-R'$$

R'—OH 是所用的醇，HOOC—R—COOH 是所用的二元酸。

常用的二元酸有癸二酸、壬二酸、己二酸、十二烷二酸、二聚油酸等。常用的一元醇有 2-乙基己醇、异辛醇、异壬醇、异癸醇、十三醇。这些双酯可以由二元酸与伯醇反应生成双酯，也可以由混合长链醇与二元酸制得不对称双酯。还有用二聚酸与各种醇制得的高分子双酯。双酯 40℃时的运动黏度一般为 $7.6 \sim 115 mm^2/s$，100℃时的运动黏度为 $2.3 \sim 12 mm^2/s$。双酯合成油主要用于发动机油、齿轮油、压缩机油、液压油。

双酯可以在很宽的温度范围内使用，倾点较低，低温性能和润滑性能都很好，黏度指数较高，蒸发度较小，可以同矿物油以任意比例混合，有良好的生物降解性。其缺点是浸蚀某些橡胶、塑料和油漆。需要指出的是，双酯加入矿物润滑油中使用时，与现有的抗磨剂竞争金属表面，从而降低了抗磨性能，因而必须加入与之匹配的抗磨剂。随着现代军工技术的高速发展，双酯类润滑油已难以满足一些苛刻的使用条件要求。

（2）芳香酯　芳香酯是由苯二甲酸及偏苯三酸与各种醇生产的，包括苯二甲酸酯和偏苯三酸酯。普通芳香酯有苯环结构，所以黏度指数低，其应用范围受到限制。但是，通过对醇结构进行调整，可获得黏度指数较高的酯。改进后的芳香酯，具有多元醇酯相同的耐热性。与其他酯类比较，芳香酯价格更低廉，而且具有沉积溶解性好的优点，而黏度更高的偏苯三酸酯也具有同样的效果。

偏苯三酸酯由偏苯三酸酐与醇类经过酯化反应制得。可用作润滑油基础油中，耗量较大的主要有偏苯三酸三（2-乙基）己酯、偏苯三酸三异癸酯和偏苯三酸正辛正癸酯。偏苯三酸酯结构式为：

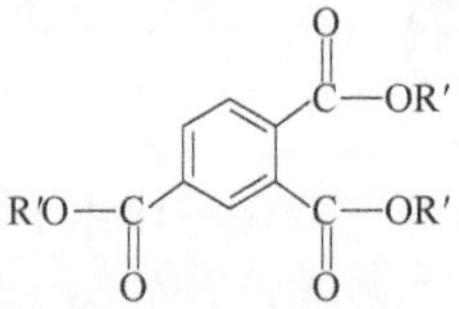

偏苯三酸酯具有优良的高低温性能，高温蒸发损失小、结焦量低，与各种

添加剂具有良好的相溶性。工业产品通常为无色或黄色透明液体。它是合成高温链条油、合成高黏度空气压缩机油以及高温润滑脂理想的基础油。与季戊四醇酯相比，偏苯三酸酯用于配制高黏度高温链条油时，可降低增黏剂的用量，从而提高链条油的高温性能，而用于配制合成高黏度空气压缩机油时，可以不采用增黏剂提高黏度。

（3）**复酯** 复酯是二元酸与不同类型的多元醇经过酯化反应生成长链分子，然后用一元酸或一元醇封端，再经特殊后处理工艺而制成的高黏度合成酯类油。目前制备复酯常用的原料是二元羧酸、乙二醇（或聚乙二醇）以及一元羧酸或一元醇等。制备过程首先是乙二醇和二元羧酸进行酯化反应得到中间产物，根据所期望得到的是何种产品，中间产物的端基（—OH 或—COOH）再与一元羧酸反应或与一元醇反应。下列两种类型的复酯特别重要：

以酸为中心结构的复酯（A 型）：一元醇—二元酸$\dashv$二元醇—二元酸$\}_n$一元醇

以醇为中心结构的复酯（B 型）：一元酸—二元醇$\dashv$二元酸—二元醇$\}_n$一元酸

n 为自然数，复酯平均分子量为 800～1500。

复酯的分子量比双酯大，因此其黏度也大得多，40℃时的运动黏度为 52～480mm^2/s，100℃时的运动黏度为8.8～47mm^2/s，主要用于可生物降解润滑油。在 A 型结构酯中，聚乙二醇的凝点比长链脂族乙二醇的凝点低，产品的黏度与挥发性更令人满意。B 型结构的酯在闪点、凝点、低温黏度等方面比 A 型结构的酯更为优越。

（4）**新戊基多元醇酯** 新戊基多元醇酯是重要的合成润滑油基础油，"新"是指分子中有 $\begin{smallmatrix} & C & \\ C-&\!\!C\!\!&-C \\ & C & \end{smallmatrix}$ 这样的骨架。由于季戊四醇四脂肪酸酯分子中季碳原子（β 碳原子）的特殊结构，β 碳原子上无氢原子，这样可与羟基氧形成六原子的共振结构环，只有在高能量条件下才可破坏其酯结构。因此，与一元脂肪酸酯化而成的酯比较，新戊基多元醇酯具有更好的热氧化安定性，同时还具有良好的润滑性和耐低温性。类似这一结构特性的环状新戊基多元醇，同样可以制得性能理想的合成基础油。

新戊基多元醇酯是用新戊基多元醇与一种或多种直链的一元羧酸进行酯化而制成的。常用的多元醇主要有三羟甲基丙烷、三羟乙基丙烷以及季戊四醇、双季戊四醇等。几种多元醇的结构如下：

$$\begin{array}{c} CH_2OH \\ | \\ CH_3-CH_2-C-CH_2OH \\ | \\ CH_2OH \end{array}$$

三羟甲基丙烷 (TMP)

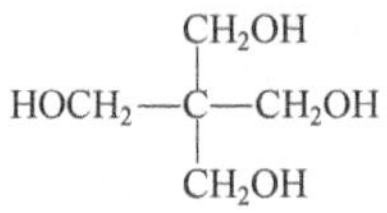

$$\begin{array}{c} CH_2OH \\ | \\ HOCH_2-C-CH_2OH \\ | \\ CH_2OH \end{array}$$

季戊四醇 (PE)

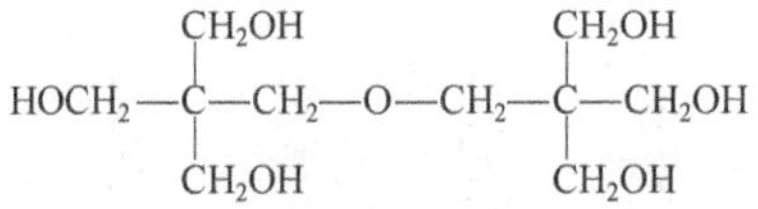

$$\begin{array}{ccc} CH_2OH & & CH_2OH \\ | & & | \\ HOCH_2-C-CH_2-O-CH_2-C-CH_2OH \\ | & & | \\ CH_2OH & & CH_2OH \end{array}$$

双季戊四醇 (di-PE)

制备新戊基多元醇酯所用的酸通常是直链的一元羧酸，通式为 $CH_3(CH_2)_nCOOH$，式中 n 为 3～9。用工业级季戊四醇生产季戊四醇酯时无论是使用奇数碳的羧酸，还是用偶数碳的羧酸或是用连续数碳的混合酸，只要平均碳原子数控制在 6.35～7.16 范围内，均可制得性能良好的产品。近年来，长链脂肪酸（油酸和异构硬脂酸）的新戊基多元醇（尤其是三羟甲基丙烷和新戊基二醇）酯类，也得到了重要的应用。

以三羟甲基丙烷（TMP）为原料的新戊基多元醇酯具有分子量大、挥发性低、热稳定性高的特点。其分子结构如下：

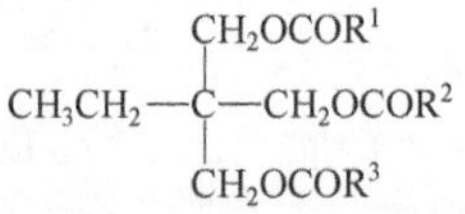

$$\begin{array}{c} CH_2OCOR^1 \\ | \\ CH_3CH_2-C-CH_2OCOR^2 \\ | \\ CH_2OCOR^3 \end{array}$$

一般的酯类化合物在热分解的时候，因为与羧基相连的侧链上有 β 氢原子的存在，在高温的环境中，β 氢原子会与羧基形成环状结构，导致 β 碳原子上的碳氢键容易发生断裂，最终生成具有腐蚀性的有机酸。含 β-H 酯的热分解机理如下：

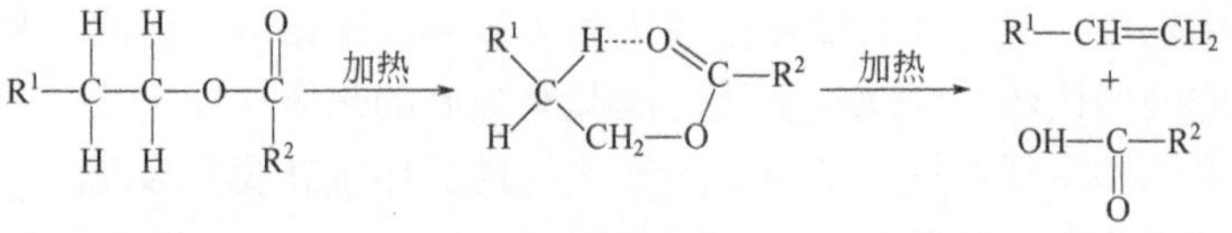

三羟甲基丙烷酯最突出的性能是其热稳定性。TMP 结构中无 β 氢原子，因此热分解的机理不同。在受热的过程中 TMP 酯发生重排反应，而发生重排反应需要更高的反应温度，所以三羟甲基丙烷酯（TMPE）热稳定性比一般的酯类油要好。TMP 酯的热分解机理如下：

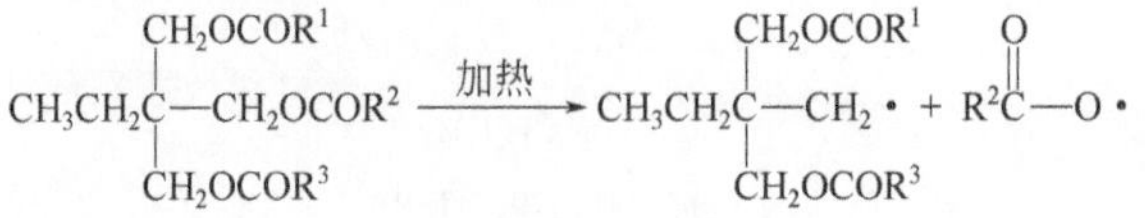

多元醇酯是高性能酯类油，具有更好的热氧化安定性，可使润滑剂的使用温度范围扩大 50～100℃。此外，酯键被适当屏蔽的多元醇酯的水解安定性也比双酯好得多。多元醇酯主要用于现代航空燃气发动机油，还应用于空气压缩机油、齿轮油、仪器用油、工业用油等。多元醇酯也越来越多地被用作环保型润滑油和润滑脂，如二冲程油、可生物降解液压油和冷冻机油等。复合多元醇酯是由一元酸及二元酸与多元醇反应生成的，其分子量更高，且具有交联聚合结构，是可生物降解的酯。

3.6.2 酯类合成油特性

（1）**黏度和黏温特性** 酯类油的黏温特性良好，黏度指数较高。加长酯分子的主链，酯的黏度增大，黏度指数增高。当主链长度相同时，带侧链的黏度较大，黏度指数较低，而带芳基侧链的，黏度指数更低。双酯的黏度较小，但黏度指数较高，一般都超过 120，高的可达 180。多元醇酯的黏度较双酯大，黏度指数低于双酯，但高于同黏度的矿物油。复酯的黏度高，但倾点低，黏度指数高，一般用作调和组分，提高油品的黏度。

（2）**低温性能** 影响酯类油低温性能的因素有酯的类型、分子量和酯的结构等。双酯中带支链的，通常具有较低的凝点，常用的癸二酸酯和壬二酸酯的凝点均在-60℃以下。同一类型的酯，随着分子量的增加，低温黏度增加。如果酯化不完全，部分羟基的存在会使酯的低温黏度明显增加。一般来说新戊基多元醇酯的低温性较二元酸酯的差，分子量大的酯较分子量小的差，结构对称的酯较结构不对称的差。图 3-9、图 3-10 分别列出了三羟甲基丙烷酯和季戊四醇酯分子量对低温性能的影响。

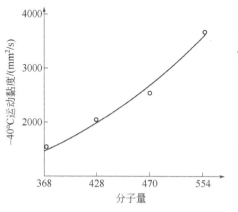

图 3-9　三羟甲基丙烷酯-40℃黏度与
分子量的关系

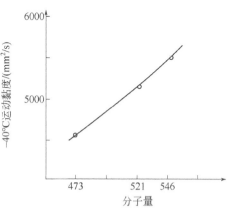

图 3-10　季戊四醇酯-40℃黏度与
分子量的关系

在相同分子量下，结构不对称酯的低温性能远优于结构对称酯。如甲基环己醇的对称双酯，凝点在 0℃以上；而非对称的双酯，如间甲基环己基癸二醇酯、2-乙基己基癸二醇酯和己二酸酯，凝点都达到-65℃。因此，采用多组分酸与多元醇混合酯化获得的酯类油具有更优异的性能。

在酯的主链结构上引入支链可降低酯的凝点，因此在酯类油的生产中常采用异构醇或异构酸生产基础油。表 3-42 为支链二元酸酯的性能。相同分子量、相同链长的双酯，支链离羧基越远，低温性能越好。除支链位置外，支链类型对酯的低温性能的影响也有差异。当分子量相同、主链链长相等时，一个乙基支链较两个甲基支链更能降低酯的凝点。表 3-43 列出了部分新戊基多元醇酯的低温性能数据。

表3-42　支链二元酸酯的黏度、黏度指数和倾点

品种	简化结构式	分子量	主链碳氧原子数	运动黏度/（mm²/s）		黏度指数	倾点/℃
				40℃	100℃		
己二酸二正辛酯	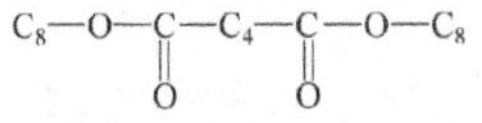 $C_8-O-C-C_4-C-O-C_8$（羰基O）	370	24	8.29	2.81	218	4
3-甲基己二酸二正辛酯	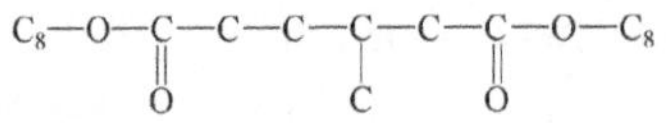 $C_8-O-C-C-C-C-C-C-O-C_8$	384	24	8.72	2.86	203	-36
2-甲基己二酸二正辛酯	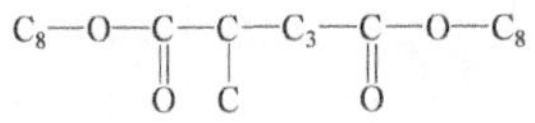 $C_8-O-C-C-C_3-C-O-C_8$	384	24	8.77	2.62	140	-32
己二酸二（3,5,5-三甲基己基）酯	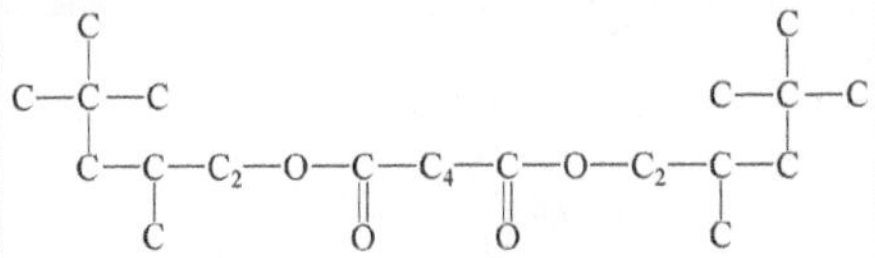	398	20	12.16	3.32	152	-37
己二酸二（2-乙基己基）酯	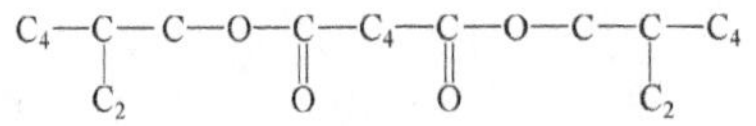	370	20	7.73	2.34	123	-78
癸二酸二（2-乙基己基）酯	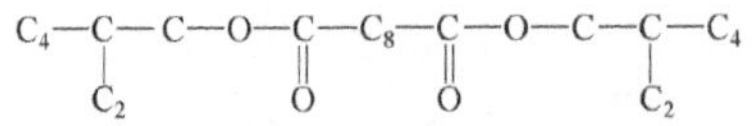	426	24	11.7	3.24	153	-72
十二烷二酸二（2-乙基己基）酯	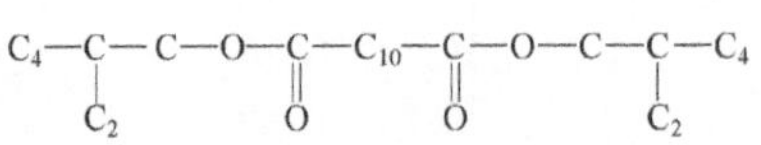	454	26	14.0	3.71	162	-63
2,4,4-三甲基己二酸二正癸酯	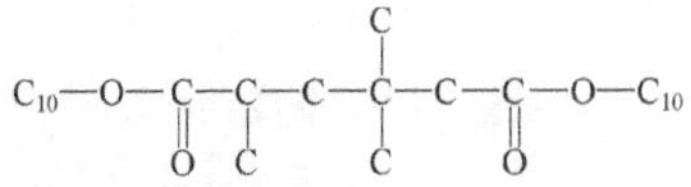 $C_{10}-O-C-C-C-C-C-O-C_{10}$	468	28	14.9	3.84	159	-45

表3-43 新戊基多元醇酯的低温性能

品种	分子量	凝点/℃
新戊基二元醇正壬醇酯	284	−27
新戊基二元醇正月桂酸酯	368	−11
三甲基己二酸 C_8、C_{10} 醇酯	440	−60
三甲基己二酸 C_{10} 醇酯	468	−60
三甲基己二酸 C_{10}、C_{12} 醇酯	492	−47
三羟甲基丙烷正己酸酯	428	−62
三羟甲基丙烷正庚酸酯	470	−57
三羟甲基丙烷正辛酸酯	554	−60
三羟甲基丙烷正壬酸酯	596	−51
三羟甲基丙烷正癸酸酯	638	−29
季戊四醇正己酸酯	528	−40
季戊四醇正庚酸酯	584	−40
季戊四醇正辛酸酯	640	−4
双季戊四醇 C_3、C_4、C_5 酸酯	674	−41
双季戊四醇 C_4、C_5、C_6 酸酯	759	−55
双季戊四醇 C_5、C_6、C_7 酸酯	842	−57
双季戊四醇 C_6、C_7、C_8 酸酯	926	−36

（3）**耐高温性** 润滑油的闪点、蒸发度和热分解温度等指标，影响油品在使用中的油耗、寿命和安全性，这些均与其分子组成有关。同一类型的酯，随着分子量的增加，闪点升高，蒸发度降低。酯类油的蒸发损失远比相同黏度矿物油的小，常在比矿物油更高的温度下工作。与同黏度矿物油比，酯类油的闪点和自燃点要高出40℃左右，且挥发度低，耗油量少，仅为矿物油耗油量的1/8。

酯类油的蒸发性不仅随分子量的增加而减少，而且酯类型对蒸发性也有较大的影响。一般来说，新戊基多元醇酯的蒸发损失比二元酸酯的低20%～30%。表3-44为部分新戊基多元醇酯的高温性能。

表3-44 新戊基多元醇酯的蒸发度、闪点及自燃点

品种	6.5h 后蒸发度/%		闪点/℃	自燃点/℃
	204℃	260℃		
双季戊四醇六戊酸酯	7.4	—	290	315
双季戊四醇六己酸酯	6.0	—	300	320
季戊四醇四己酸酯	4.5	—	255	290
三羟甲基丙烷三己酸酯	25.4	—	230	255
双季戊四醇六庚酸酯	3.7	50.0	305	325
季戊四醇四庚酸酯	2.5	46.2	275	310
三羟甲基丙烷三庚酸酯	10.0	—	245	275
季戊四醇四辛酸酯	2.5	58.0	275	325
三羟甲基丙烷三辛酸酯	5.4	—	260	290

品种	6.5h 后蒸发度/%		闪点/℃	自燃点/℃
	204℃	260℃		
季戊四醇四-2-乙基己酸酯	5.7	66.7	260	295
三羟甲基丙烷三-2-乙基己酸酯	17.1	—	230	255
季戊四醇四异辛酸酯	5.3	—	280	300
三羟甲基丙烷三异辛酸酯	11.3	—	250	275
季戊四醇四壬酸酯	2.1	31.0	295	335
三羟甲基丙烷三壬酸酯	3.8	56.7	270	305
二-2-乙基己基癸二酸酯	19.7	—	220	—

在酯结构中引入支链，能使酯的蒸发性能变差。如直链酸季戊四醇酯与含支链酸的戊四醇酯进行比较，尽管后者分子量和黏度都比前者的大，但后者的蒸发性却远大于前者。

矿物油的热分解温度一般在 260～340℃之间，双酯的热分解温度为 283℃，多元醇酯的热分解温度均在 310℃以上，比同黏度的矿物油要高出许多。酯类油的热安定性与酯的结构有很大关系。酯类油的热分解反应是顺式立体定向单分子反应。二元酸酯的热分解反应机理，一般是经过环状分子内转移状态的热分解。新戊基多元醇酯由烃基取代了醇基 β 碳原子的氢，分解时不经过环状分子内转移状态，而是分解成为自由基的基团，经过基团的中间体而生成羧酸和烯烃。新戊基多元醇酯的热分解，生成自由基所需活化能为 280.52kJ/mol。新戊基对酯基提供了良好的空间屏蔽作用，因而新戊基多元醇酯被称为阻化酯。新戊基多元醇酯一类阻化酯的热安定性，通常比双酯要高 50℃左右。如果酸分子结构中 α 碳原子上的氢也被烷基取代，这种结构的酯称为全阻化酯。

在酯的结构中，除了醇基部分的 β 碳原子上的氢之外，醇基部分的分子量和分子结构对酯的热安定性也有影响。随着醇基烷基链的增长，酯的热安定性增加。当分子量相同时，其酯的分解速度为叔醇酯＞仲醇酯＞伯醇酯，即叔醇酯的热安定性最差。

（4）**氧化安定性**　酯类油作为高温润滑材料，常处于高温及与空气和热金属表面接触的强氧化条件下工作。因此，酯类油的氧化安定性是其重要性能之一。新戊基多元醇酯的氧化安定性要优于双酯，实际使用时仍需添加抗氧抗腐蚀添加剂。过氧化基对酯结构中氢的攻击有一定的选择性，倾向于吸收分解能最低的 C—H 键中的氢。C—H 键易氧化的程度依次为叔键＞仲键＞伯键，也就是说叔醇酯氧化安定性最差。

矿物油中大量使用的屏蔽酚和二烷基二硫代磷酸锌等抗氧剂，在油温高于150℃时抗氧效果和热安定性较差，易生成沉淀物并产生灰分，因而不适用于酯类油。

酯类基础油的热氧化遵循自由基链式反应机理，氧化过程中能产生一些诸如醛类、酮类以及羧酸类等中间产物，使润滑油酸值增大。一般认为这些氧化产物进一步反应后生成较大分子氧化产物，一定程度上使得油品的黏度变大。但也有不同观点认为，大部分的小分子氧化产物不参加进一步的氧化缩合而挥发损失，而带羟基的氧化产物发生氢键缔合，从而使得氧化后油品黏度增加。

（5）**水解安定性**　水解安定性是有机酯类油的重要使用性能之一。酯由于其结构中含有极性较强的亲水基团——酯基，因此其吸湿性与矿物油相比要大得多。酯吸收的水，部分以溶解水形式存在于酯类油中。矿物油的饱和吸水量为 $0.005\% \sim 0.01\%$，而在 $20℃$、$72h$ 条件下，新戊基多元醇酯为 $0.45\% \sim 0.5\%$，癸二酸二辛酯为 $0.18\% \sim 0.20\%$。

酯在酸、碱、酶等作用下可发生水解反应。酯的水解安定性取决于酯的性质和纯度，其水解速度与酯的含水量无关，而与酯-水界面的面积有关。因此，酯在静态中混入水分对其水解不会有很大影响。在一定条件下，酯的水解安定性制约或完全排除了酯类合成油的使用可能性。

有机酯的水解，需在水的存在下，并有酸、碱或酶的催化才能进行。在没有催化剂时，有机酯的水解是很缓慢的。酯类油中所加的添加剂，对其水解安定性有很大的影响。

酯类油中加入含磷、氯添加剂会使其水解安定性变差，而加入胺型添加剂则会抑制酯的水解。磷酸三甲酚酯作为酯类油常用抗磨剂，能加速酯的水解。这是由于磷酸三甲酚酯本身较易水解，水解生成无机磷酸。磷酸反过来作为酸性催化剂，加速酯的水解，影响酯类油的使用。依据酸碱中和原理，当加入碱性的烷基胺化合物时，能中和磷酸三甲酚酯水解生成的酸性化合物，从而提高酯类油的水解安定性。

酯类合成油的水解安定性也受其分子结构的影响。当合成酯内部的分子骨架屏蔽了酯基的酸链部分时，酯类合成油的水解安定性将会大幅度提高。

由此可见，提高酯类油水解安定性最可行的途径包括两个方面：一是在其组分中加入适宜的呈碱性的烷基胺类化合物，仲胺和叔胺均具有较好的抗水解性能，这些化合物的加入，还能降低酯类油在热氧化安定性评定时的高温沉淀生成倾向；二是酯类合成油必须具备合理的分子结构。

（6）**润滑性**　与同黏度的矿物基础油相比较，合成酯类油具有更好的润滑性能。其原因是酯类油分子中的酯基具有极性，对摩擦表面具有强吸附作用，同时通过脂肪酸的长碳链对摩擦表面的覆盖，在摩擦表面上形成抗剪切性能更好的高强度油膜，使摩擦表面受到保护。因此，酯类油的摩擦系数低，具有优良的润滑性能。

（7）**导热性**　其导热率比矿物油高出 15%，同时其比热容较大，热容量比矿物油大 5%～10%。因而，酯类油散热性好，可有效降低油箱及润滑系统的温度。

（8）**毒性与可生物降解性**　矿物油生物降解性较差，不适合作环境兼容的润滑剂。低黏度（100℃黏度 2～4mm^2/s）的 PA02～PA04 基础油是容易生物降解的，但高黏度的聚 α-烯烃不易生物降解。不同合成酯的生物降解性差异，取决于其结构特征。多羟基酯、双酯和聚环氧乙烷二醇的生物降解性好。通常，易生物降解的化合物是线形、非芳烃和无支链的短链分子。大多数合成酯的生物降解性较好，且毒性较小。表 3-45 列出了其他基础油与酯类油的生物降解性对比。

表3-45　其他基础油与酯类油的生物降解性对比

种类	生物降解性/%	种类	生物降解性/%
矿物油（MO）	10～40	菜籽油/天然油脂	70～100
白油（WO）	15～45	双酯+聚酯	68～100
聚 α-烯烃（PAO）	5～30	聚乙二醇（PEG）	65～100
聚异丁烯（PB）	0～25	线形结构新戊基多元酯	100
环氧乙烷/环氧丙烷聚乙二醇	0～25	球形结构新戊基多元酯	2
邻苯二甲酸酯十三苯酯	5～80	新戊基多元醇混合酸	94
单酯	91～100	聚合油酸酯	80～100
二元酯	75～100	邻苯二甲酸酯	45～90
多元醇酯	70～100	二聚酸酯	20～80

（9）**橡胶适应性**　酯类油会使某些橡胶产生较大的膨胀。酯类油中的酯基属活性基团，对胶料的影响要比烃类矿物油大。酯类油的这种性能，要求选用橡胶密封件时要与之相适应。酯类油对橡胶有膨胀作用，因而也用作橡胶膨胀剂，用来改善聚 α-烯烃油对橡胶的收缩。

3.6.3　酯类合成油生产工艺

酯的合成主要包括酯化、中和、过滤等过程，而醇+酸——→酯+水是最基本的反应。

工业上生产较多的癸二酸二-2-乙基己酯，由癸二酸与 2-乙基己醇在酸性催化剂的作用下直接酯化生成，其反应式如下：

三羟甲基丙烷油酸酯的直接酯化法的反应原理如下：

$$
\underset{\substack{| \\ CH_2OH}}{\overset{\substack{CH_2OH \\ |}}{H_3CH_2C-C-CH_2OH}} + 3H_3C(H_2C)_7HC=CH(CH_2)_7COOH
$$

$$
\longrightarrow \underset{\substack{| \\ CH_2OOC(CH_2)_7CH=CH(CH_2)_7CH_3}}{\overset{\substack{CH_2OOC(CH_2)_7CH=CH(CH_2)_7CH_3 \\ |}}{H_3CH_2C-C-CH_2OOC(CH_2)_7CH=CH(CH_2)_7CH_3}} + 3H_2O
$$

季戊四醇油酸酯的直接酯化法的反应原理如下：

$$
\underset{\substack{| \\ CH_2OH}}{\overset{\substack{CH_2OH \\ |}}{HOCH_2-C-CH_2OH}} + 4H_3C(H_2C)_7HC=CH(CH_2)_7COOH \longrightarrow
$$

$$
\underset{\substack{| \\ CH_2OOC(CH_2)_7CH=CH(CH_2)_7CH_3}}{\overset{\substack{CH_2OOC(CH_2)_7CH=CH(CH_2)_7CH_3 \\ |}}{H_3C(H_2C)_7HC=CH(CH_2)_7COOCH-C-CH_2OOC(CH_2)_7CH=CH(CH_2)_7CH_3}} + 4H_2O
$$

采用硫酸作催化剂时，酯化反应进行得比较完全。但是，因其能使仲醇和叔醇脱氢而生成烯烃，或发生异构化聚合等副反应，使得酯化产物颜色较深。以磷酸和磷酸酯作催化剂时，产物颜色较浅，但反应速率较慢，酯化时间过长。以氧化锌为催化剂，过程中需增加一道酸分解工艺。有机聚合物作载体的阳离子交换树脂对双酯合成比较有效，对粗酯处理也有相当经济效益，但其耐热强度尚不足以承受新戊基多元醇酯的酯化温度。故现在工业生产中，最为有效而普遍采用的催化剂多为对甲苯磺酸、锆酸四辛酯、钛酸四丁酯等。二元酸酯生产流程见图 3-11，多元醇酯生产流程见图 3-12。

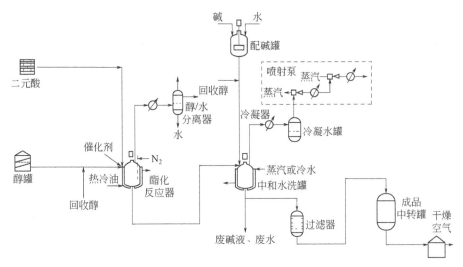

图 3-11　二元酸酯生产流程

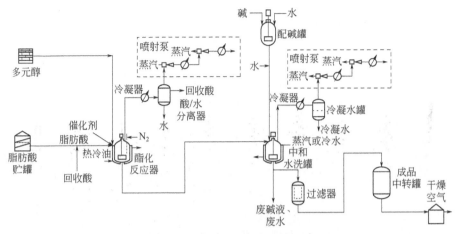

图 3-12　多元醇酯生产流程

　　酯化后的产物需要经过精制才能作为润滑油的基础油。因为粗酯中含有过量的未反应的酸、醇和反应不完全的半酯或部分酯；同时，留在粗酯中的催化剂也需要通过精制处理，否则基础油的低温性能和热氧化安定性能均不理想。因此，在酯类油中除去游离酸是提高酯类基础油热安定性的重要手段。粗酯中未反应的过量酸或过量醇，通常是在酯化反应完后在反应釜中减压条件下蒸馏除去。在生产多元醇酯时，在 200℃ 及 3.3kPa 残压下，可将过量脂肪酸蒸出。

3.6.4　酯类合成油应用

　　（1）航空涡轮发动机油　随着航空涡轮发动机性能的不断提高，发动机润滑系统温度不断升高，润滑油工作时间延长，使润滑油的工作条件日益苛刻，要求润滑油具有耐高温、耐高速、耐重负荷、寿命长、热氧化稳定性高等特点。酯类基础油所具有的优良综合性能，使其在航空用油方面占据着主导地位。

　　（2）精密仪器仪表油　精密机械尺寸很小，摩擦部件滑动速度很小（通常 ＜0.05mm/min）而比压又相当大，流体润滑条件往往不能形成。因此，润滑剂必须适应混合膜润滑和边界润滑的要求，而且还要求润滑剂能保持在所要求润滑的点上。根据上述精密机械的工作特点，要求精密机械润滑油需具有良好的黏温性能，蒸发率低，黏附性好，有相当高的表面张力，同时具有良好的抗氧化安定性，以及良好的与金属和非金属材料的相容性。酯类油由于其高低温性能好，适于在宽温度范围内使用，且蒸发度小，润滑性好，适宜作为精密仪器仪表润滑油。

　　（3）合成压缩机油　压缩机生产技术的发展，尤其是以结构紧凑、高效节能为特点的旋转式压缩机，对压缩机油的热氧化安定性提出了更高的要求。往复式压缩机采用矿物油润滑，曾因出口处积炭而引起爆炸着火的事故。合成酯压缩机油具有热氧化安定性好、积炭少、黏温性好、操作温度宽、磨损少、使用寿命长等特点，克服了矿物压缩机油的缺陷。

汽车和家用空调压缩机已逐步改用环保型制冷剂，与之相配套的压缩机润滑油也改用合成酯或聚醚润滑油。酯类油与环保型制冷剂 HFC134a、R404、R407 等有极好的互溶性和热化学安定性，且润滑性优良，无毒，可生物降解，对环境无害，属于绿色润滑油

（4）**车用发动机油** 酯类油具有优良的高低温性能，黏度指数高，氧化安定性好，对添加剂和发动机在高温下工作产生的油泥有良好的溶解能力。因此，将其用于发动机油，可使油品具有良好的低温启动性、清净分散性、耗量少、使用寿命长等特点。将矿物油与酯类油制成半合成油，能进一步改善发动机油的性能。

（5）**高温链条油** 多元醇酯具有突出的耐高温抗氧化性、润滑安全、不结焦，使用温度达 250～300℃。新一代高温链条油以优质多元醇酯为基础油，添加耐高温的抗氧剂、抗磨防锈剂等添加剂制成。此油品适用于印染热定型、塑料、建材、烘烤等设备的链条传动系统润滑。

（6）**难燃液压油** 多元醇酯闪点高，阻燃性好，黏度指数高，使用温度范围宽，使用压力可达 40MPa。制成的液压油，适用于钢铁连铸生产线系统和高炉、热轧、铸造、电站、煤矿等要求抗燃、安全性设备的液压系统，并可替代有毒性的磷酸酯型抗燃液压油。

（7）**金属加工油剂** 在金属加工中常应用硬脂酸甲酯、硬脂酸丁酯和硬脂酸己酯等作为油性剂。将新戊基多元醇酯制成油状或乳状的轧制液，可减少摩擦和功率消耗，改善轧制板材的表面质量。一元醇、二元醇、新戊基二元醇、季戊四醇或三羟甲基丙烷的月桂酸、油酸或硬脂酸的酯，与多胺环氧烷加成物（分散剂）组合制备的乳化液，可作为金属轧制的油性剂。

（8）**合成润滑脂基础油** 宽温度和极低温范围使用的润滑脂，其性能主要取决于基础油。以矿物油作基础油的润滑脂，一般不可能满足-60℃以下和150℃以上的使用要求，而以酯类油作基础油则可制成宽温度范围使用的润滑脂。

3.6.5 工业癸二酸二辛酯（DOS）

结构式：
$$CH_3(CH_2)_3\overset{\overset{C_2H_5}{|}}{C}HCH_2O\overset{\overset{O}{||}}{C}(CH_2)_8\overset{\overset{O}{||}}{C}OCH_2\overset{\overset{C_2H_5}{|}}{C}H(CH_2)_3CH_3$$

（1）**性状** 淡黄色液体。微溶于水，易溶于乙醇和乙醚。闪点 277℃，凝点-55℃。主要用作聚氯乙烯耐寒增塑剂。

（2）**技术参数** 工业癸二酸二辛酯化工行业标准见表3-46。

表 3-46　工业癸二酸二辛酯化工行业标准（HG/T 3502—2008）

项目		质量指标		
		优等品	一等品	合格品
外观		透明、无可见杂质的油状液体		
色度（Pt-Co）/号	≤	20	30	60
纯度/%	≥	99.5	99.0	99.0
密度（20℃）/（g/cm³）		0.913～0.917		
酸值/（mgKOH/g）	≤	0.04	0.07	0.10
水分/%	≤	0.05		0.1
闪点（开口）/℃	≥	215	210	205

（3）**生产厂家**　河南庆安化工高科技股份有限公司、江苏金桥油脂化工科技有限公司、桐乡化工有限公司、山东蓝帆化工有限公司、安徽香枫新材料股份有限公司。

3.6.6　己二酸二辛酯（DOA）

结构式：

$$
\begin{array}{c}
C_2H_4-\overset{\displaystyle O}{\underset{\displaystyle O}{C}}-O-C_8H_{17} \\
C_2H_4-\underset{\displaystyle O}{\overset{\displaystyle }{C}}-O-C_8H_{17}
\end{array}
$$

（1）**性状**　透明、无可见杂质的油状液体。微有气味。凝点-67.8℃，闪点（开口）196℃，黏度（20℃）13.7mPa·s。不溶于水，溶于甲醇、乙醇、乙醚、丙酮、醋酸、氯仿、乙酸乙酯、汽油、甲苯、矿物油、植物油等有机溶剂，微溶于乙二醇。用作聚氯乙烯的耐寒增塑剂，可赋予制品优良的低温柔软性。

（2）**技术参数**　己二酸二辛酯化工行业标准见表 3-47。

表 3-47　己二酸二辛酯化工行业标准（HG/T 3873—2006）

项目		质量指标		
		优等品	一等品	合格品
外观		透明、无可见杂质的油状液体		
色度（Pt-Co）/号	≤	20	50	120
纯度/%	≥	99.5	99.0	98.0
酸值/（mgKOH/g）	≤	0.07	0.15	0.20
水分/%	≤	0.10	0.15	0.20
密度（20℃）/（g/cm³）		0.924～0.929	0.924～0.929	0.924～0.929
闪点/℃	≥	190	190	190

（3）**生产厂家**　淄博蓝帆化工股份有限公司、河南庆安化工高科技股份有

限公司、金桐化工（桐乡）有限公司、昆山玮峰化工有限公司、山东蓝帆化工有限公司、山东美生能源科技有限公司、山东元利科技股份有限公司、安徽香枫新材料股份有限公司。

3.6.7　工业己二酸二异壬酯（DINA）

结构式：

$$\begin{array}{c} H_2C-CH_2-\overset{\displaystyle O}{\overset{\|}{C}}-OC_7H_{13}(CH_3)_2 \\[2mm] H_2C-CH_2-\underset{\displaystyle O}{\overset{\|}{C}}-OC_7H_{13}(CH_3)_2 \end{array}$$

（1）**性状**　透明、无可见杂质的油状液体。闪点 205℃。溶于大部分有机溶剂。主要用作塑料、橡胶制品的耐寒增塑剂。

（2）**技术参数**　工业己二酸二异壬酯化工行业标准见表 3-48。

表 3-48　工业己二酸二异壬酯化工行业标准（HG/T 4888—2016）

项目		质量指标
外观		透明、无可见杂质的油状液体
色度（Pt-Co）/号	≤	30
纯度（GC 法）/%	≥	99.0
酸值/（mgKOH/g）	≤	0.10
密度（20℃）/（g/cm³）		0.918～0.926
水分/%	≤	0.10

（3）**生产厂家**　巢湖香枫塑胶助剂有限公司、安徽香枫新材料股份有限公司、合肥恒康生产力促进中心有限公司、爱敬（宁波）化工有限公司、昆山玮峰化工有限公司。

3.6.8　工业邻苯二甲酸二辛酯（DOP）

结构式：

$$\begin{array}{c} C_2H_5 \\ COOCH_2CH(CH_2)_3CH_3 \\ \\ COOCH_2CH(CH_2)_3CH_3 \\ C_2H_5 \end{array}$$

（1）**性状**　透明、无可见杂质的油状液体。由邻苯二甲酸酐与辛醇（2-乙基己醇）经酯化法制得。凝点-50℃。不溶于水，溶于乙醇、乙醚、矿物油等大多数有机溶剂。主要用于塑料、橡胶、油漆及乳化剂等工业中。

（2）**技术参数**　工业邻苯二甲酸二辛酯国家标准见表 3-49。

表3-49 工业邻苯二甲酸二辛酯国家标准（GB/T 11406—2001）

项目		质量指标		
		优等品	一等品	合格品
色度（铂-钴）/号	≤	30	40	60
纯度/%	≥	99.5	99.0	
密度（20℃）/（g/cm³）		0.982～0.988		
酸度（以苯二甲酸计）/%	≤	0.010	0.015	0.030
水分/%	≤	0.10	0.15	
闪点/℃	≥	196	192	
体积电阻率/×10⁹Ω·m	≥	1.0	—	—

注：根据用户需要，由供需双方协商，可增加一等品的体积电阻率指标。

（3）**生产厂家** 浙江庆安化工有限公司、盘锦联成化学工业有限公司、石家庄白龙化工股份有限公司、昆山玮峰化工有限公司、山东齐鲁增塑剂股份有限公司、东营益美得化工有限公司、济宁正鑫化工有限公司、成都金山化学试剂有限公司、山东宏信化工股份有限公司、山东元利科技股份有限公司、衡水东科化工有限公司、浙江海利得新材料股份有限公司、江苏美能膜材料科技有限公司。

3.6.9 工业邻苯二甲酸二丁酯（DBP）

结构式：

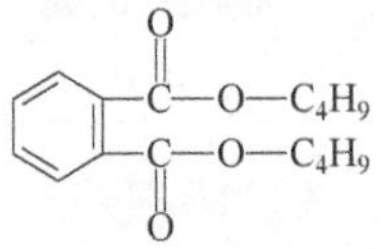

（1）**性状** 透明、无可见杂质的油状液体。凝点-35℃，沸点340℃。易溶于乙醇、乙醚、丙酮和苯。主要用作硝化纤维、醋酸纤维、聚氯乙烯等的增塑剂。

（2）**技术参数** 工业邻苯二甲酸二丁酯国家标准见表3-50。

表3-50 工业邻苯二甲酸二丁酯国家标准（GB/T 11405—2006）

项目		质量指标		
		优等品	一等品	合格品
外观		透明、无可见杂质的油状液体		
色度（Pt-Co）/号	≤	20	25	60
纯度/%	≥	99.5	99.0	98.0
密度（20℃）/（g/cm³）		1.044～1.048		
酸值/（mgKOH/g）	≤	0.07	0.12	0.20
闪点/℃	≥	160		
水分/%	≤	0.10	0.15	0.20

（3）生产厂家 河南庆安化工高科技股份有限公司、山东宏信化工股份有限公司、成都金山化学试剂有限公司、浙江建业化工股份有限公司、浙江庆安化工有限公司、永华化学科技（江苏）有限公司、浙江华邦医药化工有限公司、石家庄白龙化工股份有限公司、山东宏信化工股份有限公司、利安隆博华（天津）医药化学有限公司、淄博临淄东胜实业有限公司、重庆川东化工（集团）有限公司、山东蓝帆化工有限公司、淄博源丰达工贸有限公司、山东元利科技股份有限公司、北京勤邦生物技术有限公司。

3.6.10 工业对苯二甲酸二（2-乙基己基）酯（DOTP）

结构式：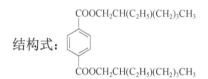

（1）性状 无色的低黏度液体。黏度（25℃）63mPa·s。凝点−48℃。主要用作聚氯乙烯产品的增塑剂。

（2）技术参数 对苯二甲酸二（2-乙基己基）酯化工行业标准见表3-51。

表3-51 对苯二甲酸二（2-乙基己基）酯化工行业标准（HG/T 2423—2018）

项目		质量指标		试验方法
		优等品	一等品	
外观		透明、无可见杂质的油状液体		4.2
色度（Pt-Co）/号	≤	20	40	4.3
纯度（GC法）/%	≥	99.5	99.0	4.4
密度（20℃）/（g/cm³）		0.981～0.985		4.5
酸值/（mgKOH/g）	≤	0.02	0.03	4.6
水分/%	≤	0.03	0.05	4.7
闪点（开口）/℃	≥	210		4.8
体积电阻率[①]/10¹⁰Ω·m	≥	3	2	4.9
邻苯二甲酸酯含量（GC-MS法）[①]/（mg/kg）		—[②]	—[②]	4.10

① 为根据用户要求的检测项目。
② 指标值根据用户双方协商确定。

（3）生产厂家 河南庆安化工高科技股份有限公司、浙江庆安化工有限公司、昆山合峰化工有限公司、宁波图锐新材料科技有限公司、山东宏信化工股份有限公司、山东蓝帆化工有限公司、山东美生能源科技有限公司、山东朗晖石油化学有限公司、枣庄金秋橡塑科技有限公司、济宁正鑫化工有限公司、山东科茂石油化工有限公司、山东顺达环保增塑材料有限公司、南通佳园化工有限公司、安徽香枫新材料股份有限公司、淄博临淄八方源化工有限公司。

3.6.11 工业邻苯二甲酸二异丁酯（DIBP）

结构式： $\begin{array}{c}\text{—COOCH}_2\text{CH(CH}_3)_2\\ \text{—COOCH}_2\text{CH(CH}_3)_2\end{array}$

（1）**性状** 透明、无可见杂质的油状液体。不易挥发，略有芳香气味。可燃，有毒。微溶于水，与醋酸纤维、醋酸丁酸纤维、硝酸纤维、乙基纤维、聚氯乙烯、聚醋酸乙烯酯、聚乙烯醇缩丁醛、聚苯乙烯等树脂相溶。主要用作增塑剂。

（2）**技术参数** 工业邻苯二甲酸二异丁酯化工行业标准见表 3-52。

表 3-52 工业邻苯二甲酸二异丁酯化工行业标准（HG/T 4071—2008）

项目		质量指标		
		优等品	一等品	合格品
外观		透明、无可见杂质的油状液体		
色度（Pt-Co）/号	≤	25	35	60
纯度/%	≥	99.5	99.0	98.5
密度（20℃）/（g/cm³）		1.037～1.044		
酸值/（mgKOH/g）	≤	0.06	0.12	0.20
水分/%	≤	0.10	0.15	0.20
闪点（开口）/℃	≥	160	155	155

（3）**生产厂家** 河南庆安化工高科技股份有限公司、杭州立富实业有限公司、洛阳中达化工有限公司、东营科德化工有限公司、浙江庆安化工有限公司、浙江建业化工股份有限公司、山东宏信化工股份有限公司、江苏三木化工股份有限公司。

3.6.12 Esterex™己二酸酯

结构式： $\begin{array}{c}\text{C}_2\text{H}_4\text{—}\overset{\displaystyle O}{\overset{\|}{\text{C}}}\text{—O—R}\\ \text{C}_2\text{H}_4\text{—}\underset{\displaystyle O}{\overset{\|}{\text{C}}}\text{—O—R}\end{array}$

（1）**性状** 无色透明液体。低温性能优异，黏度指数高，润滑性能良好，挥发性低。可作为单独的基础油料或与其他合成液体一起作为调和油料，用于汽车和工业润滑应用领域，如需要排出阀清洁的往复式空气压缩机。

（2）**技术参数**　Esterex™己二酸酯的典型数据见表3-53。

表3-53　Esterex™己二酸酯典型数据

项目		A32	A34	A41	A51
相对密度（15.6℃/15.6℃）		0.928	0.922	0.921	0.915
水分/（μg/g）	<	500	1000	500	350
总酸值/（mgKOH/g）	<	0.08	0.08	0.01	0.02
外观		无色透明	无色透明	无色透明	无色透明
色度（ASTM）/号	<	0.5	0.5	0.5	0.5
运动黏度/（mm²/s）					
100℃		2.8	3.2	3.6	5.4
40℃		9.5	12	14	27
−40℃		985	1970	3286	16970
黏度指数		149	137	144	136
倾点/℃		−65	−60	−57	−57
闪点（开口）/℃		207	199	231	247
燃点/℃		238	248	249	280
挥发性（205℃，6.5h）/%		53.0	37.0	22.3	10.1
水解安定性（总酸值变化）/（mgKOH/g）		+0.10	+0.11	+0.13	+0.16
28天生物降解率（OECD）/%		70.2	78.5	76.5	58.5

（3）**生产厂家**　埃克森-美孚化工商务（上海）有限公司。

3.6.13　Esterex™邻苯二甲酸酯

结构式：

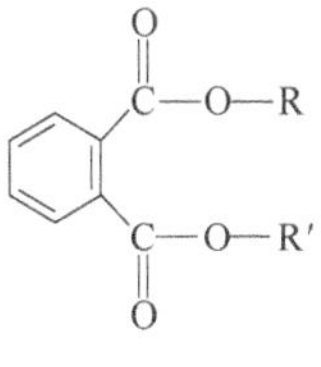

（1）**性状**　无色、具有芳香气味或无气味的黏稠油状液体。具有优异的低温性能，以及良好的润滑性和低挥发性。在水中溶解度很小，容易溶于多数非极性有机溶剂中，易溶于甲醇、乙醇、乙醚等有机溶剂。广泛应用于汽车和工业润滑油中，特别是空气压缩机应用场合。

（2）**技术参数**　Esterex™邻苯二甲酸酯的典型数据见表3-54。

表 3-54　Esterex™邻苯二甲酸酯典型数据

项目		P35	P61	P81
相对密度（15.6℃/15.6℃）		0.994	0.967	0.955
水分/（μg/g）	<	1000	1000	1000
总酸值/（mgKOH/g）	<	0.07	0.07	0.14
外观		透明	透明	透明
色度（ASTM）/号	<	0.5	0.5	0.5
运动黏度/（mm²/s） 100℃ 40℃ −25℃		3.5 18 2190	5.4 38 11810	8.3 84 74050
黏度指数		47	62	52
倾点/℃		−45	−42	−33
闪点（开口）/℃		170	209	239
燃点/℃		238	268	293
挥发性（205℃，6.5h）/%		48.7	15.3	8.0
水解安定性（总酸值变化）/（mgKOH/g）		+0.01	+0.02	+0.27
旋转氧弹试验/min 无抗氧剂 有抗氧剂	>	37 2005	— 2610	— 2500
28 天生物降解率（OECD）/%		—	71.4	54.5

（3）生产厂家　埃克森-美孚化工商务（上海）有限公司。

3.6.14　ENABLE 偏苯三酸酯（TMT）

结构式：

$$R-O-\overset{O}{\underset{}{C}}-\text{（苯环）}-\overset{O}{\underset{}{C}}-O-R$$

（1）性状　无色或黄色透明液体。具有优良的高低温性能，高温蒸发损失小，结焦量低，与各种添加剂的相溶性良好。用于配制高黏度高温链条油时，与季戊四醇酯相比，可降低增黏剂的用量，从而提高链条油的高温性能。用于配制合成高黏度空气压缩机油时，可以不采用增黏剂提高黏度，还可解决使用聚 α-烯烃（PAO）出现的橡胶密封件相容性和添加剂溶解性的问题。是合成高温链条油、合成高黏度空气压缩机油以及高温润滑脂理想的基础油。

（2）技术参数　偏苯三酸酯的典型数据见表 3-55。

表 3-55 ENABLE 偏苯三酸酯典型数据

项目		3945	3946	3947	3948
外观		无色或淡黄色透明油状液体			
运动黏度/（mm²/s） 40℃ 100℃		72 7.0～7.5	50 8.0～8.5	180 9.5～10.5	320 20.4
黏度指数		110	120	117	110
酸值/（mgKOH/g）	≤	0.05	0.05	0.05	0.05
倾点/℃		−30	−30	−32	−23
闪点（开口）/℃		270	285	275	270

（3）生产厂家 上海裕诚化工有限公司。

3.6.15 偏苯三酸三（2-乙基己基）酯（TOTM）

结构式：

$$H_{17}C_8-O-C(=O)\ \ C(=O)-O-C_8H_{17}$$
$$C(=O)-O-C_8H_{17}$$

（1）性状 又称偏苯三酸三异辛酯。淡黄色透明黏稠油状液体。微溶于水，可溶于乙醚、丙酮等大多数有机溶剂。凝点-46℃，沸点（0.13kPa）258℃，折射率（20℃）1.482～1.488，黏度（25℃）210mPa·s。主要用于 105℃级耐热 PVC 电线电缆料、医疗器械、食品包装，以及耐热和耐久性的板材、片材、密封垫等制品。

（2）技术参数 偏苯三酸三（2-乙基己基）酯化工行业标准见表 3-56。

表 3-56 偏苯三酸三（2-乙基己基）酯化工行业标准（HG/T 3874—2018）

项目		质量指标		试验方法
		优等品	一等品	
外观		透明、无可见杂质的油状液体		4.3
色度（铂-钴）/号	≤	40	80	4.4
酸值/（mgKOH/g）	≤	0.15	0.20	4.5
酯含量/%	≥	99.5	99.0	4.6
体积电阻率/10⁹Ω·m	≥	10	3	4.7
水分/%	≤	0.10	0.15	4.8

项目	质量指标		试验方法
	优等品	一等品	
邻苯二甲酸二（2-乙基己基）酯含量/（mg/kg）≤	300	1000	4.9
密度（20℃）/（g/cm³）	0.984～0.991		4.10
闪点（开口）/℃ ≥	240		4.11

（3）**生产厂家** 淄博蓝帆化工股份有限公司、河南庆安化工高科技股份有限公司、江苏正丹化学工业股份有限公司、桐乡化工有限公司。

3.6.16 偏苯三酸三异壬酯（TINTM）

结构式：

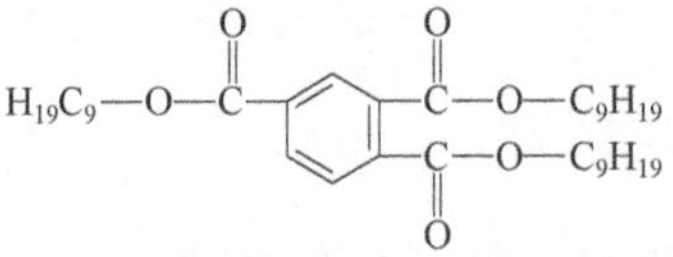

（1）**性状** 透明油状液体。由偏苯三酸酐与异壬醇在硫酸催化剂作用下经酯化而得。用作聚氯乙烯、氯乙烯共聚物的耐热增塑剂。

（2）**技术参数** 偏苯三酸三异壬酯企业标准见表 3-57。

表 3-57　偏苯三酸三异壬酯企业标准（Q/320583WGF005—2017）

项目	质量指标	试验方法
外观	无色透明油状液体	目测
酸值/（mgKOH/g） ≤	0.1	GB/T 1668
色值（APHA）/号 ≤	85	GB/T 1664
水含量（质量分数）/% ≤	0.07	GB/T 11133
相对密度（20℃/20℃）	0.974～0.984	GB/T 4472
酯含量（质量分数）/% ≥	99.5	GC 法
加热减量（质量分数，125℃±3℃，2h）/% ≤	0.15	GB/T 1669
体积电阻率/Ω·cm ≥	$5×10^{11}$	GB/T 1672

（3）**生产厂家** 昆山合峰化工有限公司。

3.6.17 偏苯三酸正辛正癸酯（NODTM）

结构式：

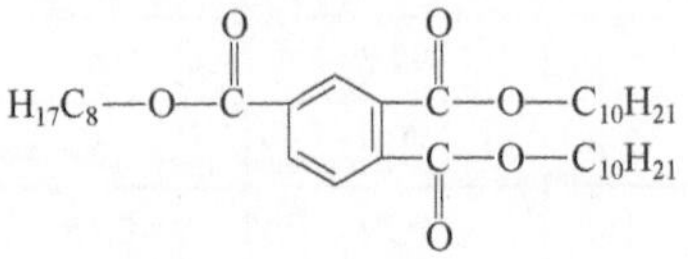

（1）**性状** 无色至淡黄色油状液体。密度（25℃）0.980g/cm³。凝点−56℃，闪点266℃，燃点299℃。与偏苯三酸三辛酯（TOTM）相比，具有更好的耐热性、耐寒性和耐老化性。主要用于塑料、橡胶、油漆及保鲜膜等工业中。

（2）**技术参数** 偏苯三酸正辛正癸酯企业标准见表3-58。

表3-58 偏苯三酸正辛正癸酯企业标准（Q/320583WGF 010—2018）

项目		质量指标	试验方法
外观		无色透明油状液体	目测
酸值/（mgKOH/g）	≤	0.1	GB/T 1668
色值（APHA）/号	≤	65	GB/T 1664
水含量（质量分数）/%	≤	0.05	GB/T 1133
相对密度（20℃/20℃）		0.970～0.980	GB/T 4472
酯含量（质量分数）/%	≥	99.5	GC法
加热减量（质量分数，125℃±3℃，2h）/%	≤	0.1	GB/T 1669

（3）**生产厂家** 昆山合峰化工有限公司、巢湖香枫塑胶助剂有限公司。

3.6.18 复酯

（1）**性状** 无色或淡黄色透明油状液体。具有黏度高、黏温性好、易生物降解等特性，具有良好的边界润滑性。适宜作为高温链条油、具有环保要求的发动机油、链锯油和液压油基础油，还可作为润滑脂基础油、润滑添加剂等。

（2）**技术参数** 复酯的企业标准见表3-59。

表3-59 复酯企业标准

项目		CE-1	CE-2	CE-3	CE-4
外观		无色或淡黄色透明油状液体			
运动黏度/（mm²/s）					
40℃		40～50	60～70	130～150	280～300
100℃		9～10	10～11	18～20	30～35
黏度指数	≥	170	140	140	140
酸值/（mgKOH/g）	≤	1	1	1	1
倾点/℃	≤	−40	−35	−35	−35
闪点（开口）/℃	≥	230	270	270	270

（3）**生产厂家** 山东瑞捷新材料有限公司。

3.6.19 高黏度复合酯 Priolube 3986

（1）**性状** 属于一种高黏度复合酯。用作极压添加剂，可显著改善边界润滑状态。与其他极压添加剂如含磷与硫的添加剂等共同使用时，能产生良好的增效作用，尤其可用于取代氯化石蜡。推荐用量：切削和磨削 5%～15%，高温润滑脂基础油 5%～15%，链条油 5%～15%。

（2）**技术参数** 高黏度复合酯 Priolube 3986 典型数据见表 3-60。

表 3-60 高黏度复合酯 Priolube 3986 典型数据

项目	典型值
运动黏度/（mm²/s）	
40℃	47000
100℃	2000
黏度指数	278
闪点（开口）/℃	325
碘值/（gI₂/100g）	107
生物降解率/%	
CEC	23
OECD	25
酸值/（mgKOH/g）	0.1
再生率/%	82

（3）**生产厂家** 禾大化学品（上海）有限公司。

3.6.20 三羟甲基丙烷油酸酯（TMPTO）

结构式：
$$CH_3CH_2C\begin{matrix} CH_2OOC(CH_2)_7CH=CH(CH_2)_7CH_3 \\ -CH_2OOC(CH_2)_7CH=CH(CH_2)_7CH_3 \\ CH_2OOC(CH_2)_7CH=CH(CH_2)_7CH_3 \end{matrix}$$

（1）**性状** 微黄色至黄色透明液体。具有优异的润滑性能，黏度指数高，抗燃性好，生物降解率达 90% 以上。主要用于调配液压油、发动机油和油性剂等。

（2）**技术参数** 动物油酸作起始剂的三羟甲基丙烷油酸酯标记为 A 型，植物油酸作起始剂的三羟甲基丙烷油酸酯标记为 B 型。三羟甲基丙烷油酸酯轻工行业标准见表 3-61。

表 3-61 三羟甲基丙烷油酸酯轻工行业标准（QB/T 2975—2008）

项目	质量指标	
	A 型	B 型
外观（25℃）	微黄色至黄色透明液体	
酸值/（mgKOH/g） ≤	1.5	
皂化值/（mgKOH/g）	180.0～190.0	178.0～188.0

项目		质量指标	
		A 型	B 型
闪点/℃	≥	310	
倾点/℃	≤	−21	−27
水分/%	≤	0.1	
运动黏度（40℃）/（mm²/s）		48.0～55.0	46.0～52.0

（3）**生产厂家** 浙江皇马化工集团有限公司、丰益油脂科技有限公司、江苏金桥油脂化工科技有限公司、聊城瑞捷化学有限公司。

3.6.21 三羟甲基丙烷辛癸酸酯

结构式：
$$CH_3CH_2C \begin{matrix} CH_2OOC(CH_2)_8CH_3 \\ —CH_2OOC(CH_2)_6CH_3 \\ CH_2OOC(CH_2)_8CH_3 \end{matrix}$$

（1）**性状** 黄色油状液体。由辛酸、癸酸和三羟甲基丙烷在高温下制得。具有低挥发度以及高的热氧化安定性。适用于调配各种全合成或部分合成润滑油的基础油，如液压油、发动机油等，也可作油品的油性剂。

（2）**技术参数** 三羟甲基丙烷辛癸酸酯企业标准见表 3-62。

表 3-62 三羟甲基丙烷辛癸酸酯企业标准（Q/320682SJQ 24—2016）

项目		质量指标
倾点/℃	≤	−50
皂化值/（mgKOH/g）	≤	310
酸值/（mgKOH/g）	≤	0.1
碘值/（gI₂/100g）	≤	0.5

（3）**生产厂家** 江苏金桥油脂科技有限公司。

3.6.22 三羟甲基丙烷三异辛酸酯

结构式：
$$CH_3CH_2C \begin{matrix} CH_2OOC(C_2H_5)CH(CH_2)_3CH_3 \\ —CH_2OOC(C_2H_5)CH(CH_2)_3CH_3 \\ CH_2OOC(C_2H_5)CH(CH_2)_3CH_3 \end{matrix}$$

（1）**性状** 淡黄色透明液体。主要用于金属加工用油、航空发动机润滑油，以及作为橡胶、塑料、润滑油、化纤油剂的添加剂。

（2）**技术参数** 三羟甲基丙烷三异辛酸酯企业标准见表 3-63。

表 3-63   三羟甲基丙烷三异辛酸酯企业标准（Q/HMK 177—2015）

项目		质量指标
闪点/℃	≥	200
酸值/（mgKOH/g）	≤	0.5
水分/%	≤	0.2
皂化值/（mgKOH/g）		310～330

（3）生产厂家   浙江皇马科技股份有限公司。

3.6.23 ENABLE 三羟甲基丙烷酸酯

结构式：
$$CH_3CH_2C \begin{array}{c} CH_2OOCR \\ —CH_2OOCR \\ CH_2OOCR \end{array}$$

（1）性状   黄色透明液体。具有优良的润滑性能，退火清净性良好，黏度指数高，抗燃性好。主要用作抗燃液压油、轧制液、切削油的基础油，也可作为纺织皮革助剂的中间体和纺织油剂。

（2）技术参数   三羟甲基丙烷酸酯企业标准见表 3-64。

表 3-64   ENABLE 三羟甲基丙烷酸酯典型数据

项目	典型值				
	1935	1946	1968	1970	1990

运动黏度/（mm²/s）
  40℃
  100℃
	17
	4
		46
		9.5
			68
			13
				20
				4.2
					1000
					110

黏度指数	130	185	185	140	218
倾点/℃	−60	−30	−30	−32	−23
闪点/℃	240	300	300	250	300
酸值/（mgKOH/g） ≤	0.1	0.05	0.05	0.1	1

（3）生产厂家   上海裕诚化工有限公司。

3.6.24 季戊四醇酯（PETO）

结构式：
$$RCOOH_2C—C \begin{array}{c} CH_2OOCR \\ | \\ CH_2OOCR \end{array} CH_2OOCR$$

（1）性状   无色至黄色透明液体。具有优异的润滑性能，黏度指数高，抗燃性好，生物降解率达 90% 以上。是 68 号合成酯型抗燃液压油理想的基础油，可用于调配具有环保要求的液压油、链锯油和水上游艇用发动机油。作为油性剂，在钢板冷轧制液、钢管拉拔油及其他金属加工液中也被广泛使用。

（2）**技术参数** 季戊四醇酯企业标准见表3-65。

表3-65 季戊四醇酯企业标准

项目		PETO-A	PETO-B	PETO-C
外观		无色或淡黄色透明液体	黄色透明液体	深黄色透明液体
运动黏度/（mm²/s） 40℃ 100℃		60～70 12.5～13.5	60～70 12.5～13.5	60～70 12.5～13.5
黏度指数	≥	180	180	180
酸值/（mgKOH/g）	≤	1	1	5
闪点（开口）/℃	≥	280	270	255
倾点/℃	≤	-25	-20	-10
羟值/（mgKOH/g）	≤	15	15	20

（3）**生产厂家** 山东瑞捷新材料有限公司。

3.6.25 季戊四醇油酸酯

结构式： $H_{33}C_{17}COOH_2C-C-CH_2OOCC_{17}H_{33}$ 上方 $CH_2OOCC_{17}H_{33}$ 下方 $CH_2OOCC_{17}H_{33}$

（1）**性状** 淡黄色透明液体。具有优异的润滑性能，黏度指数高，抗燃性好，生物降解率达90%以上。是抗燃液压油理想的基础油，也作为钢板冷轧制液、钢板冷轧油及其他金属加工液的油性剂。

（2）**技术参数** 季戊四醇油酸酯企业标准见表3-66。

表3-66 季戊四醇油酸酯企业标准（Q/ZC 002—2015）

项目		质量指标	
		A型	B型
外观（25℃）		淡黄色透明液体	黄色透明液体
酸值/（mgKOH/g）	≤	1	5
皂化值/（mgKOH/g）		175.0～195.0	175.0～195.0
闪点/℃	≥	300	280
倾点/℃	≤	-24	-18
羟值/（mgKOH/g）	≤	15	15
运动黏度（40℃）/（mm²/s）		58～70	52～70
黏度指数	≥	185	180

（3）**生产厂家** 安庆中创生物工程有限公司。

3.6.26　双季戊四醇酯

结构式：

$$ROOCH_2C-\underset{\underset{CH_2COOR}{|}}{\overset{\overset{CH_2COOR}{|}}{C}}-CH_2-O-CH_2-\underset{\underset{CH_2COOR}{|}}{\overset{\overset{CH_2COOR}{|}}{C}}-CH_2COOR$$

（1）**性状**　无色至黄色透明油状液体。由双季戊四醇和有机酸反应，经特殊后处理工艺制成。黏度高，具有优异的热稳定性、氧化稳定性。适宜作为Ⅱ类航空发动机油、高黏度合成酯冷冻机油、高温链条油和高温润滑脂等的基础油。

（2）**技术参数**　双季戊四醇酯的企业标准见表3-67。

表 3-67　双季戊四醇酯企业标准

项目		DIPE-1	DIPE-2	DIPE-3
外观		无色至黄色透明油状液体		
运动黏度/（mm²/s）				
40℃		50～60	200～240	280～300
100℃		8.5～10	18～22	20～24
黏度指数	≥	130	90	90
酸值/（mgKOH/g）	≤	0.2	0.2	0.2
闪点（开口）/℃	≥	270	280	280
倾点/℃	≤	−40	−30	−15

（3）**生产厂家**　山东瑞捷新材料有限公司。

3.6.27　季戊四醇辛癸酸酯

结构式：

$$H_{19}C_9COOH_2C-\underset{\underset{CH_2OOCC_7H_{15}}{|}}{\overset{\overset{CH_2OOCC_7H_{15}}{|}}{C}}-CH_2OOCC_9H_{19}$$

（1）**性状**　淡黄色透明液体。具有优良的高低温性能。主要用作化纤纺丝油剂的平滑剂、合成高温链条油的基础油组分等。

（2）**技术参数**　季戊四醇辛癸酸酯企业标准见表3-68。

表 3-68　季戊四醇辛癸酸酯企业标准（Q/HMK 209—2016）

项目		质量指标
		HM-TOP
外观（25℃）		淡黄色透明液体
闪点/℃	≥	250
运动黏度（40℃）/（mm²/s）		30.0～36.0
皂化值/（mgKOH/g）		315.0～330.0
酸值/（mgKOH/g）	≤	0.5

（3）**生产厂家** 浙江皇马科技股份有限公司、嘉兴中诚环保科技股份有限公司。

3.6.28 威尔酯类润滑油基础油

（1）**性状** 冷冻压缩机用酯类基础油具有新戊基饱和多元醇酯结构。热稳定性和水解稳定性高，蒸发率和生焦倾向低，可满足各种制冷剂 HFC 需要。适用于往复式、回旋式和滚动制冷压缩机油，也是醚酯型空压机油和半合成空压机油的基础油。润滑脂用基础油为高纯度多元醇酯基础油。能够承受极端温度，低温下不冻结，高温下可保持较低的蒸发损失。润滑性和溶解性良好，稠化能力强。所得润滑脂生物降解性和可再生性高，符合与食品行业的特殊需要。

（2）**技术参数** 威尔酯类润滑油基础油的典型数据见表 3-69。

表3-69 威尔酯类润滑油基础油典型数据

产品		运动黏度/（mm²/s)		黏度指数	闪点（开口）/℃	倾点/℃	酸值/（mgKOH/g)
		40℃	100℃				
冷冻压缩机用酯类基础油	SDYZ-4	20	4.4	145	250	−55	≤0.05
	POE-24	24.5	5.1	140	255	−60	≤0.05
	POE-22-C	22	7.9	88	200	−50	≤0.05
	POE-32-A	32	5.2	88	215	−48	≤0.05
	POE-46-A	46	6.6	89	235	−45	≤0.05
	POE-68-A	66	8.2	90	255	−41	≤0.05
	POE-100-A	94	10.3	90	260	−32	≤0.05
	POE-170-A	170	15.5	90	270	−28	≤0.05
	POE-220-A	220	18.5	93	300	−26	≤0.05
	POE-68-SHR	70.5	9.9	120	270	−40	≤0.05
	POE-320-SHR	320	24.65	98	290	−20	≤0.05
	POE-68-X	66.1	8.5	95	258	−40	≤0.05
	POE-120-X	120	12.2	92	270	−37	≤0.05
	POE-170-X	174	15.5	91	280	−30	≤0.05
	POE-220-X	222	18.2	90	280	−27	≤0.05
润滑脂用基础油	SDYZ-4	20	4.4	145	250	−51	≤0.05
	SDYZ-11	30	5.8	144	290	−40	≤0.05
	POE-24	24.5	5.1	140	255	−60	≤0.05
	CDE-46	46	10.1	208	250	−50	≤0.05
	SDYZ-23	320	34.4	150	278	−33	≤0.05
	POE-380	380	26.2	90	300	−18	≤0.05

（3）生产厂家　南京威尔药业集团股份有限公司。

3.6.29　酯类合成基础油

（1）性状　黄色油状液体。具有优良的耐高低温性能和润滑性能。无毒，无异味，生物降解性能好，对环境无影响。主要用作高温或低温润滑油的基础油。

（2）技术参数　包括高温合成基础油与低温合成基础油两种产品。高温合成基础油的企业标准见表 3-70，低温合成基础油的企业标准见表 3-71。

表 3-70　高温合成基础油的企业标准（Q/QHS 016—2015）

项目	质量指标								
	高温基础油								
	15#	22#	32#	46#	68#	100#	150#	220#	320#
外观	黄色油状	黄色油状	黄色油状	黄色油状	黄色油状	黄色油状	黄色油状	黄色油状	黄色油状
酸值/（mgKOH/g）≤	0.8	0.8	0.8	1.0	1.0	1.0	1.0	1.0	1.0
运动黏度/（mm^2/s） 100℃　　　　　≥ 40℃	3.2 14～16	4.8 20～24	5.5 30～34	7.8 44～48	10.0 65～71	13.0 95～105	19.0 145～155	24.0 210～230	32.0 305～335
闪点（开口）/℃　≥	230	240	250	250	260	260	270	280	290
倾点/℃　　　　≤	−40	−40	−40	−40	−40	−30	−30	−30	−30

表 3-71　低温合成基础油的企业标准（Q/QHS 016—2015）

项目	质量指标						
	低温基础油						
	15#	22#	32#	46#	68#	100#	150#
外观	黄色油状	黄色油状	黄色油伏	黄色油状	黄色油状	黄色油状	黄色油状
酸值/（mgKOH/g）≤	0.3	0.8	0.8	1.0	1.0	1.0	1.0
运动黏度/（mm^2/s） 100℃　　　　　> 40℃	3.2 14～16	4.8 20～24	5.5 30～34	7.8 44～48	10.0 65～71	13.0 95～105	19.0 145～155
闪点（开口）/℃　≥	230	240	250	250	260	260	270
倾点/℃　　　　≤	−45	−45	−42	−42	−40	−40	−40

（3）生产厂家　衢州恒顺化工有限公司。

3.6.30　5-CST（A）季戊四醇酯

（1）性状　无毒、无异味，生物降解性好，对环境无影响。化学结构稳定，具有良好的热稳定性和润滑性能。主要用作低温润滑油的基础油。

（2）技术参数 5-CST（A）季戊四醇酯的企业标准见表 3-72。

表 3-72 5-CST（A）季戊四醇酯的企业标准（Q/QHS 022—2015）

项目		质量指标
色泽（碘号）	≤	10
运动黏度/（mm²/s）		
100℃		5.0±0.1
−40℃	<	8500
倾点/℃	<	−56
闪点/℃	>	248
酸值/（mgKOH/g）	<	0.05
羟值/（mgKOH/g）	<	5.0
碘值/（gI₂/100g）	<	0.4
水分/%		0.03
水溶性酸或碱		无
低温稳定性（−54℃，3h 后−40℃黏度变化率）/%	<	4

（3）生产厂家 衢州恒顺化工有限公司。

3.6.31 航空基础油

（1）性状 无毒、无异味，生物降解性好，对环境无影响。化学结构稳定，具有良好的热稳定性和润滑性能。主要用作航空润滑油的基础油。

（2）技术参数 航空基础油的企业标准见表 3-73。

表 3-73 航空基础油的企业标准（Q/QHS 012—2015）

项目		质量指标
色泽（碘号）	≤	10
运动黏度/mm²/s		
100℃		5.0±0.1
−40℃	<	8500
倾点/℃	<	−56
闪点/℃	>	248
酸值/（mgKOH/g）	<	0.05
羟值/（mgKOH/g）	<	5.0
碘值/（gI₂/100g）	<	0.5
水分/%	<	0.03
水溶性酸或碱		无
低温稳定性（−54℃，3h 后−40℃黏度变化率）/%	<	6

（3）生产厂家　衢州恒顺化工有限公司。

3.6.32　优米合成酯类基础油

（1）性状　清澈透明液体。属于 API 分类中的第Ⅴ类基础油。按化学组成不同，包括三羟甲基丙烷酯、季戊四醇酯、聚多元醇酯等产品。内燃机油专用基础油是一种高品质、高闪点、低倾点、抗结焦、抗积炭、环境友好的特种酯。对添加剂有较高的溶解能力，能改善内燃机油的低温性、黏温性能和清净分散性能，使油品在高温润滑过程中与金属表面有更高亲和力，并具有减摩作用，提高内燃机油的使用寿命，可生产各种全合成或半合成的内燃机油。R134A 型冷冻机油基础油为多元醇饱和脂肪酸酯，属于 POE（多元醇酯）类基础油。具有优异的水解稳定性、溶解性和较强的极性，以及良好的润滑性能和低挥发性。作为单一基础油或与其他合成基础油共同使用，可生产以 R22、R134A、R410A、R407C 为制冷剂的环保型冷冻机油。R32 型冷冻机油基础油为聚酯类基础油。具有水解稳定性优异、润滑性和抗摩性良好、与冷媒相容性好、可生物降解等特点。以单一基础油或与其他合成基础油共同使用，可生产 R32 新型环保冷冻机油，也广泛应用于全合成的冷冻机油。空气压缩机油基础油是一种高闪点、低倾点、抗结焦、抗积炭、环境友好的特种酯。以单一基础油或与其他合成材料复合，可生产各种环保型全合成或部分合成的压缩机油。抗燃液压油基础油是一种由优质的油酸合成的多元醇酯。具有高低温性能优异、闪点高和燃点高、可生物降解等特点。以单一基础油或与其他合成基础油共同使用，可生产抗燃液压油、金属加工油等。工业齿轮油基础油是混合脂肪酸合成的多元醇酯。具有优良的黏温特性，以及良好的润滑性能和低挥发性。高温链条油基础油是一种高润滑、高闪点、抗结焦、抗积炭、环境友好的特种酯类基础油。通过单独调配或与其他合成类基础油复配使用，可生产各种环保型全合成的高温链条油。变压器油基础油是一种由优质的饱和脂肪酸合成的季戊四醇酯，具有优异的润滑性能、低热膨胀系数、高击穿强度、阻燃性和热氧化安定性。以单一基础油或与其他基础油共同使用，可生产高达 238kV 的电力变压器油，以及用于牵引变压器、整流变压器、杆上变压器、带分接开关变压器的油品。

（2）技术参数　内燃机油专用基础油的典型数据见表 3-74，R134A 型冷冻机油基础油的典型数据见表 3-75，R32 型冷冻机油基础油的典型数据见表 3-76，空气压缩机油基础油的典型数据见表 3-77，抗燃液压油基础油的典型数据见表3-78，工业齿轮油基础油的典型数据见表 3-79，高温链条油基础油的典型数据见表 3-80，变压器油基础油的典型数据见表 3-81。

表3-74 内燃机油专用基础油典型数据

项目	TRS-0810	TRS-0812	TRS-6810	TRPE-4030	TRS-N100	TRS-N200
外观	澄清透明					
色度（Pt-Co）/号 ≤	100	150	300	500	600	600
密度（20℃）/（kg/m³）	930~950	930~950	960~980	960~980	950~970	950~970
运动黏度/（mm²/s） 40℃ 100℃	18~21 4.1~4.5	20~23 4.5~5.0	25~29 5~7	≥30 ≥6	95~110 12~15	203 18.8
黏度指数 ≥	135	135	110	140	118	104
低温动力黏度（−30℃）/mPa·s	1400	1610	3670	—	—	—
倾点/℃ ≤	−50	−35	−30	−20	−25	−30
闪点（开口）/℃ ≥	240	240	245	250	260	290
蒸发损失/%	3.7	4.2	3.5	—	—	—
酸值/（mgKOH/g）≤	0.1	0.1	0.1	0.1	0.1	0.1
羟值/（mgKOH/g）≤	2	2	5	5	—	—
碘值/（gI₂/100g）≤	1	2	2	2	—	—
水分/% ≤	0.1	0.1	0.1	0.1	0.1	0.1

表3-75 R134A型冷冻机油基础油典型数据

项目	TRL-32	TRL-1068	TRQY-28
外观	澄清透明	澄清透明	澄清透明
色度（Pt-Co）/号 ≤	60	60	60
密度（20℃）/（kg/m³）	960~980	960~980	960~980
运动黏度/（mm²/s） 40℃ 100℃	30~38 5~7	62~74 7~9	120~140 12~14
黏度指数 ≥	85	90	95
倾点/℃ ≤	−50	−30	−25
闪点（开口）/℃ ≥	240	250	280
酸值/（mgKOH/g）≤	0.05	0.05	0.05
羟值/（mgKOH/g）≤	2	2	2
碘值/（gI₂/100g）≤	0.03	0.03	0.03
冷媒相容性分离温度（R134A，10%）/℃	−22	−21	−8

表 3-76　R32 型冷冻机油基础油典型数据

项目		R32-6015	R32-6022	R32-6032	R32-6046	R32-6068
外观		澄清透明	澄清透明	澄清透明	澄清透明	澄清透明
色度（Pt-Co）/号	≤	60	60	60	60	60
密度（20℃）/（kg/m³）		990～1010	990～1010	990～1010	990～1010	990～1010
运动黏度（mm²/s） 40℃ 100℃		14～16 3～4	19～24 4～5	28～36 5～7	42～50 6～8	62～74 8～11
黏度指数	≥	110	110	110	110	110
倾点/℃	≤	−50	−50	−45	−45	−40
闪点（开口）/℃	≥	180	180	200	210	210
酸值/（mgKOH/g）	≤	0.03	0.03	0.03	0.03	0.03
水分/%	≤	0.03	0.03	0.03	0.03	0.03
冷媒相容性分离温度（R32，10%）/℃		−50	−50	−50	−30	−20

表 3-77　空气压缩机油基础油典型数据

项目		TRS-0810	TRS-0812	TRS-6810	TRPE-4030	TRQY-28
外观		澄清透明	澄清透明	澄清透明	澄清透明	澄清透明
色度（Pt-Co）/号	≤	100	150	300	500	60
密度（20℃）/（kg/m³）		930～950	930～950	960～980	960～980	960～980
运动黏度/（mm²/s） 40℃ 100℃		18～21 4.1～4.5	20～23 4.5～5.0	25～29 5～7	≥30 ≥6	120～140 12～14
黏度指数		≥135	≥135	≥110	≥140	≥95
低温动力黏度（−30℃）/mPa·s		1400	1610	3670	—	—
倾点/℃	≤	−50	−35	−30	−20	−25
闪点（开口）/℃	≥	240	240	245	250	280
蒸发损失/%		3.7	4.2	3.5	—	—
酸值/（mgKOH/g）	≤	0.1	0.1	0.1	0.5	0.5
羟值/（mgKOH/g）	≤	2	2	5	5	2
碘值/（gI₂/100g）	≤	1	2	2	2	1
水分/%	≤	0.1	0.1	0.1	0.1	0.1

表3-78 抗燃液压油基础油典型数据

项目		TRS-0018	TRS-0068
外观		澄清透明	澄清透明
色度（Pt-Co）/号	≤	200	200
密度（20℃）/（kg/m³）		910~930	910~930
运动黏度/（mm²/s） 40℃ 100℃		42~50 8~10	62~74 11~14
黏度指数	≥	180	180
倾点/℃	≤	−35	−30
闪点（开口）/℃	≥	300	300
酸值/（mgKOH/g）	≤	0.5	0.5
羟值/（mgKOH/g）	≤	15	15
旋转氧弹（150℃）/min	≥	60	60
破乳化性（54℃）/min	≤	30	30
碘值/（gI₂/100g）		75~95	75~95
水分/%	≤	0.1	0.1

表3-79 工业齿轮油基础油典型数据

项目		TRS-N100	TRS-N200
运动黏度/（mm²/s） 40℃ 100℃		95~110 12~15	190~210 17~21
黏度指数	≥	118	104
倾点/℃	≤	−25	−30
闪点/℃	≥	260	290
酸值/（mgKOH/g）	≤	0.1	0.1
水分/%	≤	0.1	0.1
色度（Pt-Co）/号	≤	500	600

表3-80 高温链条油基础油典型数据

项目		TRS-H220	TRS-H320	TRS-H460	TRS-H1200
运动黏度/（mm²/s） 40℃ 100℃		198~242 15~21	288~352 23~27	420~500 28~32	1100~1300 50~58
黏度指数	≥	96	95	95	90
倾点/℃	≤	−25	−25	−25	−5

项目		TRS-H220	TRS-H320	TRS-H460	TRS-H1200
闪点/℃	≥	310	300	300	300
酸值/（mgKOH/g）	≤	0.5	0.5	0.5	0.5
水分/%	≤	0.1	0.1	0.1	0.1
色度（Pt-Co）/号	≤	500	500	600	800
铜片腐蚀/级	≤	1b	1b	1b	1b
热分解温度（空气，10K/min，RT-700）/℃		320	320	320	320

表3-81　变压器油基础油典型数据

项目		TRQY-7030
外观		澄清透明
色度（Pt-Co）/号	≤	60
密度（20℃）/（kg/m^3）		950～970
运动黏度/（mm^2/s）		
40℃		25～35
100℃		5～7
黏度指数	≥	110
倾点/℃	≤	0.03
闪点（开口）/℃	≥	250
燃点/℃	≥	300
酸值/（mgKOH/g）	≤	0.03
羟值/（mgKOH/g）	≤	0.03
碘值/（gI$_2$/100g）	≤	1
水分/%	≤	200
击穿电压/kV	≥	45
介电损耗因子（90℃，50Hz）	≤	0.03
直流体积电阻率（90℃）/Ω·cm	≥	2×10^9

（3）生产厂家　杭州优米化工有限公司。

3.7　聚醚基础油

聚醚又称亚烷基聚醚，或称为聚乙二醇醚。聚醚基础油是分子中含有醚键（—R—O—R—）和羟基（—OH）的低聚物。这种结构使其具有独特的润滑、分散、乳化等性能。聚醚作为润滑材料，可利用起始剂的不同及聚合度的不同，灵活地调整聚醚产品性能，以满足各种不同的使用要求。聚醚基础油的使用范围很广，是目前销售量最大的一种合成油。

3.7.1 聚醚种类

聚醚是以含有羟基或其他活性氢原子的丁醇、乙二醇、丙二醇、甘油、三羟甲基丙烷、季戊四醇等为起始剂，接枝环氧乙烷（EO）、环氧丙烷（PO）、环氧丁烷（BO）或四氢呋喃（THF）等环氧烷单体，在催化剂作用下开环均聚或共聚，而制得的一种线型聚合物。其结构通式为：

$$R^1-O+(CHCH_2O)-(CH_2CH)_x-O+_n R^4$$
$$\quad\quad\quad\quad | \quad\quad\quad\quad\quad |$$
$$\quad\quad\quad\quad R^2 \quad\quad\quad\quad R^3$$

式中，n 为 2～500。

当式中 x=1 时，$R^2=R^3=H$，称为环氧乙烷均聚醚；$R^2=R^3=CH_3$，称为环氧丙烷均聚醚；$R^2=CH_3$，$R^3=H$，称为环氧丙烷-环氧乙烷共聚醚；$R^2=CH_3$，$R^3=C_2H_5$，称为环氧丙烷-环氧丁烷共聚醚。

当式中 x=2 时，$R^2=CH_3$，$R^3=H$，称为环氧丙烷-四氢呋喃共聚醚；$R^1=H$，$R^4=$烷基，称为单烷基醚；$R^1=R^4=$烷基，称为双烷基醚；$R^1=R^2=R^3=R^4=H$，称为聚乙二醇；$R^1=R^4=H$，$R^2=R^3=CH_3$，称为聚丙二醇。

聚醚分子中可变因素很多，如单体环氧烷链的长度、主链中环氧烷的类型与比例、分子量的大小、官能团分布、端基的类型和浓度等。

环氧单体在分子中是无规排列还是嵌段共聚，对聚醚的性能也有很大影响。无规聚醚是环氧乙烷（EO）和环氧丙烷（PO）在分子链上无规排列，两种单体在主链上呈随机分布，没有一种单体能在分子链上形成单独的较长链段。嵌段聚醚是环氧乙烷（EO）和环氧丙烷（PO）分别形成均聚长链段，并在主链上间隔排列的聚醚。

无规聚醚：

线型单羟基聚醚

线型双羟基聚醚

支链型三羟基聚醚

嵌段聚醚：

线型双羟基聚醚

HO—●—●—●—●—●—●—▲—▲—▲—▲—▲—▲—▲—▲—▲—▲—●—●—●—●—●—OH

在环氧乙烷（EO）和环氧丙烷（PO）的无规共聚物中，聚氧乙烯链段可使产物具有水溶性，而聚氧丙烯链段则使产物在常温下能保持液态。聚醚的性能会随着在分子中引入 PO 和 EO 而产生变化。EO 含量高，亲水性强；PO 含量高，亲油性强。聚乙二醇（PEG）完全水溶，有吸湿性，易结晶，凝点高。聚丙二醇（PPG）不溶于水，几乎没有吸湿性，不结晶，凝点低。EO/PO 无规聚醚（PAG），水溶性和凝点取决于 EO/PO 比例。作为基础油或添加剂，PPG 和 PAG 被广泛用于润滑产品中，应用范围包括刹车油、淬火剂、脱模剂、消泡剂以及用于织物、压缩机和橡胶加工诸方面的润滑剂等。

嵌段聚醚广泛地应用到增溶、萃取、生化分离、药物缓释、组织工程、介孔材料以及医药和化妆品等方面，主要有表面活性剂复配、嵌段聚醚的功能化、生化分离、界面吸附这几个应用领域。

通过改变链起始剂，可以制得不同结构的聚醚。当用一元醇作为起始剂时，得到一元醇聚醚，部分一元醇聚醚可用作高速纺化油剂主要组分，如丁醇聚醚、$C_8 \sim C_{18}$ 醇聚醚、$C_{11} \sim C_{13}$ 异构聚醚等。一元醇起始的聚醚分子量一般不超过2000。当用二元醇作起始剂时，得到二元醇聚醚。嵌段结构的二元醇聚醚是一种高分子表面活性剂，常用作乳化剂、洗涤剂、破乳剂等。由多元醇或多元胺作起始剂的聚醚，可用于洗涤剂、破乳剂聚氨酯的合成等。

EO/PO 嵌段聚醚（表面活性剂）的水溶性取决于 EO/PO 比例。按溶解性不同，聚醚又可分为水溶性聚醚、水不溶性聚醚和油溶性聚醚三类。聚醚的水溶性，是由于分子中引入了环氧乙烷的原因。环氧乙烷的比率越大，产品就越像聚乙二醇。聚醚的油溶性，是由于分子中引入了疏水的长烷链环氧烷或长烷链的端基取代基，且其所占的比率越大，产品就越像烃类油。在三类聚醚中，每一类聚醚都能制得 40℃黏度为 $8 \sim 195000 mm^2/s$ 的产品。

3.7.2 聚醚合成油特性

（1）黏温特性　聚醚的突出特点是随着聚醚分子量的增加，其黏度和黏度指数相应增加。聚醚的黏度指数比矿物油大得多，约为 170～245。聚醚与矿物油相比，黏度范围大，黏度指数高，黏度随温度变化小。黏度的大小与聚醚的分子量和结构有关。随着分子量的增加，黏度也增大。在平均分子量相同时，端基为羟基的聚醚比端基为醚基的黏度要大。具有相同黏度的不同类的聚醚油的黏度指数按下列顺序递减：双醚型、单醚型、双醇型、三醇型。但是，其黏度指数的差别往往随着黏度增加而减小。环氧乙烷与环氧丙烷无规共聚物的黏度指数，要比纯环氧丙烷聚合物的高。表 3-82 列出了几类聚醚的黏度、黏度指数及倾点。

表 3-82　不同聚醚的黏温特性和倾点

聚醚	运动黏度/（mm²/s）		黏度指数	倾点/℃
	40℃	100℃		
$HO{\tt-}(CH_2CH_2O)_n{\tt-}H$	23.3	4.2	75	−6
	44.5	7.2	124	6
$HO{\tt-}(CH_2CHO)_n{\tt-}H$（$CH_3$支链）	31.7	4.8	48	−45
	84.7	13.4	160	−38
	149	23.3	187	−35
$C_4H_9O{\tt-}[(CH_2CH_2O){\tt-}(CH_2CHO)]_n{\tt-}H$（$CH_3$支链）	8.3	2.4	97	−65
	19.1	4.6	165	−51
	52.0	11.1	212	−40
	132	25.6	230	−34
$RO{\tt-}(CH_2CHO)_n{\tt-}R'$（$CH_3$支链）	11.0	3.2	164	<−54
	19.6	5.2	218	<−54
$C_4H_9O{\tt-}[(CH_2CH_2O){\tt-}(CH_2CHO)]_n{\tt-}CC_{11}H_{23}$（$CH_3$支链，$O$）	23.2	5.9	221	−45
$C_4H_9O{\tt-}(CH_2CHO)_n{\tt-}CC_6H_{13}$（$CH_3$支链，$O$）	15.3	4.2	188	−60
	22.4	5.6	208	−54
$C_4H_9O{\tt-}(CH_2CHO)_n{\tt-}CC_{11}H_{23}$（$CH_3$支链，$O$）	12.9	3.7	188	−48
	44.3	10.2	228	−54
$C_4H_9O{\tt-}(CH_2CHO)_n{\tt-}CC_{15}H_{31}$（$CH_3$支链，$O$）	25.8	6.2	207	−9
$i{\tt-}C_4H_9O{\tt-}(CH_2CHO)_n{\tt-}CC_{10}H_{21}{\tt-}i$（$CH_3$支链，$O$）	42.5	8.7	190	−48
$i{\tt-}C_{10}H_{21}O{\tt-}(CH_2CHO)_n{\tt-}CC_{10}H_{21}{\tt-}i$（$CH_3$支链，$O$）	40.6	8.2	181	−45
	41.1	8.5	191	−48
$i{\tt-}C_{10}H_{21}O{\tt-}(CH_2CHO)_n{\tt-}CC_{13}H_{27}{\tt-}i$（$CH_3$支链，$O$）	45.0	8.6	173	−39
$C_6H_{13}CO{\tt-}(CH_2CHO)_n{\tt-}CC_6H_{13}$（$O$，$CH_3$支链，$O$）	9.2	2.7	136	−60
	15.0	3.9	161	−55
	42.0	8.9	197	−37
	108	19.8	206	−38
$C_{11}H_{23}CO{\tt-}(CH_2CHO)_n{\tt-}CC_{11}H_{23}$（$O$，$CH_3$支链，$O$）	14.0	3.7	155	−12
	23.5	5.5	184	−27
	65.8	12.7	197	−45
$C_{17}H_{35}CO{\tt-}(CH_2CHO)_n{\tt-}CC_{17}H_{35}$（$O$，$CH_3$支链，$O$）	43.2	9.1	194	−1
	82.7	15.5	200	−14
	191	30.6	210	−16

聚醚	运动黏度/（mm²/s）		黏度指数	倾点/℃
	40℃	100℃		
$i\text{-}C_7H_{15}CO\text{-}(CH_2CHO)_n\text{-}CC_7H_{15}\text{-}i$ 其中 O、CH_3、O	14.4	3.4	103	−45
$i\text{-}C_9H_{19}CO\text{-}(CH_2CHO)_n\text{-}CC_9H_{19}\text{-}i$ 其中 O、CH_3、O	17.4	3.8	115	−51

从表 3-82 可以看出：①聚醚一般具有较低的倾点，低温流动性较好。聚醚的倾点由分子中末端的羟基浓度、烷链的性质及聚合度决定。对同一烷链的聚醚来说，其倾点按双醚型、单醚型、双醇型及三醇型顺序递增。②低分子量（平均分子量在 500 以下）的聚烷氧基二醇外观为液体，随分子量提高而呈膏状或蜡状物。聚异丙二醇则由于甲基侧链的引入，而降低了液体的倾点。③聚烷氧基单醚的黏度指数比聚烷氧基二醇的高，倾点比聚烷氧基二醇的低。这是羟基被取代后氢键缔合减弱的缘故。④聚烷氧基双醚的黏度指数高，倾点低。⑤聚烷氧基醚酯同聚烷氧基双醚一样，黏度指数高，倾点低。当分子中环氧丙烷的比例增大时，黏度指数和倾点均有些下降。烷氧基主链增长时，黏度指数可升高到最大值，而倾点变化不大。羧基链增长时，对黏度指数的影响不大，但对倾点的影响却较为强烈。醚基末端基对性能的影响微弱，当烃链足够长时，聚异丙二醇醚酯可溶于烃。⑥聚烷氧基双酯的黏度指数随烷氧基主链的增长而增大，引入支链，黏度指数稍有下降，倾点随烷氧基主链的长度和羧基链长度的变化而变化。

（2）**黏压系数** 润滑油的黏度随压力的增加而增大，在压力≤20MPa 时，压力的升高只使黏度略有上升，所以一般润滑场合可以不考虑压力对黏度的影响。在弹性流体动力润滑时，油压可能达到 1000MPa，甚至更高，此时黏度增大的影响不应再忽略。黏压系数表示黏度与压力对数曲线的斜率。聚醚的黏压特性决定于其化学结构和分子链的长短，其黏压系数通常低于同黏度矿物油的黏压系数。

聚醚的黏度对压力的依赖性比相同黏度的矿物油要小得多。聚醚的黏压系数，随支链烷氧基单体比例的增加而升高；环氧丁烷均聚体的黏压系数要比环氧丙烷均聚体高。在大多数情况下，起始剂对黏压系数不产生影响。

（3）**润滑性** 聚醚具有较低的摩擦系数和较强的抗剪切能力，在几乎所有润滑状态下都能形成非常稳定的具有强吸附力和高承载能力的润滑膜。聚醚的润滑性优于矿物油、聚 α-烯烃和双酯，但不如多元醇酯和磷酸酯。即使在无添加极压抗磨剂的条件下，聚醚仍然可以达到很高的 FZG 等级。其抗微点蚀能力远远优于其他基础油，可有效减少或避免因表面疲劳而在摩擦面上形成的微点蚀。聚醚的润滑性能主要由黏度决定，随着黏度的增加，其润滑性能提高。聚醚分子的结构对润滑性的影响，不如对黏度、倾点和水溶性的影响大。聚醚特别适合于钢-青铜摩擦副的润滑。

（4）**热氧化安定性**　与矿物油和其他合成油相比，聚醚的热氧化安定性并不优越。在高温（如温度达 220℃）有氧的条件下，聚醚分子容易断链，生成低分子的羰基和羧基化合物。但是，高温下使用所生成的氧化物完全溶解在所剩的液体中，或者完全挥发掉，设备中不留沉积物。因此，聚醚在高温下不会生成沉积物和胶状物质，黏度逐渐降低而不会升高。聚醚对抗氧剂有良好的感受性，加入阻化酚类、芳胺类抗氧剂后，可提高聚醚分解温度到 240～250℃。表 3-83 列出了不同聚醚在高温下的结焦性能。

表 3-83　不同聚醚在高温下的结焦性能

聚醚类型	运动黏度（37.8℃）/（mm²/s）	倾点/℃	闪点/℃	自燃点/℃	蒸发损失（204℃，6.5h）/%	板式结焦（4h）/mg	
						315℃	371℃
聚丙二醇单醚	87.50	-43	268	388	94.3	11	10
聚丙二醇双醚	55.50	-51	224	410	11.0	52	353
聚乙二醇（分子量 400）	44.65	17	249	410	9.1	52	586
聚丙二醇（分子量 750）	55.80	-51	260	398	8.5	99	640

（5）**水溶性和油溶性**　调整聚醚分子中环氧烷的比例，可得到不同溶解度的聚醚。环氧乙烷的比例越高，聚醚在水中的溶解度就越大。随分子量降低和末端羟基比例的升高，其水溶性增强。环氧乙烷、环氧丙烷共聚醚的水溶性随温度的升高而降低，此性能称为逆溶性。即其水溶液温度升高至某一点时，出现相分界，形成油、水两相；溶液温度降低至某一点时，相界面消失，油相又再溶于水相中，形成均一的聚醚水溶液。图 3-13 表示聚醚的结构与水溶液的浊点关系。利用这一特性，聚醚水溶液可作为良好的淬火液和金属切削液。

为了克服聚醚与矿物油的溶解性问题，使用更高碳数的环氧烷如环氧丁烷及其衍生物作为分子主链，形成新型油溶性聚醚。其 40℃运动黏度涵盖 18～680mm²/s。

加氢技术生产的Ⅱ类和Ⅲ类基础油，具有高度非极性的特点，使得更难于加入极性添加剂。由于油溶性聚醚为极性且能与Ⅱ类、Ⅲ类基础油完全混溶，因此油溶性聚醚可以与Ⅱ类、Ⅲ类基础油混合使用，以提高润滑油的整体溶解能力。

（6）**与烃类气体的溶解性**　聚醚对烃类气体的溶解性很低。因而，在化工企业用于压缩输送烃类气体的压缩机上，聚醚得到广泛应用。

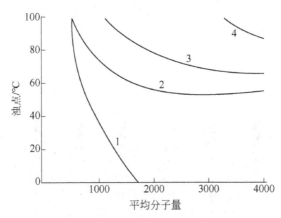

图 3-13 聚醚的结构与水溶液的浊点关系

1—聚异丙二醇；2—环氧乙烷-环氧丙烷无规共聚单醚；3—环氧乙烷-环氧丙烷（各50%）无规共聚二醇；
4—环氧乙烷-环氧丙烷（环氧乙烷75%）无规共聚二醇

（7）与高分子材料的适应性 聚醚除了使醇酸油漆变软外，对酚型或环氧型油漆有较好的适应性。聚醚对不同材质橡胶的影响有较大的差异。对氯丁橡胶的膨胀率影响最大（硬度下降也最大），其次是丁苯橡胶和天然橡胶，硅橡胶和丁腈橡胶居中，而对异丁烯-异戊间二烯橡胶的膨胀率最小。表3-84列出了不同结构的聚醚对天然橡胶性能的影响，试件为制动器皮碗。对天然橡胶膨胀的影响，是随聚醚黏度（分子量）的增大而降低。

表3-84 各种聚醚对天然橡胶的影响（120h，70℃）

聚醚类型	运动黏度（38.8℃）/(mm²/s)	皮碗变化/%	
		平均直径	平均体积
聚乙二醇	36.0	−0.10	—
聚丙二醇	35.2	2.04	5.23
	93.1	1.35	3.15
	164.0	0.25	1.78
环氧乙烷-环氧丙烷共聚单醚	36.5	1.35	4.82
	56.2	0.24	1.86
	143.0	−0.41	−1.06
聚丙二醇单醚	29.8	5.74	19.30
	61.7	2.01	8.44
	141.0	0.73	2.76

（8）聚醚油的缺点 聚醚油一般不溶于矿物油、酯类油和合成烃，对添加剂的溶解度和感受性也一般。此外，聚醚能溶解多种橡胶和涂料，仅与环氧树脂、聚脲基涂料和氟橡胶、聚四氟乙烯等密封材料相容。

3.7.3 聚醚合成油生产工艺

聚醚是在催化剂的存在下，由链起始剂与环氧化物反应而成的。最常用的催化剂为碱性催化剂，主要有氢氧化钾、氢氧化钠和叔胺等。合成聚醚的化学反应式为：

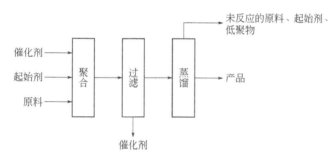

式中，$Y(OH)_x$为链起始剂；x为活性羟基数。

通常先将起始剂和催化剂进行预混合，生成金属烃氧化物。开环聚合反应为放热反应，必须及时移走反应热。为防止氧化反应发生，反应前必须通入干燥氮气。后处理工序主要包括中和、吸附、脱水、过滤、精馏等过程。聚醚的生产工艺流程见图3-14。

图 3-14 聚醚生产工艺流程

3.7.4 聚醚合成油应用

（1）**高温润滑油** 由于具有良好的黏温性能和在高温下不结焦的特性，聚醚可以作为玻璃、塑料、纺织、印染、陶瓷、冶金等行业中的高温齿轮、链条和轴承的润滑材料，如用于玻璃成型轧辊的轴承润滑，纺织品热定型机齿轮链条，以及塑料压延机、自动热封机以及热空气循环鼓风机等的润滑。

（2）**齿轮润滑油** 聚醚中加入一些抗磨剂或极压添加剂后，是一种理想的齿轮润滑剂。用于大、中功率传动的蜗轮蜗杆副、闭式齿轮和汽车减速齿轮上，可以降低齿轮磨损，延长换油期和检修期。如球磨机、粉碎机、碾压机和采矿设备的各种正齿轮、伞齿轮和蜗轮蜗杆装置，尤其是要求延长润滑寿命的超负荷蜗轮蜗杆和闭式齿轮。

（3）**金属加工液** 聚醚比其他水溶性油剂具有更好的冷却性、稳定性、抗菌性，且使用寿命长，是许多金属加工液的重要组成部分。由于聚醚的水溶性和油溶性以及逆溶性，在金属加工液中主要用作切削液和淬火液。

在一定的温度范围内，含聚醚的金属加工液的所有组分完全溶于水。当液体被带入切削区或成型区的热表面时，液体温度很快高于聚醚的浊点，聚合物从溶液中析出，形成浸润金属表面的微小液滴。当用作切削液时，其冷却性、润滑性、渗透力好，无沉淀和起泡倾向，对大部金属不腐蚀，较少受水质与水硬度的影响。

聚醚在金属加工行业的另一重要用途是作淬火液。新型淬火液一般是由高分子聚醚、低分子醇（如乙二醇）和水三部分组成。聚醚水溶液具有许多淬火液所要求的优良的特性。①无闪点。当烧热的金属工件放入时，不会像油质淬火液因闪点过低易着火，可确保安全生产。②逆溶性。当炽热的金属零件在聚醚水溶液中冷却时，溶液温度剧烈上升，超过逆溶点，聚醚立即从水中析出，在工件表面形成一层连续均匀的薄膜，防止单一用水淬火时气囊的形成，避免大量沸腾气泡对工件的冲击，从而减少了工件的变形。③冷却性。工件表面形成的膜具有导热性，热导率与膜的厚度有关。膜越薄，工件的冷却速度就越大；相反，膜越厚，工件的冷却速度就越小。膜的厚薄程度与聚醚水溶液的逆溶性有关。改变聚醚分子中环氧乙烷的含量或聚醚水溶液的浓度都可控制膜的厚度，这一特性非常重要。在实践中根据加工零件的材质、形状和大小选择合适的聚醚结构，配成适当浓度的淬火液，就可得到恰到好处的冷却速度。随着聚醚浓度的增大，冷却速度更接近油，甚至比油的冷却速度更慢，而当浓度降低时，其冷却速度与水接近。

（4）润滑脂基础油　聚醚可用作润滑脂基础油，主要用于生产制动器和离合器用脂，耐烃溶剂用脂，大于 300℃高温下固定用螺栓、链条用高温摩擦件用脂以及仪器机械用脂等。其中在汽车制动器和离合器中使用时，其主要优点是与其中的橡胶件与制动液有良好的相容性和优良的抗氧性。聚醚润滑脂，通常含有石墨和二硫化钼，美军 MIL-G-17745 规格要求将胶体石墨分散在不溶于水的聚醚中。该规格分 A（轻）B 和（重）两个等级。A 级工作温度−29～426℃，在高温下聚醚裂解为挥发性产物，而不像常用矿物油润滑剂那样树脂化，聚醚挥发后留下的石墨残余膜供部件润滑用。B 级则更需要具备更好的润滑性能。由于聚醚基润滑脂无毒，所以也成功地应用在食品工业中。

（5）热定型机油　印染和塑料工业中使用的热定型机和拉伸拉幅机的链条与导轨，在高温、高速下产生滑动摩擦，要求润滑油具有良好的高温氧化安定性，以及结焦少、润滑性好等性能。聚醚具有在热氧化条件下发生分解反应裂解成小分子物质的性能，使定型机链条及轨道积炭极少，且清焦容易。

（6）压缩机油、冷冻机油和真空泵油　聚醚具有良好的黏温性能、低温流动性、氧化稳定性和润滑性，对烃类气体和氢的溶解度小，和氟利昂气体有好的相容性。因此，聚醚很适合作氢气、乙烯和天然气的压缩机油以及冷冻机油和真空泵油。聚醚型的合成压缩机油具备压缩机油所要求的良好性能，如黏度性能好，本身不结焦，能保持机内清洁，无毒。

在大型高压乙烯生产装置中，需要将乙烯、醋酸乙烯混合原料气体通过超高压压缩机输送到反应器中，此类压缩机的吸气压力为 26MPa，出口压力为 300MPa。压缩机油是在柱塞与密封件之间起润滑和密封作用，而且压缩机是长期工作，工况条件十分苛刻。采用矿物油时，高压乙烯气体会很容易将压缩机油稀释，造成润滑不良、压力下降，以至引起密封件磨损、气体泄漏而造成停工停产，而采用聚醚型压缩机油就可以解决上述问题。

聚醚广泛应用于制冷剂为丙烷的螺杆式压缩机。使用经验表明，聚醚油的容积效率比矿物油高出 18%，压力比为 2～10 时绝热效率提高 5%～8%，密封寿命延长 10 倍以上。此外，聚醚还特别适用于石油化工等行业以丙烷为制冷剂的大型螺杆式压缩机的润滑。

（7）**抗燃液压液**　钢铁铸造、矿山等领域广泛使用抗燃液压液，其中水-乙二醇液是目前使用量最大的一类。水-乙二醇抗燃液压液的基础液由水（35%～45%）、乙二醇（40%～50%）、聚醚（10%～15%）三部分组成，分别起着抗燃、防冻和增黏的作用。

分子量为 20000～40000 的聚醚的剪切安定性最好，剪切后的黏度下降率只有 1.6%～2.7%，而其他化合物均＞88%。用作增黏剂的水溶性聚醚通常是环氧乙烷-环氧丙烷的共聚物。按所用的起始剂不同，该增黏剂有季戊四醇聚醚、三羟甲基丙烷聚醚、甘油型聚醚、多胺型聚醚（包括三乙醇胺、乙二胺、多亚乙基多胺等）等类型。

（8）**制动液**　以聚醚为主要原料的合成制动液，具备沸点较高，蒸气压较低，黏温性能优良，橡胶适应性、润湿性能和稳定性能良好等特点。

3.7.5　威尔水溶性聚醚类产品

（1）**性状**　全合成压缩机基础油是针对与碳氢液体或气体特点，通过控制聚合度，引入不同官能团而设计的高极性产品。能够明显减低甲烷、乙烷、丙烷、乙烯和丙烯等烃类气体的溶解倾向，减少黏度损失。可提高抗磨损保护性和润滑性，改善活塞环与填料的润滑，满足长寿命要求。合成齿轮油用基础油为特制结构的水溶性聚醚。具有优异的负荷承载能力和极压减磨性能。抗微点蚀，可有效延长油品和齿轮箱的使用寿命。导热性能良好，利于快速散热。热氧化安定性优良，能大幅延长润滑油使用寿命，延长维护周期。在含水的情况下，依然保持良好的润滑性和承载性。同时具有生物可降解性和可再生性，满足偶然与食品接触行业应用需要。

（2）**技术参数**　威尔水溶性聚醚类产品的典型数据见表 3-85。

表 3-85　威尔水溶性聚醚类产品典型数据

产品		运动黏度/（mm²/s）		黏度指数	闪点（开口）/℃	倾点/℃	酸值/（mgKOH/g）
		40℃	100℃				
全合成压缩机基础油	SDM-46W	46	10.5	190	200	−45	≤0.05
	SDM-02C	68	13	200	220	−40	≤0.05
	SDM-03C	100	18.5	200	220	−40	≤0.05
	SDM-150W	150	29	210	220	−40	≤0.05
	SDM-05C	220	43.5	235	230	−38	≤0.05
	SDD-05D	270	47	230	245	−20	≤0.05
	SDD-06D	320	58	240	240	−36	≤0.05
合成齿轮油用基础油	SDD-07D	460	80	250	240	−36	≤0.05
	SDD-08D	1000	180	280	240	−33	≤0.05
	SDM-1000W	1050	200	290	230	−38	≤0.05

（3）生产厂家　南京威尔药业集团股份有限公司。

3.7.6　威尔水不溶聚醚类产品

（1）性状　全合成压缩机基础油外观为无色纯净均聚物。具有摩擦系数低、橡胶兼容性良好等特点。其黏-温性能优良。在−50℃条件下可保持一定的流动性，在操作温度达 90～120℃的热压缩机中，仍保证稳定的黏度。散热速度快，可降低操作温度。溶解能力好，可清洁阀门及油路系统生成的油泥，保证压缩机运行安全。与二氧化碳、氮气、天然气等的溶解度非常低，与 R134A 有很好的相容性。使用寿命长，可以延长润滑油换油周期至 8000h 以上。适合于调制冷冻压缩机油、醚酯型空气压缩机油和气体压缩机油。涡轮蜗杆油基础油具有摩擦系数低、导热系数高、传热快特点。适用于作为各类涡轮蜗杆油的基础油。全合成液压油用基础油低毒性和可生物降解。其防火等级可达到 FM Grade Ⅱ 水平。适用于作为高温、高压工况条件下使用的液压油基础油。高温链条油用基础油具有独有的清洁性，不产生油泥、积炭、漆膜和烟炱。毒性低，沸点和闪点高，润滑性良好。在 200℃ 以下温度的可长期使用，最高温度可达 240℃。与抗氧剂和防锈剂复配调配的高温链条油，常应用于纺织印染行业、汽车制造行业，也可用于食品级链条传动。

（2）技术参数　威尔水不溶性聚醚类产品的典型数据见表 3-86。

表 3-86　威尔水不溶性聚醚类产品典型数据

产品		运动黏度/（mm²/s）		黏度指数	闪点/℃	倾点/℃	酸值/（mgKOH/g）
		40℃	100℃				
全合成压缩机基础油	SDM-005A	24	5.3	160	200	−55	≤0.05
	SDM-01A	32	6	160	200	−46	≤0.05
	PAG-46	46	9.6	180	210	−40	≤0.05
	SDM-56	56	12	180	210	−40	≤0.05
	SDM-02A	68	13	180	215	−45	≤0.05
	SDM-03A	100	17.5	190	220	−45	≤0.05
	SDM-035A	125	21.8	195	220	−40	≤0.05
	SDM-04A	150	26	200	220	−40	≤0.05
涡轮蜗杆油基础油	SDM-05A	220	37	210	220	−40	≤0.05
	SDM-055A	330	51	225	220	−40	≤0.05
	SDN-06A	460	75	240	230	−30	≤0.05
	SDT-07A	680	105	250	230	−30	≤0.05
	SDD-240	380	61	230	230	−33	≤0.05
	PPG-4500	700	104	245	220	−30	≤0.05
全合成液压油用基础油	SDM-01A	32	6	160	200	−46	≤0.05
	PAG-46（A）	50	9.8	188	200	−40	≤0.05
	SDM-56	56	12	180	210	−40	≤0.05
	SDM-02A	68	13	180	215	−40	≤0.05
高温链条油用基础油	SDT-05A	220	34	190	220	−30	≤0.05
	SDT-055A	330	55	220	220	−30	≤0.05
	SDN-06A	460	70	230	230	−30	≤0.05
	SDT-07A	680	105	250	230	−30	≤0.05
	SDM-150W	150	29	210	220	−40	≤0.05
	SDD-06D	320	58	240	240	−36	≤0.05
	SDD-07D	460	80	250	240	−35	≤0.05
	SDD-08D	1000	180	280	240	−31	≤0.05

（3）生产厂家　南京威尔药业集团股份有限公司。

3.7.7　ArChine Arcfluid PAG 50-A

结构式：$RO-[CH_2\overset{\underset{\displaystyle CH_3}{|}}{C}HO]_n-[CH_2CH_2O]_m-H$

（1）**性状** 无色液体。其为一种醇作为起始剂的含有相同含量的环氧丙烷基团、环氧乙烷基团（50%EO、50%PO）的聚合物，末端带有一个羟基。该系列产品在室温下可溶于水，并且有不同的分子量和黏度等级。用于生产金属加工液，齿轮、轴承润滑油，橡胶脱模润滑剂，纺织纤维润滑剂（纺纤油）等。其中 50-A-460、50-A-680、50-A-1000 可用作消泡剂。

（2）**技术参数** ArChine Arcfluid PAG 50-A 的典型数据见表3-87。

表3-87 ArChine Arcfluid PAG 50-A 典型数据

产品	黏度等级	黏度指数	运动黏度/（mm²/s）		闪点（开口）/℃	倾点/℃	相对密度（20℃/20℃）	平均分子量
			40℃	100℃				
50-A-10	—	97	8.3	2.36	124	−62	0.98	270
50-A-20	—	165	19	4.59	196	−51	1.01	520
50-A-30	32	197	33	7.45	232	−42	1.03	750
50-A-50	—	212	53	11.1	238	−40	1.03	1100
50-A-80	—	220	81	16.3	249	−41	1.04	1270
50-A-100	100	215	100	—	235	−50	—	—
50-A-150	150	230	145	28	240	−48	1.05	2000
50-A-220	220	239	217	41	240	−42	1.06	2600
50-A-460	460	254	440	70.2	249	−32	1.06	2660
50-A-680	680	269	700	117	243	−29	1.04	3380
50-A-1000	1000	281	1000	163	230	−36	1.06	4500
50-A-1500	—	—	1500	233	—	—	1.06	—

（3）**生产厂家** 西雅润滑油（上海）有限公司。

3.7.8 ArChine Arcfluid PAG 75-W

结构式：$RO{-}[CH_2CHO]_n[CH_2CH_2O]_m{-}H$ （CH_3）

（1）**性状** 无色液体。其为一种二醇作为起始剂的聚合物，含75%（质量分数）的环氧乙烷基团和25%（质量分数）的环氧丙烷基团，带有两个末端羟基。该系列产品在 75℃ 下可溶于水，且具有多种不同的分子量和黏度等级。用于生产水-乙二醇液压油、金属加工液、橡胶脱模润滑剂，以及纺织纤维润滑剂（纺纤油）。其中 75-W-18000、75-W-55000 还可以用于生产淬火液。

（2）**技术参数** ArChine Arcfluid PAG 75-W 的典型数据见表3-88。

表 3-88 ArChine Arcfluid PAG 75-W 典型数据

产品	黏度等级	黏度指数	运动黏度/(mm²/s)		闪点(开口)/℃	倾点/℃	相对密度(20℃/20℃)	平均分子量
			40℃	100℃				
75-W-60	100	184	60	19.6	240	-15	1.10	980
75-W-130	—	200	130	—	230	2	1.05	1400
75-W-270	—	207	270	41.3	250	-7	1.09	2500
75-W-2000	—	310	2000	295	—	—	1.10	—
75-W-17000	—	414	17000	2545	265	4.4	1.09	12000
75-W-18000	—	414	18000	2540	245	6	1.09	15000
75-W-55000	—	430	55000	7900	240	6	1.09	30000
75-W-70000	—	500	72000	9500	235	8	1.09	39000
75-W-77000	—	—	—	11685	239(闭口)	-16	1.10	—
75-W-100K	—	500	100000	14000	235	8	1.09	52000

（3）生产厂家 西雅润滑油（上海）有限公司。

3.7.9 ArChine Arcfluid PAG P

结构式：
$$RO-[CH_2\overset{\overset{\displaystyle CH_3}{|}}{C}HO]_n[CH_2CH_2O]_m-H$$

（1）性状 无色液体。其为一种醇作为起始剂的环氧丙烷基团的聚合物（100%PO），带有一个末端羟基。该系列产品不溶于水，具有多种不同的分子量和黏度等级。主要用于生产工业润滑剂。其中 P-120、P-220、P-320 可用作消泡剂。

（2）技术参数 ArChine Arcfluid PAG P 的典型数据见表 3-89。

表 3-89 ArChine Arcfluid PAG P 典型数据

产品	黏度等级	黏度指数	运动黏度/(mm²/s)		闪点(开口)/℃	倾点/℃	相对密度(20℃/20℃)	平均分子量
			40℃	100℃				
P-10	10	—	11	2.73	221	-57	0.96	340
P-35	32	169	33	6.7	208	-60	0.98	790
P-50	46	188	50	9.86	274	-51	0.99	1100
P-60	68	190	61	10.8	235	-40	0.99	1020
P-80	—	190	76	13.9	211	-52	0.99	1350
P-100	100	196	100	18.4	238	-34	0.98	1420
P-120	—	200	120	21.4	232	-32	0.98	1560
P-220	220	214	230	28.9	235	-29	0.93	2080
P-320	320	219	330	51.7	225	-32	1.00	2370

（3）生产厂家 西雅润滑油（上海）有限公司。

3.7.10 UCON OSP 油溶性聚亚烷基乙二醇基础油

（1）性状 具有高的黏度指数，优异的润滑性能。高闪点，低倾点，工作温度范围宽。对橡胶件相容性较好。毒性很低，残炭少，高温可以完全挥发掉，不留残余。摩擦系数低，抗氧化性优异。与Ⅰ～Ⅳ类基础油可相互混溶。可以用作空压机油、车用空调压缩机油、高压聚乙烯及石油气体压缩机油、齿轮油、蜗轮蜗杆油、制动液、抗燃液压液、淬火液、金属加工液等油品的基础油，还可用作汽车与工业润滑油配方中所使用的添加剂。

（2）技术参数 UCON OSP 油溶性聚亚烷基乙二醇基础油典型数据见表 3-90。

表 3-90　UCON OSP 油溶性聚亚烷基乙二醇基础油典型数据

项目	OSP-32	OSP-46	OSP-68	OSP-150	OSP-220	试验方法
运动黏度/（mm²/s） 40℃ 100℃	32 6.5	46 8.5	68 12	150 23	220 32	ASTM D 445
黏度指数	146	164	171	186	196	ASTM D 2270
倾点/℃	<−43	<−43	−40	−37	−34	ASTM D 97
闪点（开口）/℃	216	216	218	228	226	ASTM D 92
酸值/（mgKOH/g）　<	0.1	0.1	0.1	0.1	0.1	ASTMD 974
四球磨损直径/mm	0.58	0.58	0.48	0.43	0.46	ASTM D 4172

（3）生产厂家 陶氏化学公司。

3.8　硅油

硅油是聚有机硅氧烷中的一部分，其分子主链是由硅原子和氧原子交替连接而形成的骨架。硅油的分子结构可以是直链，也可以是带支链的。硅油的性能与其分子结构、分子量、有机基团的类型和数量以及支链的位置和长短有关。硅油主要用于电子电气、汽车运输、机械、轻工、化工、纤维、办公设备、医药及食品工业等领域中。

3.8.1　硅油种类

硅油主要是指液体的聚有机硅氧烷，是由有机硅单体经水解缩合、分子重排和蒸馏等过程得到的。按化学结构来分，硅油有甲基硅油、乙基硅油、苯基硅油、甲基含氢硅油、甲基苯基硅油、甲基氯苯基硅油、甲基乙氧基硅油、甲基三氟丙基硅油、甲基乙烯基硅油、甲基羟基硅油、乙基含氢硅油、羟基含氢硅油、含氰硅油等。硅油的分子结构如下：

$$R—\underset{\underset{R}{|}}{\overset{\overset{R}{|}}{Si}}—O—\left[\underset{\underset{R}{|}}{\overset{\overset{R}{|}}{Si}}—O\right]_n\underset{\underset{R}{|}}{\overset{\overset{R}{|}}{Si}}—R$$

式中，R 为有机基团，n 代表链节数。当 R 全部为甲基时称为甲基硅油，全部为乙基时称为乙基硅油；当 R 为甲基、苯基时，就形成了另一类常用的甲基苯基硅油；当部分 R 为氯苯基时，便形成了甲基氯苯基硅油；当部分 R 为三氟丙基时，便形成氟硅油。含氟烷基聚硅氧烷（俗称氟硅油）是指聚合物中含有 C—F 键、C—Si 键和 Si—O—Si 键，但不含 Si—F 键，且氟化的碳基团不直接连在硅原子上，中间有间隔基团的一类聚合物。

3.8.2　硅油特性

（1）**黏温特性和低温特性**　硅油的黏温特性好，黏温变化曲线比矿物油平稳。在各类合成油中，硅油是具有最好黏温特性的油品，可以制备成很高黏度的油品，且黏度指数高，凝点低。二甲基硅油从 25℃升高到 125℃时，黏度约降为原来的 1/17，而相应的矿物油约降为原来的 1/1060。这是由于硅氧链具有绕曲性所致。当有机基团取代甲基后，其黏温性能变差，乙基硅油的黏温特性比甲基硅油差，而甲基苯基硅油又比乙基硅油差。但即使是高苯基含量的甲基苯基硅油，其黏温性能也比其他合成油好，更比矿物油要好得多。表 3-91 列出了不同品种硅油的黏度、黏度指数、凝点及使用温度范围，并与其他合成油及矿物油进行对比。

表3-91　硅油与其他合成油及矿物油的黏度、黏度指数、凝点及使用温度范围的对比

类型	运动黏度/（mm²/s）		黏度指数	凝点/℃	使用温度范围/℃
	100℃	40℃			
甲基硅油 A	9.18	168	—	<−60	−60～200
甲基硅油 B	32.00	600	430	−60	−60～200
甲基苯基硅油（苯基含量5%）	25.00	850	360	−73	−70～220
甲基氯苯基硅油（氯含量7%）	17.00	1300	340	−68	−65～220
甲基十四烷基硅油	166.00	—	220	−20	−20～180
甲基三氟丙基硅油	30.00	20000	215	−48	−40～220
聚 α-烯烃油（癸烯三聚体）	3.70	2070	122	<−55	−50～170
二（2-乙基己基）癸二酸酯	3.31	1450	154	<−60	−50～175
季戊四醇四正己酸酯	4.18	2212	127	−40	−40～220

甲基硅油的凝点一般<-50℃，随着黏度增大，凝点略有升高，例如 25℃ 运动黏度为 2mm²/s 的甲基硅油的凝点为-84℃；25℃运动黏度为 1000mm²/s 的甲基硅油的凝点为-50℃；25℃运动黏度为 30000mm²/s 的甲基硅油的凝点为-44℃。少量苯基取代甲基并引入部分乙基，均能降低凝点。苯基含量为 5% 的低苯基含量的甲基苯基硅油，其凝点最低。

（2）热安定性和氧化安定性　硅油在 150℃下长期与空气接触不易变质，在 200℃时与氧、氯接触时氧化作用也较慢。硅油的氧化安定性比矿物油、酯类油等好。

硅油与矿物油及其他合成油相比，其挥发度较低。低分子量的甲基硅油具有一定的挥发度，但运动黏度>50mm²/s 的甲基硅油，其挥发度明显降低。甲基苯基硅油的挥发度比甲基硅油的低，苯含量愈高，挥发度就愈低。油品在一定温度下的挥发性，也可以反映该油品的热稳定程度。与其他基础油相比，硅油的挥发性也是很低的。各种硅油与双酯油、矿物油的挥发度比较见表 3-92。

表3-92　硅油与双酯油、矿物油的挥发度比较

类型	挥发度/%
甲基硅油	0.3
中苯基硅油	0.5
高苯基硅油	0.1
低氯苯基硅油	1.7
重质矿物油	15.7
二（2-乙基己基）癸二酸酯	15.8

注：试验条件为40g 油，149℃，加热 30d。

甲基硅油的长期使用温度范围为-50～180℃，随着分子中苯基含量的增加，使用温度可提高 20～70℃。甲基硅油在 150℃以下一般是热稳定的，其热分解温度为 538℃，而实际上 316℃就开始分解。这是因为 Si—O 键对微量杂质特别敏感，硅油中的微量水、催化剂或某些离子型物质使硅油分子发生了重排。

二甲基硅油从 200℃开始才被氧化，生成甲醛、甲酸、二氧化碳和水，质量减少，同时黏度上升，逐渐成为凝胶。约在 250℃以上的高温下，硅链断裂，生成低分子环体。

在二甲基硅油中加入抗氧剂，可显著延长硅油的寿命。通常所用的抗氧剂有苯基-α-萘胺、有机钛、有机铁和有机铈化合物。如在甲基硅油中加入 16μg/g 有机铁抗氧剂进行预氧化，可使硅油在204℃的凝胶化时间从 5h 延长到500h。

氟硅油之所以具有特殊的性能，除了硅氧烷主链外，还与氟原子的特性密切相关。氟是所有元素中电负性最大、范德华原子半径最小的元素。氟硅油中

的 C—F 单键的键长较短，而键能较高。因此，氟硅油中的 C—F 键不仅难以发生共价键的均裂分解，而且也难以发生共价键的异裂分解。当遇到化学试剂攻击或高温环境时，氟硅油分子中发生断裂的往往首先是 C—C 键而不是 C—F 键。氟硅油主链由≡Si—O—Si≡键组成，具有与无机高分子类似的结构，键能很高，加之 C—F 键的屏蔽保护，所以它具有更好的高温性能。

（3）**黏压系数** 硅油的黏压系数 α 比较小，即黏度随压力的变化较小。改变其侧链的长度和性质可改变 α 的大小。如果侧链是甲基氢基硅氧烷，则 α 变小，而侧链是苯基如甲基苯基硅氧烷，则 α 增大。

（4）**润滑性** 硅油在混合润滑条件下，润滑性差，承载能力低。尤其是甲基硅油在钢-钢、钢-铜摩擦副时十分明显。硅油的边界润滑性能较差，是由其本身的性质决定的。硅油的表面张力低，在金属表面迅速展开，形成的油膜很薄。硅油的黏压系数小，黏温性能好，在高压和低温条件下，黏度变化不大，因此油膜也不增厚，润滑性能得不到改善。

对钢-钢摩擦副的润滑性较差，又不易与矿物油相溶，这是限制硅油使用的因素之一。甲基硅油对钢-钢、钢-铜之间的界面润滑不理想，但是对钢-锡、钢-银之间仍然具有优良的润滑性。甲基硅油用作金属润滑油时，在低负荷下适用于钢-青铜或钢-巴氏合金，而甲基苯基硅油则适合于钢-铬、锌-镉的润滑。

为了改善硅油对钢-钢之间的润滑性能，可加入润滑性添加剂，例如在甲基硅油中加入 5% 的三氟氯乙烯调聚油，或在甲基苯基硅油中加入酯类油。在硅油结构中引入其他原子，如卤素或金属锡是改善硅油润滑性的有效办法。如果将硅油和矿物油混合，就会提供很高的润滑作用。

应该指出的是，硅油是塑料和橡胶的优良润滑剂。甲基硅油是良好的非金属材料的润滑剂，尤其是对酚醛、聚酰胺、聚碳酸酯类塑料以及橡胶均有很好的润滑性能，并且对这些材料的溶胀能力很小，这是它的突出优点。

氟硅油在摩擦副表面可形成疏水疏油性良好的—CF$_3$ 膜，可极大地降低摩擦副的摩擦系数，延长设备的使用寿命。因此，氟硅油的摩擦性能比一般矿物油要好，特别是高负荷性能，用四球机测定时，氟硅油具有较高的最大无卡咬负荷。

（5）**可压缩性** 硅油表面张力极低，可压缩性很高，是理想的液体弹簧。硅油比一般矿物油的压缩性大 40%～90%。若在高压场合使用硅油时，不考虑硅油的压缩性，就必定不能达到预期的使用效果。硅油的压缩特性，远优于石油烃，尤其是低黏度的硅油，可以产生约 16% 的体积收缩。

硅油适合作为高功率油压系统、可变速的传动机械、高荷载动力传动机构及具有扭转振动负荷的大型柴油发动机等的润滑油。这时可以发挥其黏度随温度变化小，能够吸收振动并阻止振动传递的性能。此外，硅油也广泛用作减震油。

（6）**界面性质** 硅氧烷及硅油类的表面张力是极小的，一般烃类的表面张力均大于相同原子数目的硅氧烷。有机溶剂、石油烃类润滑剂以及水的表面张力则要比硅油类大很多。泡沫的生成是空气和油之间发生的一种界面现象，如果生成大量泡沫，将会导致某些重要部位供油不足，从而造成设备磨损或烧毁。通常油的黏度越低，环境温度越高，则泡沫越少。为了减少泡沫的生成，可以从抑制新生成的泡沫和使已生成的泡沫迅速破灭两个方面采取措施。由于硅油具有极低的表面张力，是目前最常用的消泡剂。甲基硅油用作消泡剂或抑泡剂时，虽然其几乎不溶于矿物油中，但是只要加入 $1\sim100\mu g/g$ 就可以起到上述作用。

（7）**混溶性** 在硅油分子中含有 Si—O—Si 键和 Si—R 键，前者由于氧原子的存在，而表现出亲水性，后者由于烃基的存在而表现出憎水性或亲油性。R 基中的碳原子数目越大，亲油性越强。甲基苯基硅油比二甲基硅油容易溶于有机溶剂，分子中苯基的含量越多，油溶性也越好。烃基苯基硅油中的烃基所含的碳原子数目越大，油溶性也越好。乙基硅油与矿物油已经有较好的混溶性。但是，同一种类型的硅油，黏度不同，溶解性能也不同。

3.8.3 硅油生产工艺

生产甲基硅油的传统工艺是将二甲基环硅氧烷（DMC）与六甲基二硅氧烷（HMD）按一定比例在混合釜中混合均匀，通过泵输送至反应釜，在催化条件下进行开环聚合反应得到粗产品。将所得硅油粗产品泵入脱低设备脱除低沸物，再经过滤、分装，得到成品。二甲基硅油间歇法生产工艺流程见图 3-15。

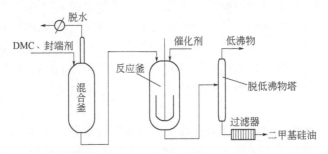

图 3-15 二甲基硅油间歇法生产工艺流程

连续法是一种连续进料、反应、出料的生产工艺，中间不停顿。连续法工艺生产效率高，可最大限度节约能源、节省劳动力，且低沸物直接回收利用，原料利用率高，是一种环境友好型生产工艺。二甲基硅油连续法生产工艺流程见图 3-16。

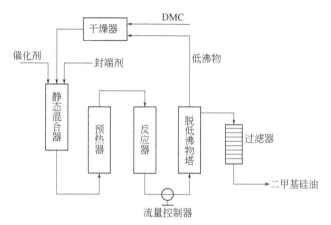

图 3-16　二甲基硅油连续法生产工艺流程

3.8.4　硅油应用

（1）**润滑剂**　硅油适于作橡胶、塑料轴承、齿轮的润滑剂，也可作为在高温下钢材对钢的滚动摩擦，或钢与其他金属摩擦时的润滑剂。但是，由于在常温下甲基硅油的润滑性能并不是特别好，一般情况下，并不推荐其作为常温下金属间的润滑剂。

（2）**绝缘介质**　在机电工业中，二甲基硅油广泛用于电机、电器、电子仪表上作为耐温、耐电弧电晕、抗蚀、防潮、防尘的绝缘介质，还用作变压器、电容器、电视机的扫描变压器的浸渍剂等。在玻璃、陶瓷器表面浸涂一层二甲基硅油，并在 250～300℃进行热处理后，可形成一层半永久性的防水、防霉和绝缘性的薄膜。

（3）**液压、阻尼介质**　在各种精密机械、仪器及仪表中，用作液体防震、阻尼材料。硅油抗剪切性能好，可作液压油尤其是航空液压油。二甲基硅油的消震性能受温度影响小，多用于具有强烈机械震动及环境温度变化大的场合下，如飞机的着陆装置。

（4）**脱模剂**　由于与橡胶、塑料、金属等的不黏性，硅油又用作各种橡胶、塑料制品成型加工的脱模剂，及用于精密铸造中。用其作脱模剂不仅脱模方便，且使制品表面洁净、光滑、纹理清晰。

（5）**消泡剂**　硅油表面张力小，不溶于水、动植物油及高沸点矿物油，化学性质稳定，无毒。硅油作为消泡剂，被广泛用于石油、化工、医疗、制药、食品加工、纺织、印染、造纸等行业中。

（6）**油墨、涂料等材料的添加剂**　硅油可作许多材料的添加剂。如可作为油漆的增光剂，加少量硅油到油漆中，可使油漆不浮包、不起皱，提高漆膜的光亮度。加少量硅油到油墨中，可提高印刷质量。加少量硅油到抛光油中，可增加光亮度，保护漆膜，并有优良的防水效果。

（7）**在医疗卫生中的应用** 二甲基硅油对人体无生理毒性，也不被体液分解，故也被广泛应用于医疗卫生事业中。利用其消泡作用，可制成口服胃肠消胀片、肺水肿消泡气雾剂等。在药膏中加入硅油，可提高药物对皮肤的渗透能力，提高药效。以硅油为基础油的某些膏药剂，对烫伤、皮炎、褥疮等都有良好的疗效。利用硅油的抗凝血作用，可用其处理贮血器表面，延长血样贮存时间等。

3.8.5 二甲基硅油

结构式：

$$\text{H}_3\text{C}-\underset{\underset{\text{CH}_3}{|}}{\overset{\overset{\text{CH}_3}{|}}{\text{Si}}}-\text{O}-\underset{\underset{\text{CH}_3}{|}}{\overset{\overset{\text{CH}_3}{|}}{\text{Si}}}-\text{O}-\underset{\underset{\text{CH}_3}{|}}{\overset{\overset{\text{CH}_3}{|}}{\text{Si}}}-\text{CH}_3$$

（1）**性状** 又称甲基硅油或聚二甲基硅氧烷。分子主链由硅氧原子组成，与硅相连的侧基为甲基。25℃下的运动黏度范围为 $10\sim200000\text{mm}^2/\text{s}$。相对密度（$d_4^{20}$）为 0.93～0.975，折射率（$n_D^{20}$）为 1.390～1.410。具有优异的电绝缘性能和耐热性，闪点高，凝点低，可在-50～200℃温度范围内长期使用。黏温系数小，压缩率大，表面张力小，憎水防潮性好，比热容和热导率小。其黏度随分子中硅氧链节数 n 值的增大而增高，可为极易流动的液体直至稠厚的半固体。主要作为塑料和橡胶的成型加工以及食品生产中的长效脱模剂，还可用作多种材料间的高低温润滑剂。适于作橡胶、塑料轴承、齿轮的润滑剂，也可作为在高温下钢材对钢的滚动摩擦，或钢与其他金属摩擦时的润滑剂。

（2）**技术参数** 二甲基硅油的化工行业标准见表 3-93。

表 3-93　二甲基硅油化工行业标准（HG/T 2366—2015）

项目	质量指标						
	201-100	201-350	201-500	201-1000	201-TX	201-12500	201-60000
运动黏度（25℃）/（mm²/s）	100±5	350±20	500±25	1000±50	X[①]	12500±630	60000±3000
密度（25℃）/（g/cm³）	0.958～0.968	0.962～0.972	0.962～0.972	0.965～0.975	实测	0.968～0.978	0.970～0.980
折射率（25℃）	1.4020～1.4040	1.4020～1.4040	1.4020～1.4040	1.4025～1.4045	实测	1.4025～1.4045	1.4025～1.4045
闪点（开口）/℃　≥	310	315	315	320	实测	330	330

项目	质量指标						
	201-100	201-350	201-500	201-1000	201-TX	201-12500	201-60000
酸值/ （μgKOH/g） ≤	10	10	10	10	10	—	—
挥发分 （150℃，2h）/ %　　≤	1.00	1.00	1.00	1.00	1.00	1.00	1.00

① 为 $X \pm X \times 5\%$。

（3）生产厂家　广州白云化工实业有限公司、中蓝晨光化工研究设计院有限公司、浙江新安化工集团股份有限公司、浙江恒业成有机硅有限公司、广东标美硅氟新材料有限公司、江西海多化工有限公司、四川新达黏胶科技有限公司、湖北新海鸿化工有限公司、浙江新安迈图有机硅有限责任公司、上海树脂厂有限公司、中昊晨光化工研究院有限公司、浙江中天氟硅材料有限公司、嘉兴联合化学有限公司、江西元康硅业科技有限公司、山东盛宇新材料有限公司、文登宏金化工有限公司、江苏太湖实业有限公司、辽宁天意钻井液材料有限公司、新辉润滑油（深圳）有限公司、宜昌科林硅材料有限公司、宁波科乐新材料有限公司。

3.8.6　甲基长链烷基硅油

结构式：$(CH_3)_3SiO[(CH_3)_2SiO]_m[(R)(CH_3)SiO]_nSi(CH_3)_3$　R=C_6～C_{17}

（1）性状　无色或淡黄色透明液体。是二甲基硅油分子中的部分甲基被长链烷基取代后的产物。二甲基硅油通过改性，可得到润滑性、油溶性、耐磨性及消泡性、防黏性优异的甲基长链烷基硅油。可任意比例与矿物油互溶。具有优异的润滑性、油溶性、耐磨性及消泡性、防黏性等性能，同时具有耐高温、耐低温、抗氧化、耐老化等多种功效。广泛应用于润滑油。在矿物油中添加3%，即可得到高质量、高价值的特种油品，不仅可提高矿物油的耐高低温性能，尤其可提高矿物油的对软金属及塑料的润滑效果。此外，还可以用于塑料、橡胶、PU制品的脱模剂等。

（2）技术参数　甲基长链烷基硅油的企业标准见表3-94。

表3-94　甲基长链烷基硅油企业标准（Q/1081WHJ 004—2015）

项目		质量指标
pH 值		6～7
折射率（20℃）		1.440～1.450
动力黏度（25℃）/mPa·s		500～2000
闪点/℃	≥	200

（3）**生产厂家**　文登宏金化工有限公司、东莞瑞尔化工有限公司、湖南斯洛柯有机硅有限公司。

3.8.7　乙基硅油

结构式：

$$C_2H_5-\underset{\overset{|}{C_2H_5}}{\overset{\overset{C_2H_5}{|}}{Si}}-O\left[\underset{\overset{|}{C_2H_5}}{\overset{\overset{C_2H_5}{|}}{Si}}-O\right]_n\underset{\overset{|}{C_2H_5}}{\overset{\overset{C_2H_5}{|}}{Si}}-C_2H_5$$

（1）**性状**　又称二乙基硅油、聚二乙基硅氧烷。淡黄色的液体。分子主链由硅、氧原子组成，与硅相连的侧基为乙基。无毒、无臭的油状物。20℃下的运动黏度范围为 8～160000mm^2/s，相对密度为 0.95～1.06。与二甲基硅油性能相似，但耐高温性和抗氧化性稍差，耐低温性和润滑性比二甲基硅油好，长期使用温度为-70～150℃。具有防水性能好、耐化学腐蚀、黏温系数小、蒸气压低、可压缩性大、表面张力小等特性，能与矿物润滑油互溶。广泛用于各种精密仪器仪表、精密机械设备、速度测量机、同步电动机、通用仪器、钟表、轴承和各种摩擦组件的润滑。此外，还可作为高润滑性硅脂的基础油，用于录音、录像带的生产，以及小型机械的润滑及塑料齿轮、滚动系的润滑中。

（2）**技术参数**　乙基硅油（润滑油 3$^\#$、仪表油 4$^\#$）的企业标准见表 3-95，乙基硅油（锭子油 GF-2、布机油 GF-3）企业标准见表 3-96。

表 3-95　乙基硅油（润滑油 3$^\#$、仪表油 4$^\#$）企业标准

项目		3$^\#$	4$^\#$
外观		淡黄色液体	淡黄色液体
相对密度（d_4^{20}）		0.95～1.05	0.96～0.98
运动黏度（20℃）/（mm^2/s）		220～300	17～21（50℃）
闪点（开口）/℃	＞	260	170
pH 值		6～7	—
酸值/（mgKOH/g）		—	0.1
SiO$_2$ 含量/%		58～62	56～60
乙氧基含量/%	≤	0.2	0.5

表 3-96　乙基硅油（锭子油 GF-2、布机油 GF-3）企业标准

项目		GF-2	GF-3
外观		淡黄色液体	淡黄色液体
相对密度（d_4^{20}）		0.95～0.98	0.98～1.02
运动黏度（20℃）/（mm^2/s）		16～21（50℃）	700～1500
闪点（开口）/℃	＞	150	220

项目		GF-2	GF-3
酸值/（mgKOH/g）	＜	0.1	0.2
SiO$_2$含量/%		56～60	58～62
乙氧基含量/%	≤	0.5	0.5
水分/%	＜	0.01	0.01

（3）**生产厂家** 武汉化学工业研究所有限公司。

3.8.8　甲基苯基硅油

结构式：

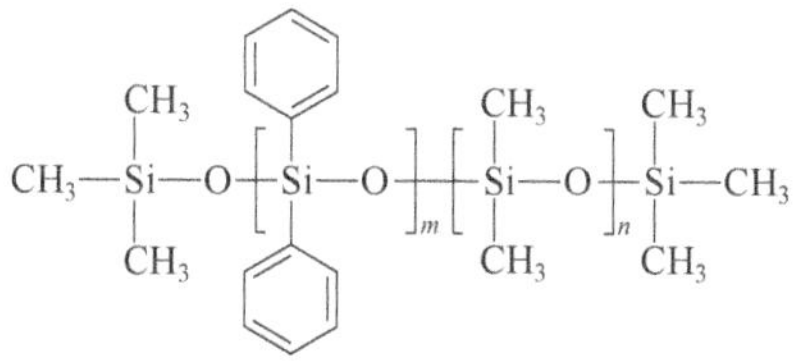

（1）**性状** 无色或淡黄色透明液体。由八甲基环四硅氧烷、二甲基四苯基二硅氧烷及甲基苯基二乙氧基硅烷的水解物，在催化剂存在下进行调聚反应制得。密度为 1.01～1.08g/cm^3，折射率为 1.425～1.533，表面张力为 2.1×10^{-4}～2.85×10^{-4}N/cm。物理性质随分子量变化而异。苯基含量提高，密度和折射率增大。低苯基含量的凝点低于−70℃，中苯基含量和高苯基含量的热稳定性提高，并具有优良的耐辐射性。无毒。250℃热空气中的凝胶化时间为1750h，还具有良好的氧化稳定性、耐热性、耐燃性、抗紫外线性和耐化学性。用于绝缘、润滑、阻尼、防震、防尘及作为高温热载体等。

（2）**技术参数** 甲基苯基硅油企业标准见表 3-97。

表 3-97　甲基苯基硅油企业标准（Q/45090448-8·140—2016）

项目	GY250-30		GY255-150A		GY255-150B		GY255-80	
	一级品	合格品	一级品	合格品	一级品	合格品	一级品	合格品
外观	无色至淡黄色液体	黄色液体	无色至淡黄色透明油状液体	黄色至棕色透明油状液体	无色至淡黄色透明油状液体	黄色至棕色透明油状液体	无色至淡黄色透明油状液体	黄色至棕色透明油状液体
运动黏度（25℃）/（mm^2/s）	25～40		100～200		100～200		60～100	
折射率（25℃）	1.470～1.485		1.480～1.495		1.480～1.495		1.470～1.495	
闪点（开口）/℃ ≥	240		300		280		280	
密度（25℃）/（g/cm^3）	—		1.02～1.08					

项目	GY250-30		GY255-150A		GY255-150B		GY255-80	
	一级品	合格品	一级品	合格品	一级品	合格品	一级品	合格品
介质损耗因素（50Hz, 90℃） ≤	8×10^{-3}		—		—		—	
介电常数（50Hz, 23℃） ≥	2.7		—		—		—	
介电强度（2.5mm）/ kV >	32.5		—		—		—	
凝点/℃ ≤	—		−40		−40		—	

（3）**生产厂家** 中昊晨光化工研究院有限公司、上海树脂厂有限公司、上海爱世博有机硅材料有限公司、宁波科乐新材料有限公司、杭州置信化工有限公司、大连元永有机硅厂。

3.8.9 207聚醚改性硅油

结构式：

（1）**性状** 淡黄色或棕褐色黏稠液体。由聚醚与二甲基硅氧烷接枝共聚而成。适用于整理纯涤纶、尼龙、羊毛、涤棉、涤黏、真丝等的织物，也适用于纤维的处理。

（2）**技术参数** 207聚醚改性硅油的企业标准见表3-98。

表3-98 207聚醚改性硅油企业标准（Q/0268ZBH207—2015）

项目	质量指标		
	Ⅰ型	Ⅱ型	Ⅲ型
外观	淡黄色或棕褐色透明均一黏稠液	淡黄色或棕褐色透明均一黏稠液	淡黄色或棕褐色透明均一黏稠液
pH值	6～8	6～8	6～8
水溶性	能溶于水	能溶于水	—
动力黏度（25℃）/ mPa·s	1000～2500	2000～10000	5～20
折射率（25℃）	1.4430～1.4520	1.4200～1.4400	1.3480～1.3600
活性物含量/%	98.5±1	80±2	20±2

（3）**生产厂家** 青岛中宝化工有限公司。

3.9 磷酸酯

磷酸酯润滑油基础油的挥发度低，难燃性好，润滑性、极压抗磨性也较好，对添加剂等许多有机化合物有强溶解能力。烷基芳基磷酸酯黏度适中，黏温性较好，使用温度高，但水解安定性差。磷酸酯常用作电厂控制系统的难燃液压油。但考虑环保因素，磷酸酯基础油的市场份额呈逐步缩小趋势。

3.9.1 磷酸酯种类

磷酸酯分为正磷酸酯和亚磷酸酯。亚磷酸酯由于热稳定性差，高温下易腐蚀金属，主要在油品中作为极压、抗磨添加剂使用。正磷酸酯又可分为伯磷酸酯、仲磷酸酯、叔磷酸酯，而适合作合成润滑油的磷酸酯主要是叔磷酸酯，即磷酸三酯。其性能主要取决于磷酸酯取代基的结构，取代基的结构不同，磷酸酯的性能有较大差异。磷酸酯包括烷基磷酸酯、芳基磷酸酯、烷基芳基磷酸酯等，结构式为：

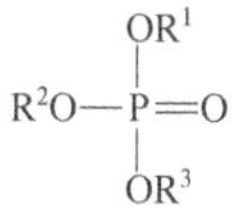

$$R^2O-\overset{\displaystyle OR^1}{\underset{\displaystyle OR^3}{\overset{|}{\underset{|}{P}}}}=O$$

式中，R^1、R^2、R^3 全部为烷基的是三烷基磷酸酯；R^1、R^2、R^3 全部为芳基的是三芳基磷酸酯；R^1、R^2、R^3 部分为烷基、部分为芳基的是烷基芳基磷酸酯。

3.9.2 磷酸酯合成油特性

（1）**一般物理性质** 密度在 0.90～1.25g/mL 之间。磷酸酯的相对密度大于矿物油，三芳基磷酸酯的相对密度大于 1。磷酸酯的挥发性通常低于相应黏度的矿物油，且黏度随分子量的增大而增大。烷基芳基磷酸酯黏度适中，并有较好的黏温特性。磷酸酯的物理性质主要取决于取代基团的类型、烷链的长度和异构化程度。三烷基磷酸酯的黏度随烷链的长度增加而增大，直链三烷基磷酸酯比带支链的黏度要大、黏度指数要高。三芳基磷酸酯与同黏度的三烷基磷酸酯比较，其黏度指数要低。烷基芳基磷酸酯的黏度和黏度指数居中。磷酸酯的凝点取决于酯的对称性。烷基磷酸酯的凝点一般低于芳基磷酸酯，而烷基上带支链和芳核上引入烷基都会改善磷酸酯低温性能。表 3-99 列出了一些磷酸酯的主要物理性质。

表3-99　一些磷酸酯的主要物理性质

油品名称	相对密度（25℃）	运动黏度/（mm²/s）			黏度指数	凝点/℃
		98.9℃	37.8℃	-40℃		
三正丁基磷酸酯	0.900	1.09	2.68	47	118	-54.0
三正辛基磷酸酯	0.915	2.56	8.48	—	148	-34.4
三（2-乙基己基）磷酸酯	0.926	2.23	7.98	840	94	-54.0
三甲苯基磷酸酯	1.160	4.37	35.11	—	—	-26.0
三（二甲苯基）磷酸酯	1.1408	4.66	54.00	—	—	-30.0
正丁基二苯基磷酸酯	1.151	2.02	7.30	1700	67	<-57
正辛基二苯基磷酸酯	1.086	2.51	9.73	2200	90	<-57
正辛基二甲苯基磷酸酯	1.060	3.15	15.30	—	61	-51
二正辛基甲苯基磷酸酯	0.980	2.63	9.99	8100	108	—

（2）**难燃性**　难燃性是磷酸酯最突出的性能之一。所谓难燃性，是指磷酸酯在极高温度下也能燃烧，但并不传播火焰，或着火后能很快自灭。磷酸酯有特别突出的抗燃性，燃点可达 400℃以上。通常三芳基磷酸酯的抗燃性比三烷基磷酸酯强，烷基芳基磷酸酯抗燃性居中。碳磷比增大会降低磷酸酯的难燃性。表 3-100 列出了磷酸酯与各类油品难燃性的比较。

表3-100　磷酸酯与各类油品难燃性的比较

油品名称	闪点/℃	自燃点/℃	高压喷射试验	熔融金属着火试验	热歧管试验	灯芯试验（次数）
矿物油	150~270	230~350	着火	立刻着火	瞬时着火	3
磷酸酯	230~280	>640	不着火	不着火	不着火	80
水-乙二醇	不闪火	410~435	不着火	水蒸发后着火	不着火	60
脂肪酸酯	260	480	—	—	着火	27
油包水乳化液	不闪火	430	不着火	水蒸发后着火	不着火	50

（3）**润滑性**　润滑性能良好，是磷酸酯另一个突出的性能。磷酸酯是一种很好的润滑材料，很早以前就用作极压剂和抗磨剂，其中三芳基磷酸酯也常用作抗磨添加剂。磷酸酯的抗磨作用机理，是其在摩擦副表面与金属发生反应，生成低熔点、高塑性的磷酸盐的混合物，使摩擦面上的负荷得以重新分配。磷酸酯的抗擦伤性能与水解安定性有明显的关系，越易水解生成酸性磷酸酯的化合物，其抗擦伤性就越好。

（4）**水解安定性**　由于磷酸酯是由有机醇或酚与无机磷酸反应的产物，故其水解安定性较差。在一定条件下，磷酸酯可以水解，特别是在油中的酸性物质会自催化水解。三芳基磷酸酯的水解安定性稍优于烷基芳基磷酸酯。三芳基磷酸酯的水解安定性不仅取决于其分子量，而且取决于分子结构。当芳基上的甲基位于邻位时，其水解安定性比位于间位和对位的低得多。在烷基磷酸酯和烷基芳基磷酸酯中，烷链的增长对水解安定性略有好处。磷酸酯的水解产物为酸性磷酸酯，它可对金属产生腐蚀作用。酸性磷酸酯氧化后会产生沉淀，同时沉淀又是磷酸酯进一步水解的催化剂。因此，在使用中要及时除去磷酸酯的水解产物。可以在配方中加入酸吸收剂，以便及时与水解产物发生化学中和反应。工业上常用的方法是，在油系统中加装一个旁路吸附装置，及时吸收热分解和水解产生的酸性磷酸酯。

（5）**热安定性与氧化安定性** 磷酸酯的热安定性和氧化安定性取决于酯的化学结构。通常三芳基磷酸酯的允许使用温度范围不超过 150～170℃，烷基芳基磷酸酯的允许使用温度范围不超过 105～121℃。结构上的对称性，是三芳基磷酸酯具有高的热氧化安定性的重要原因。

（6）**溶解性** 磷酸酯对许多有机化合物具有极强的溶解能力，是一种很好的溶剂。优良的溶解性使各种添加剂易溶于磷酸酯中，有利于改善磷酸酯的性能。但是，这种较强的溶解能力，造成一般适用于矿物油和其他合成油的橡胶、涂料、油漆、塑料等材料，都与磷酸酯不相容。能与磷酸酯相适应的非金属材料，仅有丁基橡胶、乙丙橡胶、氟橡胶、聚四氟乙烯、环氧与酚型涂料、尼龙等。

（7）**毒性** 磷酸酯的毒性因结构组成不同差别很大，有的无毒，有的低毒，有的甚至剧毒。如磷酸三甲苯酯的毒性是由其中的邻位异构体引起的，大量接触后神经-肌肉器官受损，呈现出四肢麻痹，此外对皮肤、眼睛和呼吸道有一定刺激作用。因此，在制备与使用过程中，都应严格控制磷酸酯的结构组成，采取必要的安全措施，以降低其毒性，防止其危害。磷酸酯毒性对人身健康的影响以及对环境带来的污染，严重地限制其应用范围。

3.9.3 磷酸酯合成油应用

磷酸酯在增塑剂、阻燃剂中占有重要地位，是合成材料加工助剂中的主要类别之一，广泛应用于塑料、合成橡胶、合成纤维、木材、纸张、涂料、润滑油等领域中。磷酸酯主要用作难燃液压油，其次用作润滑性添加剂。

3.9.4 磷酸三甲苯酯（TCP）

结构式：$\left[\text{（苯环）}-O- \right]_3 P=O$，苯环上带 CH_3

（1）**性状** 黄色透明油状液体。由甲酚与三氯化磷通氯反应后经水解、减压蒸馏而得。常用作增塑剂、溶剂、防火剂和润滑剂。

（2）**技术参数** 磷酸三甲苯酯化工行业标准见表 3-101。

表 3-101　磷酸三甲苯酯化工行业标准（HG/T 2689—2005）

项目		质量指标		
		优等品	一等品	合格品
外观		黄色透明油状液体		
色度（Pt-Co）/号	≤	80	150	250
密度（ρ）/（g/cm³）	≤	1.180	1.180	1.190
酸值/（mgKOH/g）	≤	0.05	0.10	0.25
加热减量/%	≤	0.10	0.10	0.20
闪点/℃	≥	230	230	220
游离酚（以苯酚计）/%	≤	0.05	0.10	0.25
体积电阻率[①]/Ω·cm	≥	1×10⁹	1×10⁹	—
热安定性[①]（Pt-Co）/号	≤	100	—	—

① 根据用户要求检验。

（3）**生产厂家** 上海彭浦化工厂有限公司、山东瑞兴阻燃科技有限公司、天津利海石化有限公司、江苏维科特瑞化工有限公司。

3.9.5　工业用磷酸三乙酯

结构式：$(CH_3CH_2O)_3PO$

（1）**性状** 无色透明油状液体。以三氯氧磷与无水乙醇为原料制得。相对密度（20℃/4℃）为 1.06817，熔点为 −56.4℃，闪点（开口）为 117℃。主要用作高沸点溶剂、橡胶和塑料的增塑剂。

（2）**技术参数** 工业用磷酸三乙酯的国家标准见表 3-102。

表 3-102　工业用磷酸三乙酯国家标准（GB/T 33106—2016）

项目		质量指标	
		优等品	合格品
磷酸三乙酯[①]（质量分数）/%	≥	99.85	99.50
酸值/（mgKOH/g）	≤	0.05	0.05
色度（铂-钴）/号	≤	10	20
水分（质量分数）/%	≤	0.05	0.20
相对密度（d_4^{20}）		1.069～1.073	
折射率（20℃）		1.4050～1.4070	

① 气相色谱法测得的含量。

（3）**生产厂家** 江苏雅克科技股份有限公司、富彤化学有限公司。

3.9.6 磷酸三辛酯（TOP）

结构式：[CH₃(CH₂)₃CH(C₂H₅)CH₂O]₃PO

（1）**性状** 无色的液体。以三氯氧磷和辛醇为原料制得。熔点为-90℃，沸点（常压）为200～220℃，折射率为1.441，闪点为216℃。主要应用于军用PVC制品、胶黏剂、涂料、合成橡胶及纤维中，还可以用于双氧水的工作溶剂、润滑油添加剂、贵重金属萃取剂等。

（2）**技术参数** 磷酸三辛酯企业标准见表3-103。

表3-103 磷酸三辛酯企业标准（Q/HQY 002—2017）

项目		质量指标	
		优级品	一级品
外观		透明、无可见杂质的油状液体	
色度（Pt-Co）/号	≤	20	30
酸值/（mgKOH/g）	≤	0.10	0.20
密度（20℃）/（g/cm³）		0.921～0.927	
磷酸三辛酯含量（气相色谱法）/%	≥	99.0	99.0
辛醇（气相色谱法）/%	≤	0.10	0.15
磷酸二辛酯含量（气相色谱法）/%	≤	0.10	0.20
界面张力（20～25℃）/（mN/m）	≥	18.0	18.0
水分/%	≤	0.10	0.20

（3）**生产厂家** 杭州潜阳科技有限公司、岳阳中顺化工有限公司、辽阳天晟石化有限公司、辽阳新晟化工有限公司。

3.9.7 磷酸二苯辛酯（DPOP）

结构式：

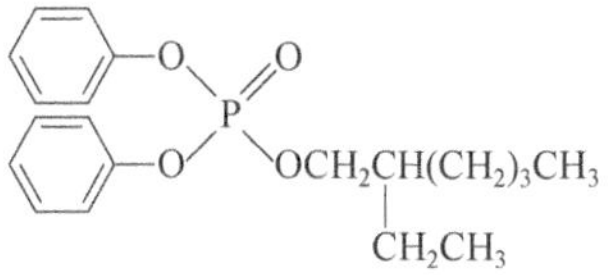

（1）**性状** 无色透明油状液体。相对密度（20℃）为 1.080～1.090，凝点为-60℃，沸点为375℃，闪点为195～205℃，折射率（20℃）为1.506～1.512。主要用于聚碳酸酯、聚氯乙烯、聚氯乙醇、醋酸纤维素、醋酸丁酯纤维素、乙基纤维素、环氧树脂、酚醛树脂、丙烯酸类树脂、腈类树脂中，可用作增塑剂和橡胶添加剂。

（2）**技术参数** 磷酸二苯辛酯的典型数据见表3-104。

表 3-104 磷酸二苯辛酯的典型数据

项目		质量指标
外观		透明油状液体
磷含量/%		8.6
相对密度（20℃）		1.080～1.090
动力黏度（20℃）/mPa·s		20～25
酸值/（mgKOH/g）	<	0.1
闪点/℃	>	200

（3）生产厂家　天津利海石化有限公司。

3.10　氟油

含氟合成基础油简称氟油，是分子中含有氟元素的一类合成润滑油。这些油品是烷烃的氢被氟或被氟、氯取代而形成的氟碳化合物或氟氯碳化合物。较重要的氟油有全氟烃油、氟氯碳油、氟化聚醚、氟酯、氟化硅油等。氟油具有优异的化学稳定性、抗燃性和润滑性。尽管氟油价格昂贵，但在核工业、航天工业以及民用等方面，仍获得了广泛应用。

3.10.1　氟油种类

（1）**全氟烃油**　全氟烃油分子式为 C_nF_{2n+2} 或 C_nF_{2n}。全氟烃油相比于氟氯碳油和全氟醚油，其黏温特性、热稳定性及润滑性差，氧化稳定性、化学稳定性也不及氟氯碳油和全氟醚油。因此，这就限制了其应用范围。全氟烃油高温下的分解产物对臭氧层和温室效应有一定的影响。

（2）**氟氯碳油**　氟氯碳油是随原子能工业兴起而发展起来的产品。其结构式为 $R\text{—}(CF_2CFCl)_n\text{—}R'$ 或 $R\text{—}(C_nF_{2n-m}Cl_m)_n\text{—}R'$，式中 R、R'通常为—Cl、—CCl₃、—F 或—CF₃。氟氯碳油具有高度的化学稳定性和优异的润滑性能，适于在高温或腐蚀性、氧化性强的环境下用作润滑材料。能承受液氧、过氧化氢、发烟硝酸、浓硫酸的接触而不被破坏，对常用金属材质无腐蚀性。在铀同位素分离设备上应用，发挥出良好的润滑效果，还用于液氧和腐蚀性强的火箭导弹推进剂等系统的运转装置上。在正常情况下，氟氯碳油最高工作温度可达 260℃。

（3）**全氟聚醚油**　全氟聚醚油（简称 PFPE）是一类以主链—CF₂—O—CF₂—构成的新型含氟合成基础油，其结构与烃类相似，其中以非常强的 C—F 键代替了烃类中的 H—C 键。由于 C—O 键的存在，使得 PFPE 具有较高的热稳定性和氧化稳定性，优良的化学惰性及绝缘性能，同时还具有低挥发性、较宽的液体温度范围以及优异的黏温特性。全氟聚醚都是线型结构，分子中仅含碳、氟、氧3种元素，且大部分被氟原子所屏蔽。氟碳键键能高达418.4～502.08kJ/moL，并具有很强的亲电性。其使用温度范围比氯氟烃类润滑剂更宽，黏度和蒸发率与氟硅润滑油相当，但润滑效果及化学稳定性均优于氟硅润滑油。

全氟聚醚具有良好的综合性能，只溶于全氟有机溶剂，具有化学惰性、耐热、耐氧化、耐辐射、相对密度高、表面张力低、倾点低、黏温性良好、不燃、生物惰性、介电性能良好、润滑性良好、挥发性低等特点。其与塑料、弹性体相容。在苛刻环境下，全氟聚醚油是性能可靠的润滑材料。

（4）**氟酯油** 氟酯由氟酸和氟醇酯化而成。其密度（20℃）>1g/mL，且随氟原子数的增加而增大。与一般酯类油比较，它具有黏度大、耐燃性和润滑性好、耐水分解性强、氧化稳定性好等特点。氟酯在315℃的高温下，也不受铜和铁的作用，特别是芳基二羧酸的酯，抗氧化稳定性更好。其抗磨损性能优于非氟化酯。氟酯适用于化学介质条件以及要求耐燃的高温机械、电力机械和潜艇等水下机械的润滑。另外，氟酯的介电性很好，也用在电容器或电绝缘液上。

全氟聚酯由酰基氟化物和三羟甲基丙烷或季戊四醇反应而得。这种氟酯油具有耐燃性好、密度大、黏度适宜、润滑性好等特点，可作为耐燃润滑油或耐燃液压油使用，也用于水下机械和水下齿轮箱的润滑和密封。

（5）**氟硅油** 商品氟硅油主要是三氟丙基甲基硅油（TFPM），氟烃基为$CF_3CH_2CH_2$—，但是含长链氟烃基及含氧氟烃基的硅油也有较快发展。TFPM热稳定性高，金属腐蚀性小，耐溶剂性好，可用在加速计、回转计、航空器等方面，也用于接触天然气、石油气等部位的润滑、密封。

三氟丙基甲基硅油的润滑性，超过了甲基氯苯基硅油，而且远优于二甲基硅油，在高负荷条件下甚至优于矿物基础油。但是，三氟丙基甲基硅油的黏温性还不很理想，不能用作-40℃下使用的润滑油或-18℃下使用的飞机液压油。改进后的氟烃基硅油，例如以甲基苯乙基封端的氟苯基硅油，再加入一定量的三甲基苯基磷酸酯后，不仅有效提高了润滑性，还明显降低了相对密度及起泡性，适用于作为高性能飞机的液压油。此外，长链氟代烷基硅油，还可用作润滑脂基础油、电绝缘油等。

3.10.2 氟油特性

（1）**一般物理性能** 全氟烃油是无色无味液体，密度为相应烃的2倍多，分子量大于相应烃的2.5～4倍，凝点较高。氟氯碳油的轻、中馏分是无色液体，减压蒸馏所得重馏分是白色脂状物质。其密度比全氟烃油稍小，接近于2g/mL，凝点稍高，黏温性能比全氟烃油好。聚全氟丙醚油也是无色液体，密度为1.8～1.9g/mL。与全氟烃油和氟氯碳油相比，其凝点较低，黏温性最好。聚全氟甲乙醚的凝点则更低，还具有耐辐射性良好、挥发性低，与金属、密封材料、涂料相容等特点。

（2）**化学稳定性**　突出的化学稳定性是含氟油最显著的特点，这是矿物油和其他合成油无法比拟的。在100℃以下，与浓硝酸、浓硫酸、浓盐酸、王水、铬酸洗液、氢氧化钾和氢氧化钠的水溶液，以及氟化氢、氯化氢等接触时，都不发生化学反应。

（3）**氧化安定性**　全氟烃油、氟氯碳油和全氟聚醚油这三类含氟油，在空气中加热不燃烧；在100℃以下，与氟气、过氧化氢水溶液、高锰酸钾水溶液等不反应。在100℃以下，氟氯碳油与气态或液态氟化氢均不发生反应。全氟聚醚油在300℃时与发烟硝酸或四氧化二氮接触，不发生爆炸。

（4）**热安定性**　氟油具有良好的热安定性及不燃性。其热稳定温度，随着精制程度不同而不同。聚全氟异丙醚油为260～300℃，氟氯碳油为220～280℃，全氟烃油为220～260℃。聚全氟异丙醚油在250℃下加热100h，其黏度无明显变化，特别是经过氟化精制的油，颜色仍为无色，但其酸值稍有增加。

（5）**润滑性**　含氟润滑油的润滑性比一般矿物油好，用四球机测定其最大无卡咬负荷，氟氯碳油最高，聚全氟异丙醚次之，全氟烃居末。由于全氟聚醚油仅具有很有限的溶解能力，在其中很少能加入添加剂以改善其性能。在真空极压条件下氟醚与金属表面发生作用，发生腐蚀，这点限制了其性能的发挥。

氟化聚醚的主要润滑机理为：在大气环境、较大载荷、较高速度及钢-钢摩擦副条件下，由于摩擦作用，PFPE发生断链并产生F原子，F原子与摩擦表面的Fe元素形成氟化铁而起到耐磨作用；同时由于在大气环境中摩擦表面存在一定的氧化铁，且氟化铁夹杂于其中，使得氟化铁/氧化铁保护层非常致密。因此，摩擦过程表现为低摩擦和低磨损状态。在真空、往复运动条件下，由于摩擦表面不存在氧化铁保护膜而只有氟化铁，氟化铁为一种脆性化合物，在摩擦过程中氟化铁不断被清除而又不断生成。因此，在这种往复摩擦过程中表现为低摩擦和高磨损状态。

（6）**黏度特性**　全氟烃油在含氟油中黏温性最差，氟氯碳油的黏温性比全氟烃油好。全氟醚油由于分子中引入了醚键，增加了主链的活动度，因此其黏温性优于全氟烃油。聚全氟甲乙醚的黏温性比聚全氟异丙醚更好。

（7）**缺点**　氟油的主要缺点是抗腐蚀性差，不与其他基础油相溶，对添加剂感受性差。

3.10.3　氟油生产工艺

（1）**全氟油**　全氟烃油的制备有直接氟化法和间接氟化法。直接氟化法是以氮气为稀释剂，通过石油烃与氟气直接氟化反应制得。所得产物除去 HF，得到氟碳油。间接氟化法是在 150～450℃温度下，将气态烃通过盛有氟化剂（二氟化钴或一氟化银）的金属反应管，得到的产物是全氟烃混合物和部分氟化的氢氟烃。经过分馏后，未完全氟化的馏分继续进一步氟化。氟化剂可以通入氟气使之再生，循环利用。

（2）**氟氯碳油**　氟氯碳油的生产方法有两种。一种是由三氟氯乙烯在链转移剂存在下，用过氧化物引发聚合，得到分子量为 500～2000 的调聚物。另一种是由高分子量的聚三氟氯乙烯经热裂解制得。目前，三氟氯乙烯调聚法已逐渐代替聚三氟氯乙烯裂解法。

更具体地说，三氟氯乙烯调聚法由三氟氯乙烯与调聚剂反应制得低聚调聚物，依次用作中间体，再在调聚剂作用下合成氟烷基氯化物。反应制得的粗产物，链长都具有很宽的量程，且存在不稳定的端基。必须经过元素氟或三氟化钴做稳定化处理，然后进行减压蒸馏和精馏，按不同沸程制得各种规格的氟氯碳油。

（3）**全氟聚醚油（PFPE）**　全氟聚醚的制备方法主要有两种，即全氟烯烃直接光氧化法和全氟环氧化物的阴离子聚合法。

全氟烯烃直接光氧化法是在低温下，原料四氟乙烯或六氟丙烯与氧一起在紫外光照射下，氧化聚合而得到结构稍有差异的聚醚。例如由六氟丙烯制得全氟醚油的通式为：

$$-O-(C_3F_6O)_n(C_3F_6O-O)_m \xrightarrow{\text{加热或光照}}$$
$$-O-(C_3F_6O)_n-CFO \longrightarrow CF_3O-(C_3F_6O)_m(CF_2O)_n-CF_3$$

其生产工艺流程主要为：四氟乙烯或六氟丙烯→光氧化聚合→粗醚蒸馏→碱洗或氟化精制→分馏→后处理→调配→PFPE。

全氟环氧化物阴离子聚合法，是采用原料全氟环氧丙烷（HFPO），在非质子溶剂中以氟离子为催化剂，首先得到含酰氟端基的全氟环氧丙烷低聚物：

$$CF_3CF-CF_2 + F^- \longrightarrow CF_3CF_2CF_2O^- \xrightarrow{(n+1)HFPO}$$

$$CF_3CF_2CF_2O(CFCF_2O)_nCFCF_2O^- \xrightarrow{\quad -F \quad} CF_3CF_2CF_2O(CFCF_2O)_nCFCFO$$

所得低聚物中的活泼酰氟端基必须经稳定化处理，处理方法有如下几种：
① 用 AlF$_3$ 或 SbF$_5$ 催化脱一氧化碳

$$-CF(CF_3)CF_2O-CF(CF_3)COF + SbF_5 \longrightarrow$$
$$-CF(CF_3)CF_2O-CF_2CF_3 + CO$$

② 用碱水解加热脱二氧化碳

$$—CF(CF_3)CF_2O—CF(CF_3)COF + KOH + H_2O \longrightarrow$$
$$—CF(CF_3)CF_2O—CHFCF_3 + CO_2$$

③ 进行光辐照使 2 个分子脱 COF_2 和 CO 而偶合

$$2—CF(CF_3)CF_2O—CF(CF_3)COF + SbF_5 \longrightarrow$$
$$—CF(CF_3)CF_2O—CF_2CF_3 + CO + COF_2$$

其生产工艺流程主要为：HFPO→聚合→过滤→稳定化处理→三氯三氟乙烷蒸馏、水洗→盐酸蒸馏水洗→减压蒸馏→过滤、调配→PFPE。

（4）氟硅油 制备三氟丙基甲基硅油的传统工艺有共水解法和开环聚合法两种。

共水解法是将二甲基二氯硅烷与含氟二氯硅烷的混合物共水解，得到中间体；然后进行缩聚反应，得到产物。共水解法工艺简单，缺点是反应过程中生成大量的氯化氢，使反应物中的部分硅碳键（Si—C）断裂，导致产品质量相对较差，且生产过程中废水多。主要化学反应为：

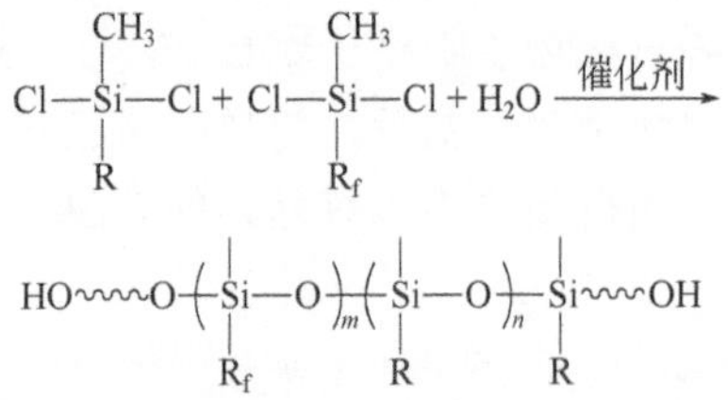

开环聚合法先将三氟丙基甲基二氯硅烷水解、裂解，制得三（三氟丙基）三甲基环三硅氧烷；再将其在碱性条件下催化开环聚合，制得氟硅油。产物中含有硅醇盐，需用弱酸或三甲基氯硅烷等除去。开环聚合工艺聚合速率快、分子量和分子量分布易于控制，缺点是反应步骤多，且制备环硅氧烷能耗很大。主要化学反应为：

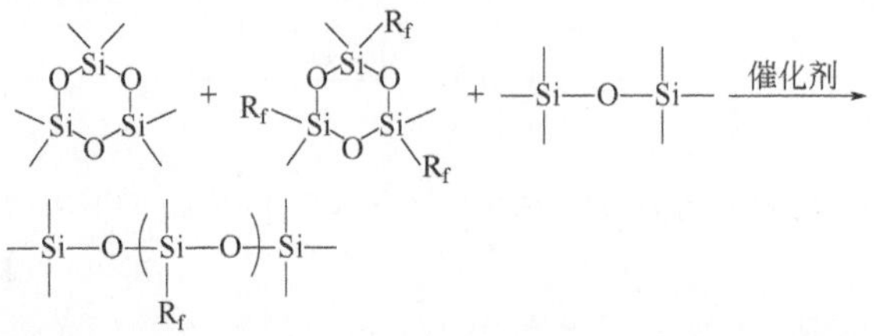

3.10.4 氟油应用

氟油尽管价格较贵，但在核工业、航天工业以及民用工业中仍获得了应用。目前主要用于原子能、火箭技术、制氧等工业的润滑，此外还可作为仪表油、液压油、真空泵油、变压器油以及压缩机油等。

3.10.5 全氟聚醚油（PFPE）

结构式：

$$F-C-O-(C-C-O)_m(C-O)_n-C-C-F \quad 或 \quad F-C-O-(C-C-O)_m(C-O)_n-C-C-F$$

（1）**性状** 透明液体。具有突出的化学惰性、良好的润滑性能及很低的表面能。由于分子中氟原子代替了氢原子，使其具有较高的热稳定性、氧化稳定性以及绝缘性。分子量较大的 PFPE，还具有低挥发性、较宽的液体温度范围及优异的黏温特性。相对密度较大，但表面张力和折射率却很低。从低温到高温都显示出了很低的蒸气压，同时呈现低的摩擦系数与高的耐荷重性。具有不燃性，但是暴露在空气中使用时，超过 400℃ 就开始慢慢分解。在无有效催化剂的情况下，即使有氧存在，在 270～300℃ 的范围内仍很稳定。在高温条件下，对强腐蚀性的酸、碱、氧化剂仍然很稳定。黏度指数为 150～400。分子量越大的油，其黏度指数也越大。主要应用于热、化学品、溶剂、腐蚀、毒性、易燃性和具有润滑寿命要求的工况环境中，包括化工、电子、军事、核、航空航天以及其他具有特殊要求的润滑领域。作为高温和化学稳定的润滑油，用于润滑多孔金属轴承、传送带、造纸和纺织机械；用作塑料轴承润滑油时，其抗磨损能力较好；用作抗电弧润滑油时，用于润滑一些机电设备的电流接触器、开关按钮和滑动接触器等。

（2）**技术参数** 全氟聚醚油的企业标准见表 3-105。

表3-105 全氟聚醚油企业标准（Q31/0120000542C001—2017）

项目	FI04	FI06	FI25	FI45	FI50	FI80	FI120	FI150	FI180
运动黏度（20℃）/（mm²/s）	30～45	55～70	250～290	400～500	500～580	800～880	1200～1300	1500～1600	1800～1950
倾点/℃ <	−56	−45	−36	−36	−35	−33	−28	−26	−24
蒸发损失/% 120℃，22h <	20	8.0	3	2.5	2.0	—	—	—	—
200℃，22h <	—	—	—	—	—	1.8	1.2	1.0	0.9
表面张力/（dyn/cm）	19～24	19～24	19～24	19～24	19～24	19～24	19～24	19～24	19～24
密度（0℃）/（g/cm³）	1.90～1.91	1.91～1.92	1.92～1.93	1.93～1.94	1.93～1.94	1.94～1.95	1.94～1.95	1.94～1.95	1.94～1.95
核磁氢谱	未检出氢	未检出氢	未检出氢	未检出氢	未检出氢	未检出氢	未检出氢	未检出氢	未检出氢

（3）**生产厂家**　上海紫杉生物工程有限公司、浙江诺诚技术发展有限公司、杭州瑞江新材料技术有限公司、上海艾肯化工科技有限公司。

3.10.6　全氟聚醚润滑脂基础油

结构式：

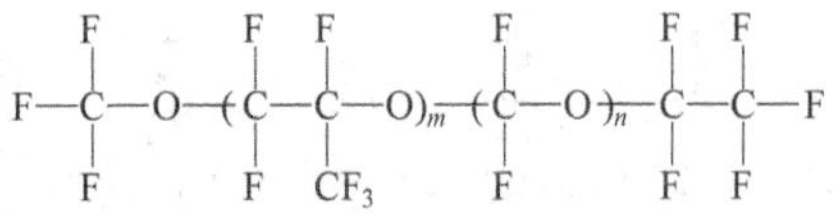

（1）**性状**　透明液体。具有优异的润滑和密封性能，挥发性极低，可以满足 300℃ 及以上的高温环境。与金属、塑料等润滑部件材料具有良好的相容性。主要应用于核、航天和磁介质工业等领域。

（2）**技术参数**　全氟聚醚润滑脂基础油的企业标准见表 3-106。

表 3-106　全氟聚醚润滑脂基础油的企业标准（Q31/01200005420002—2017）

项目	JC550	JC800	JC1000	JC1200	JC1500	JC1800
运动黏度（20℃）/（mm²/s）	500～600	800～900	950～1100	1150～1250	1450～1600	1750～1950
倾点/℃　　　　<	−35	−33	−30	−28	−26	−23
蒸发损失（200℃，22h）/%　　<	10	2.0	1.5	1.3	1.2	1.0
密度（0℃）/（g/cm³）	1.93～1.94	1.94～1.95	1.94～1.95	1.94～1.95	1.94～1.95	1.94～1.95
表面张力/（dyn/cm）	19～24	19～24	19～24	19～24	19～24	19～24
核磁氢谱	未检出氢	未检出氢	未检出氢	未检出氢	未检出氢	未检出氢

（3）**生产厂家**　上海紫杉生物工程有限公司、上海艾肯化工科技有限公司、湖南有色郴州氟化学有限公司。

3.10.7　氟烃基硅油 BD-FT50

（1）**性状**　无色透明液体。具有极低的表面张力，对油性体系具有强烈的抑泡、消泡性，兼有良好的润滑效果。通过加入增稠剂、稳定剂及改性添加剂可以制备氟硅脂，能显著改善钢-钢的边界润滑性。既可单独使用，也可与二甲基硅油或甲基苯基硅油混用，其润滑性超过了甲基氯苯基硅油，而且显著优于二甲基硅油。主要用于真空泵油、飞机液压油、润滑脂基础油等。

（2）**技术参数**　氟烃基硅油 BD-FT50 的企业标准见表 3-107。

表3-107　氟烃基硅油BD-FT50企业标准（Q/BAM1011—2016）

项目		质量指标
外观		透明油状液体
运动黏度（25℃）/（mm²/s）	<	10000
密度（25℃）/（g/cm³）		1.150～1.170
折射率（20℃）		1.3800～1.3900
表面张力（25℃）/（mN/m）	<	24.0

（3）**生产厂家**　杭州包尔得新材料科技有限公司、上海晏迪新材料科技有限公司。

3.10.8　三氟丙基硅油

结构式：

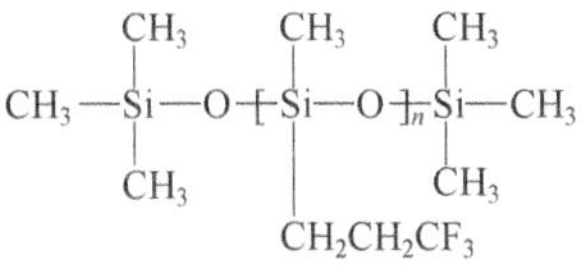

$$CH_3-Si(CH_3)_2-O-[Si(CH_3)(CH_2CH_2CF_3)-O]_n-Si(CH_3)_2-CH_3$$

（1）**性状**　无色或淡黄色透明液体。兼有硅氧烷和氟碳化合物的共同优点，具有优良的耐候性、耐高低温性、化学稳定性和防水防油性。与矿物油及其他润滑油相比，具有更好的耐热性、黏温性能、热氧安定性、较低的高温蒸发损失和高闪点等高温性能。用作润滑脂基础油，通过加入锂皂或白炭黑等增稠剂、稳定剂及改性添加剂等制备氟硅脂，所得产品可显著改善钢-钢界面的边界润滑性。既可单独使用，也可与二甲基硅油或甲基苯基硅油混用。主要用于宇航、汽车、机电和电子机械等摩擦领域。

（2）**技术参数**　三氟丙基硅油的企业标准见表3-108。

表3-108　三氟丙基硅油企业标准（Q/GH004—2017）

项目	质量指标	
	AFS-L-1001	AFS-L-1011
	羟基封端氟硅油	甲基封端氟硅油
外观	无色或淡黄色透明液体	
动力黏度/mPa·s	80～1000	15～90000
pH值	5.5～7	

（3）**生产厂家**　深圳冠恒新材料科技有限公司、福建永泓高新材料有限公司。

3.10.9　乙烯基氟硅油

（1）**性状**　无色或淡黄色透明半透明液体。三氟丙基乙烯基封端硅氧烷的聚合物。具有优异的耐极性、非极性溶剂的性能以及耐油性能，同时耐腐蚀、耐候、电绝缘性能好，可在-50～250℃范围内长期使用。主要用于生产耐极性、非极性溶剂以及耐油、耐各类老化、电绝缘的液体、固体氟硅胶等领域。

（2）**技术参数**　乙烯基氟硅油典型数据见表3-109。

表3-109　乙烯基氟硅油典型数据

项目	质量指标		
	8013-300	8013-500	8013-1000
外观	无色或淡黄色透明或半透明液体		
动力黏度（25℃）/mPa•s	300	500	1000
挥发分（200℃，4h）/%　≤	5	5	5
闪点/℃　≥	300	300	300
燃点/℃　≥	300	300	300

（3）**生产厂家**　广州大熙化工原材料有限公司、深圳冠恒新材料科技有限公司、上海多林化工科技有限公司。

3.10.10　DX-8012甲基氟硅油

（1）**性状**　无色或淡黄色透明液体。三氟丙基甲基硅氧烷的低聚物，属于改性硅油。由于在硅原子上引入了三氟丙基，具有了耐腐蚀、耐溶剂性，以及低的表面张力和低的折射率，同时保持了氟硅油的宽广使用温度。适合作耐腐蚀、耐溶剂润滑油、润滑脂，以及纺织印染的高效消泡剂和织物整理剂。

（2）**技术参数**　DX-8012甲基氟硅油的典型数据见表3-110。

表3-110　DX-8012甲基氟硅油典型数据

项目	质量指标		
	8012-300	8012-500	8012-1000
外观	无色或淡黄色透明或半透明液体		
动力黏度/mPa•s			
25℃	300	500	1000
-18℃	5200	12000	20000
100℃	27	36	69
204℃	5.3	6.4	10.3
挥发分（200℃，4h）/%　≤	5	5	5
工作温度/℃	-40～204	-40～204	-40～204
闪点/℃　≥	260	280	300
燃点/℃　≥	300	300	300

（3）**生产厂家**　广州大熙化工原材料有限公司。

3.11　费托合成基础油

费托合成（Fischer-Tropsch process）是在一定的反应温度和压力下，合成气（$CO+H_2$）经催化转化为烃类产物的反应。这是煤、天然气、生物质等含碳资源间接转化为液体产品的关键步骤。天然气合成油（GTL）与煤基合成油（CTL）的生产原理相似，最终产品也基本相同。GTL（或 CTL）产品主要有喷气燃料、柴油燃料、润滑油基础油和石蜡。

3.11.1　费托合成基础油特性

费托合成基础油属于 API 基础油分类中的Ⅲ类基础油，与国际常用的 APIⅢ类加氢基础油相比，具有更高的黏度指数、更好的低温流动性、更低的倾点、更优的氧化安定性及更小的蒸发损失，是一类理化性能更好的基础油资源。将费托合成基础油与其他基础油的性质进行比较，见表 3-111。

表 3-111　费托合成基础油与其他基础油性质对比

项目	Ⅲ类基础油	GTL 基础油	Ⅳ类基础油
黏度指数	120	140~155	120~140
运动黏度（100℃）/（mm²/s）	4.2	4.0~9.0	4.0
挥发度（质量分数）/%	15	10	12.7
倾点/℃	−15	−21	−64
硫含量/（μg/g）	<300	0	<300

（1）**黏度指数高，可获得黏度基础油**　黏度指数（VI）从 120 到 155 不等，对于相同黏度等级的产品，可与 PAO 相比拟。费托合成基础油生产的基础油，已发展到 100℃从 $2mm^2/s$ 到>$9mm^2/s$ 的较大跨度的黏度级别，甚至可以生产高黏度级别的光亮油。这就突破了加氢工艺 APIⅡ/Ⅲ类基础油只能生产 $9mm^2/s$ 以下级别的较窄黏度范围基础油的局限，从而扩展了对高黏度、高性能基础油的需求。

（2）**蒸发率低**　Noack 挥发度低于 10%，明显低于Ⅱ/Ⅱ⁺和Ⅲ类基础油。蒸发损失量少，在高温下稳定。

（3）**低温性能好**　费托合成基础油与甲基丙烯酸酯降凝剂具有良好的配伍性。在无添加剂的情况下，倾点略低于Ⅲ类基础油；使用降凝剂后倾点更低，可以在更低温度下使用。

（4）**纯净不含杂质**　费托合成基础油具有完全为异构烷烃的结构特点，烃类分布窄，且硫、氮、芳烃含量几乎为零。因此，制成的润滑油抗氧化稳定性好，具有更长的使用周期。费托合成基础油有利于保护环境，具有好的生物降解特性。

3.11.2 费托合成基础油生产工艺

（1）**费托合成基本原理** 典型的费托合成工艺流程为：首先煤/天然气经气化或部分氧化、重整转化为合成气；再将合成气脱硫、脱氧净化后，根据采用的费托合成工艺条件及催化剂，调整 H/CO 比；然后进入费托合成反应器制取混合烃；最后，合成产物经分离及改质后，即可得到不同目标产品。费托合成工艺将合成气转化为烃类的主要反应为：

$$n\mathrm{CO}+(2n+1)\mathrm{H_2}\longrightarrow \mathrm{C}_n\mathrm{H}_{2n+2}+n\mathrm{H_2O}$$

费托合成又分为高温（300～350℃）和低温（220～250℃）两种方式。高温法费托合成的主要产物是汽油，同时有较多的低碳烯烃。低温法费托合成采用 Fe 基或 Co 基催化剂，能够高选择性地制取饱和直链烷烃，碳数分布为 $\mathrm{C_5}$～$\mathrm{C_{70}}$。其主要产品是柴油、煤油、润滑油基础油和蜡，且不含硫、氮、芳烃、金属等杂质。所得饱和直链烷烃是理想的润滑油基础油组分。

（2）**天然气合成基础油加工工艺** 天然气合成基础油（简称 GTL 基础油）是天然气经过费托工艺合成，然后再用传统的炼油技术，如加氢裂化、异构脱蜡等对费托合成蜡馏分进行加工而生产的基础油。使用天然气制备合成油的技术，源于二战期间德国开发的煤制合成气经费托合成获得合成油的工艺。从 20 世纪 90 年代以来，天然气合成油的技术越来越受到关注和重视，成为天然气利用的一个崭新的领域。

天然气与氧气经过部分氧化反应制备成合成气，合成气的成分主要包括一氧化碳（CO）和氢气（$\mathrm{H_2}$）。将合成气转变为合成油，是经过费托合成转换，即将合成气经过含有钴基催化剂的固定床或浆态悬浮床的反应器，转变为各种黏度级别的液态碳氢化合物。由合成液体烃可进一步加工成润滑油基础油产品和其他石化产品。GTL 装置主要由合成气生产装置、费托合成装置、合成油处理装置、反应水处理装置四部分组成。天然气合成基础油加工工艺流程见图 3-17。

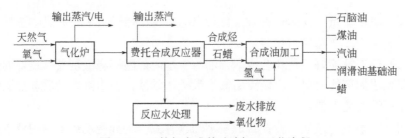

图 3-17 天然气合成基础油加工工艺流程

（3）**煤基合成油加工工艺** 煤炭的间接液化技术是当前煤化工的重要发展方向，主要包括煤炭气化、合成气变换/净化、费托合成及合成产品提质等工艺过程，其中费托合成技术是最为关键的技术。典型的费托合成煤间接液化工艺流程见图3-18。

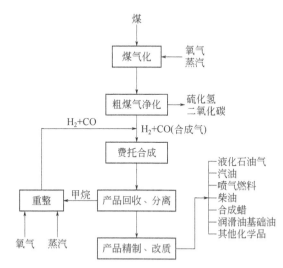

图 3-18　煤炭间接液化工艺流程

3.11.3　费托合成基础油应用

费托合成基础油为润滑油市场提供了环境友好的解决方案。这是由于其有生物降解性及不含硫、氮和芳烃化合物。它能够满足调和高档内燃机油、自动传动液，以及高标准的润滑油产品的需要。

3.11.4　CTL基础油

（1）**特性** 无色透明液体。黏度指数达到125以上，可部分替代PAO基础油。低温性能优异，对降凝剂具有良好的感受性。蒸发损失低，可减少油品消耗量。几乎不含硫、氮、芳香族化合物。广泛应用于高性能工业油、内燃机油、齿轮油、润滑脂和传导液等领域。

（2）**技术参数** CTL基础油的典型数据见表3-112。

表 3-112　CTL基础油典型数据

项目	ICCSYN 3	ICCSYN 4	ICCSYN 8	试验方法
饱和烃含量/%	99.99	99.99	99.99	ASTM D7419
硫含量/（μg/g）	0.02	0.02	0.07	ASTM D2622
黏度指数	126	140	157	ASTM D2270

项目	ICCSYN 3	ICCSYN 4	ICCSYN 8	试验方法
运动黏度（100℃）/（mm²/s）	2.937	4.066	7.571	ASTM D445
低温动力黏度/mPa·s				ASTM D5293
−30℃	—	858	3739	
−35℃	—	1637	6717	
诺亚克蒸发损失/%	27.27	10.55	2.3	ASTM D5800
倾点/℃	−45	−35	−29	ASTM D97
外观	清澈透明	清澈透明	清澈透明	目测
浊点/℃	−24	−17	−14	ASTM D2500
赛波特比色/号	+30	+30	+30	ASTM D156
闪点（开口）/℃	204	220	266	ASTM D92
芳烃含量（260~420nm）/% <	0.1	0.1	0.1	UV

（3）生产厂家 山西潞安太行润滑油有限公司。

3.11.5 Shell GTL Risella X415/X420/X430 基础油

（1）特性 无色无味液体。基于天然气液化的合成技术制成。基本不含硫、氮和芳香烃。碳氢化合物分子分布范围很窄。挥发度低，倾点低，闪点高，黏度指数高。在紫外线和热量条件下颜色稳定。符合 FDA 21 条 CFR178.3620（b）要求。适用于消泡剂、光纤填充膏、热熔胶、凡士林、热塑性弹性体等领域。

（2）技术参数 Shell GTL Risella X415/X420/X430 基础油的典型数据见表 3-113。

表 3-113　Shell GTL Risella X415/X420/X430 基础油典型数据

项目	X415	X420	X430	试验方法
赛波特比色/号	+30	+30	+30	ASTM D156
密度（15℃）/（kg/m³）	806	816	828	ISO 12185
折射率（20℃）	1.450	1.454	1.460	ASTM D1218
闪点（开口）/℃	200	230	265	ISO 2592
倾点/℃	−39	−36	−24	ISO 3016
运动黏度/（mm²/s）				ISO 3104
40℃	9.3	18.0	43.0	
100℃	2.6	4.1	7.6	
诺亚克蒸发损失（1h，250℃，质量分数）/%	40	12	2.0	ASTM D972

（3）生产厂家 壳牌石油公司。

第**4**章

植物油基础油

矿物基础油含有多种多环芳烃等有害物质,生物降解性差,在使用过程中,因渗漏、溢出或人为抛弃等因素进入环境可引起污染。植物油基础油具有良好的润滑性、可生物降解性、资源可再生性和无毒等优势,但是存在热氧化安定性和水解安定性较差等缺点。植物油可通过精制和化学改质来提高其质量,以植物油为基础油的生物降解润滑油脂产品已经实现商品化。

4.1 天然植物油

4.1.1 天然植物油组成

天然植物油的主要成分是脂肪酸三甘油酯,平均分子量为 800~1000。构成植物油分子的脂肪酸主要有含 1 个双键的油酸、含 2 个双键的亚油酸和含 3 个双键的亚麻酸,此外还有棕榈酸、硬脂酸以及蓖麻油酸、芥酸等。其分子结构式为:

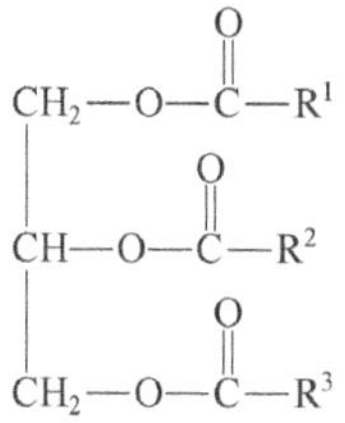

$$
\begin{aligned}
&\qquad\qquad\quad\ \ O\\
&CH_2{-}O{-}\overset{\|}{C}{-}R^1\\
&\qquad\qquad\quad\ \ O\\
&CH{-}O{-}\overset{\|}{C}{-}R^2\\
&\qquad\qquad\quad\ \ O\\
&CH_2{-}O{-}\overset{\|}{C}{-}R^3
\end{aligned}
$$

式中,R^1、R^2、R^3 代表 C_{12}~C_{22} 的脂肪酸链。不同的油脂除了脂肪酸链长和双键数量不同外,各自还含有独特的活性基团。可作为"绿色"润滑油基础油的植物油主要有橄榄油、菜籽油、花生油、大豆油、蓖麻油、棕榈油等。表 4-1 是几种植物油的组成。在欧洲能够直接使用天然精炼油脂作为润滑油基础油,现主要使用的是菜籽油和葵花籽油。

表 4-1　几种植物油的组成

品种	碘值/ (gI₂/100g)	油酸/%	亚油酸/%	亚麻酸/%	棕榈酸/%	硬脂酸/%	蓖麻油酸/%
棉籽油	109	22～35	40～52	51～54	20～24	2～4	—
玉米油	120	26～40	40～55	<1	8～12	2～5	—
橄榄油	90	64～86	4～5	<1	7～11	2～3	—
菜籽油	120	59～60	19～20	7～8	1～3	0.2～3	—
蓖麻籽油	84	2～3	3～5	0.3	2	0.5～3	80～88
大豆油	130	22～31	49～55	6～11	7～10	2～5	—
葵花籽油	140	14～15	70～75	<0.1	6～8	2～3	—

4.1.2　天然植物油特性

天然的植物油具有很好的生物降解性和润滑性，但是其热安定性、氧化安定性和水解安定性比较差。其热安定性和氧化安定性差的原因是存在双键和 β-CH 基团。双键具有极强的反应活性，在空气中就可以与氧气发生反应。β-CH基团则很容易从分子中脱落，而使酯转变成烯烃和脂肪酸。此外，天然油脂在有水的环境中极易水解。

植物油作为润滑剂，具有无毒、生物降解性好的特性。由于所含甘油酯基易于水解，酯基链中的不饱和双键极易受微生物攻击发生 β 氧化，使得植物油具有良好的生物降解性，同时植物油中的天然脂肪酸可在降解过程中起促进作用。CEC试验生物降解率，植物油大都在90%以上。另外，植物油还具有处理过程能耗低，生产周期短，有害物向环境扩散少，价格相对于合成酯较低，可以再生等优点。

植物油的挥发性低，黏度指数高，润滑性能优良。在植物油分子中含极性基团，可在金属表面形成吸附膜，而且脂肪酸可以与金属表面反应形成金属皂的单层膜，两者均可起抗磨减摩作用，使植物油具有良好的润滑性能。通过四球机对几种植物油的抗磨减摩性能进行评定，结果表明：植物油具有较高的油膜强度，较小的磨痕直径和较低的摩擦系数。几种植物油的运动黏度和黏度指数与500SN矿物油的比较见表4-2，其润滑性能与500SN矿物油的比较见表4-3。

表 4-2　植物油的运动黏度和黏度指数与500SN矿物油的比较

项目	椰子油	亚麻油	葡萄籽油	大豆油	葵花籽油	米糠油	棉籽油	蓖麻油
运动黏度/ (mm²/s)								
40℃	6.55	28.85	29.86	31.34	31.58	31.83	32.52	34.07
100℃	2.05	7.33	7.33	7.61	7.65	8.08	7.71	8.01
黏度指数	107	237	226	226	226	244	220	221
项目	玉米油	芥花油	菜籽油	花生油	甜杏仁油	橄榄油	棕榈油	500SN
运动黏度/ (mm²/s)								
40℃	34.08	35.23	35.30	35.96	38.51	38.54	39.79	102.20
100℃	7.88	8.12	8.14	8.25	8.50	8.24	8.41	11.10
黏度指数	214	216	216	216	207	197	195	93

表 4-3　不同植物油的润滑性能与 500SN 矿物油的比较

项目	椰子油	亚麻油	葡萄籽油	大豆油	葵花籽油	米糠油	棉籽油	蓖麻油
P_B(1450r/min)/N	372	784	745	745	745	686	784	745
P_D(1450r/min)/N	1235	1568	1568	1568	1568	1568	1568	1568
四球磨痕直径(30min，392N)/mm	0.779	0.565	0.570	0.569	0.529	0.584	0.557	0.545
四球磨痕直径(30min，588N)/mm	—	0.676	0.756	0.728	0.752	0.731	0.711	0.699

项目	玉米油	芥花油	菜籽油	花生油	甜杏仁油	橄榄油	棕榈油	500SN
P_B(1450r/min)/N	715	745	715	745	686	627	657	451
P_D(1450r/min)/N	1568	1568	1568	1568	1568	1568	1568	1235
四球磨痕直径(30min，392N)/mm	0.588	0.561	0.557	0.546	0.583	0.553	0.511	0.640
四球磨痕直径(30min，588N)/mm	0.724	0.728	0.717	0.648	0.766	0.736	0.617	0.922

双键的存在和长碳链线性分子特征，使得组成植物油的甘油酯分子间的作用力随着温度升高而呈增大趋势，从而导致植物油具有良好的黏温特性。因此，植物油的黏度指数一般高于矿物油。植物油的分子量大，挥发度低。但是，大部分植物油的运动黏度范围较窄，这就限制了其应用范围。

植物油分子中含有大量的 C=C 键，植物油的氧化机理主要表现为活泼的烯丙基自由基反应，这正是其氧化稳定性差的主要原因。尤其是含 2~3 个双键的亚油酸或亚麻酸组分，在氧化初期就被迅速氧化，同时对以后的氧化反应起到引发作用。当亚油酸和亚麻酸的含量达 50% 时，氧化会非常严重。即使在贮存过程中，植物油也容易产生腐败和变黏等现象。阳光照射可导致不饱和酯聚合，形成黏性或斑点状漆膜。在使用过程中，所产生的酸性物质会对金属表面造成腐蚀。植物油因高温易氧化成油泥和沉积物，造成油品使用寿命缩短。

在植物油中，饱和度越高，固化温度越高，低温流变性越差；而饱和度低，氧化稳定性又不好。通过加入降凝剂和其他溶剂，有可能使植物油的低温流变性得到改善，但一般效果不太明显。另外，低温下常有凝胶/水形成，使植物油流动性降低。植物油倾点高，造成其不适合在严寒条件下使用。

植物油热稳定性差，因此其应用温度受到一定的限制，一般来说使用温度 ≤120℃。与橡胶密封件相容性差，植物油易泄漏及溢出。与矿物油相比，植物油在使用中易起泡，过滤性差，价格相对较高。

4.1.3　大豆油

结构式：

CH_2—$COOR^1$　（R^1=棕榈酸，7%~10%）

CH—$COOR^2$　（R^2=油酸，22%~30%）

CH_2—$COOR^3$　（R^3=亚油酸，50%~60%）

（1）**性状** 黄棕色的油状液体，精炼后呈淡黄色。不溶于水，可溶于乙醚、氯仿、二硫化碳。由大豆经直接压榨或浸出工艺制取。含棕榈酸 7%～10%，硬脂酸 2%～5%，花生酸 1%～3%，油酸 22%～30%，亚油酸 50%～60%，亚麻油酸 5%～9%。除含有脂肪外，在未精炼的原油中还含有 1%～3%的磷脂，0.7%～0.8%的甾醇类物质以及少量蛋白质和麦胚酚等物质。工业上大豆油用于制造硬化油、肥皂、甘油和环氧大豆油、涂料及脂肪胺、脂肪醇等。

（2）**技术参数** 大豆原油国家标准见表 4-4，成品大豆油国家标准见表 4-5。

表 4-4 大豆原油国家标准（GB/T 1535—2017）

项目		质量指标
气味、滋味		具有大豆原油固有的气味和滋味，无异味
水分及挥发物含量/%	≤	0.20
不溶性杂质含量/%	≤	0.20
酸值/（mgKOH/g）		按照 GB2716 执行
过氧化值/（mmol/kg）		
溶剂残留量/（mg/kg）	≤	100

表 4-5 成品大豆油国家标准（GB/T 1535—2017）

项目		质量指标		
		一级	二级	三级
色泽		淡黄色至浅黄色	浅黄色至橙黄色	橙黄色至棕红色
透明度（20℃）		澄清、透明	澄清	允许微浊
气味、滋味		无异味，口感好	无异味，口感良好	具有大豆油固有的气味和滋味，无异味
水分及挥发物含量/%	≤	0.10	0.15	0.20
不溶性杂质含量/%	≤	0.05	0.05	0.05
酸值/（mgKOH/g）	≤	0.50	2.0	按照 GB 2716 执行
过氧化值/（mmol/kg）	≤	5.0	6.0	按照 GB 2716 执行
加热试验（280℃）		—	无析出物，油色不变	允许有微量析出物和油色变深
含皂量/（%）	≤	—	0.03	
冷冻试验（0℃储藏 5.5h）		澄清、透明	—	
烟点/℃	≥	190	—	
溶剂残留量/（mg/kg）		不得检出	按照 GB 2716 执行	

注：1. 标有"—"者不做检测。

2. 过氧化值的单位换算：当以 g/100g 表示时，如：5.0mmol/kg=5.0/39.4g/100g≈0.13g/100g。

3. 溶剂残留量检出值小于 10mg/kg 时，视为未检出。

（3）**生产厂家** 上海福临门食品有限公司、黑龙江九三油脂（集团）有限公司、广东丰源粮油工业有限公司、山东香驰粮油有限公司、山东嘉华保健品股份有限公司、湖北奥星粮油工业有限公司、贵州长城油脂化工有限公司、金天源食品科技（天津）有限公司、京粮（天津）粮油工业有限公司、中粮黄海粮油工业（山东）有限公司、福建华仁油脂有限公司、青岛双樱植物油有限公司、遵义兴达友源食用油有限公司、湛江渤海农业发展有限公司、莱阳鲁花浓香花生油有限公司、广西港青油脂有限公司、九三集团大连大豆科技有限公司、中纺粮油（沈阳）有限公司、丹东老东北农牧有限公司、江苏中海粮油工业有限公司、山东绿地食品有限公司。

4.1.4 菜籽油

结构式：
$$
\begin{array}{l}
CH_2\!-\!COOR^1 \quad (R^1\!=\!\text{油酸，}14\%\!\sim\!19\%) \\
CH\!-\!COOR^2 \quad (R^2\!=\!\text{亚油酸，}12\%\!\sim\!24\%) \\
CH_2\!-\!COOR^3 \quad (R^3\!=\!\text{芥酸，}31\%\!\sim\!55\%)
\end{array}
$$

（1）**性状** 深黄色或棕色液体。含花生酸 0.4%～1.0%，油酸 14%～19%，亚油酸 12%～24%，芥酸 31%～55%，亚麻酸 1%～10%。菜籽原油呈黄略带绿色，具有令人不快的气味和辣味。经碱炼、脱色、脱臭后的菜籽油澄清透明，颜色浅黄无异味。除直接食用外，在工业上可用于机械、橡胶、化工、塑料、油漆、纺织、制皂和医药等领域。

（2）**技术参数** 菜籽原油国家标准见表 4-6，压榨菜籽油、浸出菜籽油国家标准见表 4-7、表 4-8。

表 4-6 菜籽原油国家标准（GB/T 1536—2021）

项目		质量指标
气味、滋味		具有菜籽原油固有的气味和滋味，无异味
色泽		黄色至棕红色
水分及挥发物含量/%	≤	0.20
不溶性杂质含量/%	≤	0.20

表 4-7 压榨菜籽油国家标准（GB/T 1536—2021）

项目	质量指标	
	一级	二级
色泽	淡黄色至浅黄色	橙黄色至棕褐色
透明度（20℃）	澄清、透明	允许微油
气味、滋味	具有菜籽油固有的香味和滋味，无异味	具有菜籽油固有的气味和滋味，无异味

项目		质量指标	
		一级	二级
水分及挥发物含量/%	≤	0.10	0.15
不溶性杂质含量/%	≤	0.05	0.05
酸价（以 KOH 计）/（mg/g）	≤	1.5	3.0
过氧化值/（g/100g）	≤	0.125	0.25
加热试验（280℃）		无析出物，油色不得变深	允许微量析出物和油色变深

表 4-8　浸出菜籽油国家标准（GB/T 1536—2021）

项目		质量指标		
		一级	二级	三级
色泽		淡黄色至浅黄色	浅黄色至橙黄色	橙黄色至棕褐色
透明度（20℃）		澄清、透明	澄清	允许微油
气味、滋味		无异味，口感好	无异味，口感良好	具有菜籽油固有气味和滋味、无异味
水分及挥发物含量/%	≤	0.10	0.15	0.20
不溶性杂质含量/%	≤	0.05	0.05	0.05
酸价（以 KOH 计）/（mg/g）	≤	0.50	2.0	3.0
过氧化值/（g/100g）	≤	0.125	0.25	
加热试验（280℃）		—	无析出物，油色不得变深	允许微量析出物和油色变深，但不得变黑
含皂量/%	≤	—	0.03	
冷冻试验（0℃储藏 5.5h）		澄清、透明	—	
烟点/℃	≥	190	—	
溶剂残留量/（mg/kg）		不得检出	≤20	

注：标有"—"者不做检测。

（3）**生产厂家**　上海福临门食品有限公司、湖北天颐科技股份有限公司、深圳南顺油脂有限公司、泰州益众油脂有限责任公司、贵定嘉福油脂有限责任公司、贵州铜仁金泉油脂有限责任公司、湖州南浔源丰粮油有限公司、湖北奥星粮油工业有限公司、贵州长城油脂化工有限公司、湖州荣德粮油有限公司、中粮黄海粮油工业（山东）有限公司、重庆鲁花食用油有限公司、贵州大龙健康油脂有限公司、福建华仁油脂有限公司、遵义兴达友源食用油有限公司、嘉兴顶香粮油食品有限公司、湖南杨家将茶油股份有限公司、芷江华兴油业有限公司、遂宁辛农民粮油有限公司、上海佳格食品有限公司内蒙古分公司、广州植之元油脂实业有限公司。

4.1.5 棉籽油

结构式：
$$\begin{array}{l}CH_2-COOR^1 \quad (R^1=棕榈酸，21.6\%\sim24.8\%)\\ CH-COOR^2 \quad (R^2=油酸，18.0\%\sim30.7\%)\\ CH_2-COOR^3 \quad (R^3=亚油酸，44.9\%\sim55.0\%)\end{array}$$

（1）**性状** 橙黄色或棕色液体。脂肪酸中含有棕榈酸 21.6%～24.8%，硬脂酸 1.9%～2.4%，花生酸 0%～0.1%，油酸 18.0%～30.7%，亚油酸 44.9%～55.0%。精炼后的棉籽油清除了棉酚等有毒物质，可供人食用。在工业上一般可用于生产肥皂、甘油、油墨、润滑油及农药溶剂。

（2）**技术参数** 棉籽原油国家标准见表 4-9，压榨成品棉籽油、浸出成品棉籽油国家标准见表 4-10。

表 4-9 棉籽原油国家标准（GB/T 1537—2019）

项目		质量指标
气味、滋味		具有棉籽原油固有的气味和滋味，无异味
水分及挥发物含量/%	≤	0.20
不溶性杂质含量/%	≤	0.20

表 4-10 成品棉籽油国家标准（GB/T 1537—2019）

项目		质量指标		
		一级	二级	三级
色泽		淡黄色至浅黄色	浅黄色至橙黄色	橙黄色至棕红色
气味、滋味		无异味，口感好		
透明度（20℃）		透明	透明	—
加热试验（280℃）		—		无析出物，允许颜色加深
烟点/℃	≥	190		—
水分及挥发物含量/%	≤	0.10		0.20
不溶性杂质含量/%	≤	0.05		
含皂量/%	≤	—		0.01
酸值/（mgKOH/g）	≤	0.3	0.5	1.0
过氧化值/（g/100g）	≤	0.12		0.16
游离棉酚/（mg/kg）	≤	50		200

注：标有"—"者不做检测。

（3）**生产厂家** 泰州益众油脂有限公司、冀中能源邢台矿业集团有限公司油脂分公司、山东渤海油脂工业有限公司、韩城德信油脂有限公司、石家庄方顺粮油贸易有限公司、石家庄颖恩粮油有限公司、石家庄沃州粮油有限公司、临清昱丰源植物蛋白有限公司、聊城裕德粮油有限公司、中粮粮油工业（荆州）有限公司、益海（连云港）粮油工业有限公司。

4.2　化学改质植物油

4.2.1　化学改质植物油制备方法

对以植物油及其衍生物为原料合成润滑油的研究，主要集中在降低原料的不饱和度和增加支链化方面。所采用的研究技术主要包括选择性氢化、二聚反应/低聚反应、支链化、环氧化以及酯化和酯交换等。通过化学改性，可以提高植物油的热稳定性、氧化稳定性和水解稳定性。

（1）**选择性氢化**　选择性氢化，就是有针对性地进行氢化。天然的油脂通常含有多不饱和脂肪酸，如亚麻酸、亚油酸等。这些物质的存在极大地影响油脂的稳定性。选择性氢化可以将多不饱和脂肪酸转变成单不饱和脂肪酸，这样不会影响基础油的低温性能。但是，选择性氢化也会产生顺反异构体和构形异构体。

（2）**二聚作用/低聚反应**　二聚作用和低聚反应也是对不饱和双键进行改性的途径。这个过程涉及两个或更多脂肪酸分子聚合在一起。含有一个或更多双键的 C_{18} 分子，在层叠式硅铝酸盐催化作用下，于 $210\sim250℃$ 进行聚合，形成 C_{36} 二羧酸、C_{54} 三聚脂肪酸。工业上合成二聚羧酸和三聚脂肪酸主要用于热胶、油印和环氧硬化剂，同时在润滑油中也有应用。

（3）**环氧化**　环氧化是一种提高植物油氧化稳定性的有效方法。环氧化反应之后，植物油的碘值大幅度降低，使其饱和度增加，提高了其氧化安定性能，酸值、运动黏度和腐蚀性都变化不大，并且具有较高的黏度指数。植物油中最易受攻击的部位是双键，能够被 H_2O_2、过氧甲酸、过氧乙酸等环氧化生成环氧化物。环氧化剂一般选过氧乙酸和双氧水的混合物。有机酸被环氧化剂预氧化为过氧化有机酸，再将植物油氧化为环氧化物。

环氧化剂（过氧酸）的合成反应：

$$RCOOH + H_2O_2 \xrightleftharpoons{H^+} RCOOOH + H_2O$$

植物油的环氧化反应：

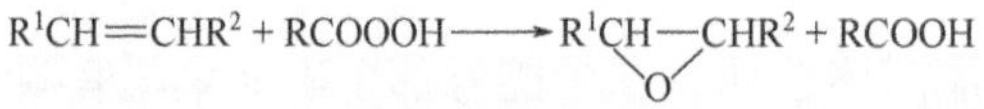

$$R^1CH{=}CHR^2 + RCOOOH \longrightarrow R^1CH\underset{O}{-}CHR^2 + RCOOH$$

（4）**酯化**　利用植物油制备多元醇酯主要有两个途径：一是从油脂中制得

脂肪酸，然后与多元醇进行酯化；二是将油脂转变为甲酯后，与多元醇进行酯交换。通过酯交换进行植物油酯化的方法，是先将植物油经过处理，使其中的三元酯转变成单酯。该过程可在过量的甲醇或乙醇及催化剂（一般是碱）作用下进行，因此也叫植物油的醇解。植物油与甲醇的酯交换反应如下：

$$
\begin{array}{l}
\text{CH}_2\text{—OCOR}^1 \\
| \\
\text{CH—OCOR}^2 + 3\text{CH}_3\text{OH} \xrightarrow{\text{催化剂}} \\
| \\
\text{CH}_2\text{—OCOR}^3
\end{array}
\begin{array}{l}
\text{CH}_2\text{OH} \\
| \\
\text{CHOH} + \text{R}^1\text{COOCH}_3 + \text{R}^2\text{COOCH}_3 + \text{R}^3\text{COOCH}_3 \\
| \\
\text{CH}_2\text{OH}
\end{array}
$$

用过量的甲醇处理所得到的产品便叫甲基酯，用乙醇时便叫乙基酯。从表4-11中可以看出，菜籽油酯化后由于三元酯转化为单酯，其运动黏度大大下降。所以单纯使用酯化产品作为润滑油基础油的适用范围是很有限的。

表4-11　菜籽油甲基酯不同转化率下的主要理化性能

项目	转化率			菜籽油
	高（96%）	中（83%）	低（58%）	
闪点（开口）/℃	172	190	202	250
凝点/℃	−3	−2	−3	−3
运动黏度/（mm²/s）				
20℃	8.38	18.65	28.56	78.41
40℃	5.50	11.34	22.35	63.24
100℃	2.01	3.63	6.12	14.51

（5）**支链化**　植物油与支链醇进行酯交换反应可大幅度地降低倾点，如脂肪酸异丙醇酯倾点达到−27℃。支链醇的支化位置是很关键的。支链在分子中间的降低倾点的能力大于在末端的，因为支链位于中间降低了分子内部的对称性，从而降低倾点。

支链化脂肪酸酯具有优异的低温性质。由于增加了空间位阻的支链，支链脂肪酸酯的水解安定性有所增加。较低的倾点、较低的黏度、较高的高温稳定性和较高的闪点使得支链脂肪酸酯在润滑油脂领域有着广阔的应用。

4.2.2　环氧大豆油

结构式：

$$
\begin{array}{l}
\text{R}^1\text{—CH—CH—R}^2\text{—COOCH}_2 \\
\quad\quad\diagdown\text{O}\diagup \\
\text{R}^1\text{—CH—CH—R}^2\text{—COOCH} \\
\quad\quad\diagdown\text{O}\diagup \\
\text{R}^1\text{—CH—CH—R}^2\text{—COOCH}_2 \\
\quad\quad\diagdown\text{O}\diagup
\end{array}
$$
（R^1、R^{2}为C$_6$～C$_{10}$的烃）

（1）**性状**　淡黄色透明液体。大豆油经过氧化处理后制得。在水中的溶解度＜0.01%（25℃），水在该油品中的溶解度为0.55%（25℃）。溶于烃类、酮类、酯类、高级醇等有机溶剂，微溶于乙醇。与 PVC 树脂相容性好，挥发性低，迁移性小。具有优良的热稳定性、光稳定性、耐水性和耐油性，无毒，是国际认可的用于食品包装材料的化学工艺助剂。可用于所有的聚氯乙烯制品，如各类食品包装材料、医用制品、各种薄膜、片材、管材、冰箱封条、人造革、地板革、塑料壁纸、电线电缆及其他日用塑料制品等，还可用于特种油墨、涂料、合成橡胶以及液体复合稳定剂等。

（2）**技术参数**　环氧大豆油化工行业标准见表 4-12。

表 4-12　环氧大豆油化工行业标准（HG/T 4386—2012）

项目		质量指标	试验方法
外观		淡黄色透明液体	目测
色度（Pt-Co）/号	≤	170	GB/T 1664
酸值/（mgKOH/g）	≤	0.6	GB/T 1668
环氧值/%	≥	6.0	GB/T 1677 中盐酸-丙酮法
碘值/%	≤	5.0	GB/T 1676
加热减量/%	≤	0.2	GB/T 1669
密度（20℃）/（g/cm³）		0.988～0.999	GB/T 4472 中密度瓶法
闪点/℃	≥	280	GB/T 1671

（3）**生产厂家**　浙江嘉澳环保科技股份有限公司、广州海饵玛植物油脂有限公司、广州新锦龙塑料助剂有限公司、桐乡化工有限公司、江阴向阳科技有限公司、淄博凯联化工有限公司、佛山高明晟俊塑料助剂有限公司、南通海珥玛科技股份有限公司、中嘉华宸能源有限公司、丹阳助剂化工厂有限公司。

第**5**章

润滑油基础油评定分析

在各类润滑油品的研制、生产过程中，都需要对所用基础油原料进行必要的评定分析，以认识了解其性能特点、质量水平等。基础油的评定分析结果，对于润滑油品的产品开发和生产具有指导意义。基础油的评定分析主要包括物理指标、化学指标和组成分析三个方面。

5.1 物理指标

5.1.1 颜色测定

（1）**指标意义** 颜色是由亮度和色度共同表示的。色度是不包括亮度在内的基础油颜色的性质，反映的是颜色的色调和饱和度。其值由色度坐标或主波长（或补色波长）和纯度确定。基础油的颜色往往可以间接表明其精制程度和稳定性。一般情况下，精制程度越高，其烃的氧化物和硫化物脱除得越干净，颜色也就越浅。但是，即使基础油精制条件相同，不同来源和基属的原油所生产的基础油，其颜色也可能是不相同的。

（2）**测试标准** GB/T 6540《石油产品颜色测定法》，以及 ASTM D1500、ISO 2049、DIN 51578、IP 196 等。

GB/T 3555《石油产品赛波特颜色测定法（赛波特比色计法）》，以及 ASTM D156、DIN 51411、FTM 791-101、NF M 07-003 等。

（3）**方法概要** GB/T 6540：用目测法测定各种润滑油、煤油、柴油、石油蜡等石油产品的颜色。将试样注入试样容器中，用一个标准光源从 0.5～8.0 值排列的颜色玻璃圆片进行比较，以相等的颜色号作为该试样的色号（ASTM 色度）。如果试样颜色找不到确切匹配的颜色，而落在两个标准颜色之间，则报告两个颜色中较高的一个颜色。

GB/T 3555：赛氏比色（Saybolt color）试验用于 ASTM 色度为 0.5 或更低的精炼产品的质量控制以及产品鉴定，主要包括未染色的车用汽油、航空汽油、喷气燃料、石脑油、煤油、白油及石油蜡等精制石油产品。按照规定的方法调整试样的液柱高度,直至试样明显地浅于标准色板的颜色。无论试样颜色较深、可疑或匹配,均报告试样的上一个液柱高度所对应的赛波特颜色号。

(4)**仪器装置** 石油产品色度测定仪由标准色盘、观察光学镜头、光源、比色管等构成,如图 5-1 所示。石油产品赛波特颜色测定仪由试样管、标准色板玻璃管、光学观测仪、标准色板等构成,如图 5-2 所示。

图 5-1 石油产品色度测定仪   图 5-2 石油产品赛波特颜色测定仪

(5)**生产厂家** 大连北方分析仪器有限公司、上海新诺仪器集团有限公司、山东盛泰仪器有限公司、上海君翼仪器设备有限公司、津市市石油化工仪器有限公司、上海博立仪器设备有限公司、长沙颉展仪器有限公司、长沙卡顿西德自动化科技有限公司、长沙卡顿海克尔仪器有限公司、湖南加法仪器仪表有限公司。

5.1.2 黏度测定

(1)**指标意义** 液体在流动时,在其分子间产生内摩擦的性质,称为液体的黏性。黏性是流体抵抗剪切形变的特性,用来表征液体性质相关的阻力因子,其大小用黏度值表示。黏度可分为动力黏度(绝对黏度)、运动黏度和条件黏度。

① 动力黏度 也称绝对黏度,定义为剪切应力与剪切速率之比。其数值上为流体中两个面积各为 $1m^2$,相距 $1m$ 的液面,相对移动速度为 $1m/s$ 时,因流体之间相互作用所产生的内摩擦力 N。单位 $N \cdot s/m^2$,即 $Pa \cdot s$。牛顿流体的剪切应力与剪切速率之比为常数,该常数即为牛顿流体的黏度。若以剪切应力对剪切速率作图,所得图线称为剪切流动曲线。牛顿流体的流动曲线是通过坐标原点的一条直线,该直线的斜率即为黏度。牛顿流体剪切应力与剪切速率成正比关系,黏度值主要与温度有关。对于非牛顿流体,剪切应力与剪切速率之比随剪切速率而变化,所得黏度称为在相应剪切速率下的"表观黏度"。

② 运动黏度 液体的运力黏度与同温度下液体密度的比值。单位 mm^2/s。

③ 条件黏度　指采用不同的特定黏度计，所测得的以条件单位表示的黏度。各国通常用的条件黏度有以下几种。

a. 恩氏黏度　一定量的试样在规定温度下，从恩氏黏度计流出 200mL 所用的秒数，与同体积水在 20℃下流出 200mL 所用秒数的比值。用符号 E 表示。

b. 赛氏黏度　一定量的试样在规定温度下，从赛氏黏度计流出 60mL 所用的秒数。以 s 为单位。主要在美国使用。

c. 雷氏黏度　一定量的试样在规定温度下，从雷氏黏度计中流出 50mL 所用的秒数。以 s 为单位。主要在英国使用。

测定液体绝对黏度一般较为复杂，而且不易得到较高的测量精确度。所以，通常都是借助毛细管黏度计，把被测液体与已知黏度的标准液进行比较而测得其黏度。这种方法称为相对测量法，结果应标明测量时的温度。

（2）**测试标准**　GB/T 265《石油产品运动黏度测定法和动力黏度计算法》，以及 ASTM D445、ISO 3104、IP 71/75 等。

GB 266《石油产品恩氏黏度测定法》，以及 ГОСТ 6258 等。

（3）**方法概要**　GB/T 265：适用于测定液体石油产品（指牛顿液体）的运动黏度。在某一恒定的温度下，测定一定体积的液体在重力下流过一个标定好的玻璃毛细管黏度计的时间，黏度计的毛细管常数与流动时间的乘积，即为该温度下测定液体的运动黏度。动力黏度可由测得的运动黏度乘以液体的密度求得。

GB 266：试样在某温度下从恩氏黏度计流出 200mL 所需的时间（单位为 s），与蒸馏水在 20℃流出相同体积所需的时间（单位为 s）之比。在试验过程中，试样流出应成为连续的线状。温度为 t 时的恩氏黏度用符号 E_t 表示，恩氏黏度的单位为条件度，用符号 °E 代表。

（4）**仪器装置**　自动运动黏度测定仪由显示器、控温器、控温水浴、搅拌器、毛细管黏度计、吸气泵等构成，如图 5-3 所示。低温运动黏度测定仪由加热装置、制冷装置、搅拌电机、恒温浴、温度传感器、毛细管黏度计等构成，如图 5-4 所示。恩氏黏度测定仪由试验器和温度控制器构成，如图 5-5 所示。

（5）**生产厂家**　大连北方分析仪器有限公司、河北昊中环保科技有限公司、长沙富兰德实验分析仪器有限公司、上海旺徐电气有限公司、上海今昊科学仪器有限公司、河南海克尔仪器仪表有限公司、上海福田石油仪器有限公司、北京中慧天诚科技有限公司、上海新诺仪器集团有限公司、山东盛泰仪器有限公司、大连北港石油仪器有限公司、江苏国创分析仪器有限公司、长沙卡顿海克尔仪器有限公司。

图 5-3　自动运动黏度测定仪

图 5-4　低温运动黏度测定仪　　　　　　　图 5-5　恩氏黏度测定仪

5.1.3　闪点和燃点测定

（1）**指标意义**　闪点指石油产品在容器内受热，容器口遇火则发生闪火但随之又熄灭时的温度。燃点指继续受热温度升高，遇火不但出现闪火而且引起燃烧的温度。自燃点指石油产品在受热已达到相当高的温度，即便不接触火种也出现自燃现象的温度。

闪点是表示油品蒸发性的一项指标。油品的馏分越轻，蒸发性越大，其闪点越低；反之，油品的馏分越重，蒸发性越小，其闪点越高。同时，闪点又是表示石油产品着火危险性的指标。一般认为，闪点比使用温度高出 20～30℃，即可安全使用。

（2）**测试标准**　GB/T 261《闪点的测定（宾斯基-马丁闭口杯法）》，以及 ISO 2719、ASTM D93、IP 34、DIN 51758 等。

GB 267《石油产品闪点与燃点测定法（开口杯法）》、GB/T 3536《石油产品闪点和燃点的测定（克利夫兰开口杯法）》，以及 ISO 2592、ASTM D92、IP 36 等。

（3）**方法概要**　GB/T 261：适用于测定可燃液体、带悬浮颗粒的液体、在试验条件下表面趋于成膜的液体和其他液体。将样品倒入试验杯中，在规定的速率下连续搅拌，并以恒定速率加热样品。以规定的温度间隔，在中断搅拌的情况下，将火源引入试验杯开口处，使样品蒸气发生瞬间闪火，且蔓延至液体表面的最低温度，此温度为环境大气压下的闪点，再用公式修正到标准大气压下的闪点。单位℃。

GB 267：适用于测定润滑油和深色石油产品。

GB/T 3536：适用于除燃料油（燃料油通常按照 GB/T 261 进行测定）以外的、开口杯闪点高于 79℃的石油产品。将试样装入试验杯至规定的刻度线。先迅速升高试样的温度，当接近闪点时再缓慢地以恒定的速率升温。在规定的温度间隔，用一个小的试验火焰扫过试验杯，使试验火焰引起试样液面上部蒸气闪火的最低温度即为闪点。如需测定燃点，应继续进行试验，试验火焰引起试样液面的蒸气着火并至少维持燃烧 5s 的最低温度即为燃点。在环境大气压下测得的闪点和燃点用公式修正到标准大气压下的闪点和燃点。

（4）**仪器装置**　由自动控制、自动点火、自动打印输出、自动冷却、自动显示等部件构成。自动闭口闪点测定器见图 5-6。自动开口闪点分析仪见图 5-7。

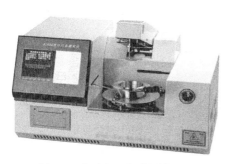

图 5-6　自动闭口闪点测定器　　　　图 5-7　自动开口闪点分析仪

（5）**生产厂家**　大连北方分析仪器有限公司、广东万慕仪器有限公司、上海颀高仪器有限公司、上海旭风科学仪器有限公司、上海今昊科学仪器有限公司、长沙富兰德实验分析仪器有限公司、北京鼎盛荣和科技有限公司、上海新诺仪器集团有限公司、得利特（北京）科技有限公司、山东盛泰仪器有限公司、成都明萱电子科技有限公司。

5.1.4　倾点和凝点测定

（1）**指标意义**　倾点是指油品在规定的试验条件下，被冷却的试样能够流动的最低温度。凝点指油品在规定的试验条件下，被冷却的试样油面不再移动时的最高温度，都以℃表示。当碳原子数相同时，正构烷烃的熔点最高，带长侧链的芳烃、环烃次之，异构烷烃则较小，且其支链越靠近主链中间，其熔点越低。油品中高熔点烃类的含量越多，则其倾点、凝点就越高。

凝点对于含蜡油品来说，可在某种程度上作为估计石蜡含量的指标。油中的石蜡含量越多，越容易凝固。如果在油中加 0.1% 的石蜡，凝点约升高 9.5～13℃。

倾点是衡量油品低温流动性的常规指标。倾点越低，油品的低温流动性越好。通常可以根据油品倾点的高低，考虑在低温条件下运输、储存时应该采取的措施，也可以用来评估某些油品的低温使用性能。

（2）**测试标准**　GB/T 3535《石油产品倾点测定法》，以及 ISO 3016、ASTM

D97、DIN 51579、IP 15 等。

GB/T 510《石油产品凝点测定法》，以及 ISO 3016、ASTM D97、DIN 51597、IP 15 等。

（3）**方法概要** GB/T 3535：试样经预加热后，在规定的速率下冷却，每隔 3℃检查一次试样的流动性。记录观察到试样能够流动的最低温度作为倾点。

GB/T 510：将试样装在规定的试管中，并冷却至预期温度，将试管倾斜至与水平面成 45°静置 1min，观察液面是否移动，以液面不移动时的最高温度作为试样的凝点。

（4）**仪器装置** 主要由测试主机和低温循环制冷器两大部件组成。全自动倾点测定仪见图 5-8。全自动凝点测定仪见图 5-9。

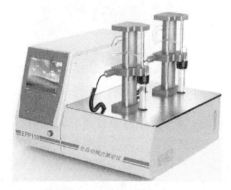 

图 5-8　全自动倾点测定仪　　　　图 5-9　全自动凝点测定仪

（5）**生产厂家** 大连北方分析仪器有限公司、得利特（北京）科技有限公司、北京旭鑫仪器设备有限公司、大连北港石油仪器有限公司、上海新诺仪器集团有限公司、山东盛泰仪器有限公司、湖南慑力电子科技有限公司、河南海克尔仪器仪表有限公司、上海顾高仪器有限公司、长沙卡顿海克尔仪器有限公司、北京恒瑞鑫达科技有限公司、长沙富兰德实验分析仪器有限公司、湖南加法仪器仪表有限公司。

5.1.5　密度测定

（1）**指标意义** 基础油的密度随其组成中含碳、氧、硫的数量的增加而增大。因而，在同样黏度或同样分子量的情况下，含芳烃、胶质和沥青质多的基础油密度较大，含环烷烃多的居中，而含烷烃多的较小。碳原子数相同的烃类密度大小顺序为：芳烃＞环烷烃＞烷烃，异构烷烃＞正构烷烃。

（2）**测试标准** GB/T 1884《原油和液体石油产品密度实验室测定法（密度计法）》，以及 ISO 3675、ASTM D1298、DIN 51557、IP 160 等。

SH/T 0604《原油和石油产品密度测定法（U 形振动管法）》，以及 ISO 12185 等。

（3）**方法概要**　GB/T 1884：适用于玻璃石油密度计测定通常为液体的原油、石油产品以及石油产品和非石油产品混合物 20℃时的密度。使试样处于规定温度，将其倒入温度大致相同的密度计量筒中，将合适的密度计放入已调好温度的试样中，使其静止。当温度达到平衡后，读取密度计刻度读数和试样温度。用石油计量表把观察到的密度计读数换算成标准密度。单位 kg/m^3 或 g/cm^3。

SH/T 0604：适用于测定原油和石油产品密度。把少量样品（一般少于 1mL）注入控制温度的试样管中，记录振动频率或周期，用事先得到的试样管常数计算试样的密度。单位 kg/m^3 或 g/cm^3。

（4）**仪器装置**　密度测定仪由浴缸、石油密度计、传感器、量筒、加热装置等构成，见图 5-10。U 形振动密度计由振筒式密度传感器、电子式液体密度计等构成，见图 5-11。

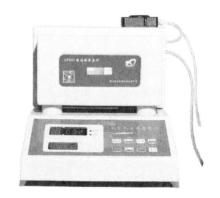

图 5-10　密度测定仪　　　　　　图 5-11　U 形振动密度计

（5）**生产厂家**　大连北方分析仪器有限公司、得利特（北京）科技有限公司、江苏国创分析仪器有限公司、北京旭鑫仪器设备有限公司、上海新诺仪器集团有限公司、山东盛泰仪器有限公司、长沙富兰德实验分析仪器有限公司、广东万慕仪器有限公司、厦门雄发仪器仪表有限公司。

5.1.6　水分测定

（1）**指标意义**　水在石油产品中的存在形式有三种：悬浮水、乳化水和溶解水。悬浮水多存在于黏度较大的重油中。乳化状态的水分是以极为细小的水滴状均匀地分散于油中，一般是在原油开采、加工、精制过程中。溶解状态的水是以水溶解于油中的状态存在，呈均相状态。水能溶解在油中的量，取决于石油产品的化学组成和温度。通常，烷烃、环烷烃以及烯烃溶解水的能力较弱，芳香烃能溶解较多的水分。

基础油中水分的存在，会促使油品氧化变质，破坏润滑油形成的油膜，使润滑效果变差，加速有机酸对金属的腐蚀作用，使油品容易产生沉渣，而且会使添加剂（尤其是金属盐类）发生水解反应而失效，产生沉淀，堵塞油路通道。基础油中的水分会直接影响润滑油品性能。当油品在低温使用时，由于接近冰点造成油品流动性变差；在高温度使用时，水会汽化，不但破坏油膜而且产生气阻，影响油品的循环。另外，在变压器油中，水分的存在会使介电损耗角急剧增大，而耐电压性能急剧下降。

（2）**测试标准**　GB/T 260《石油产品水含量测定（蒸馏法）》，以及 ISO 3733、ASTM D95、DIN 51582 等。

GB/T 11133《石油产品、润滑油和添加剂中水含量的测定（卡尔费休库仑滴定法）》，以及 ASTM D6304、ASTM D1744、DIN 51777 等。

（3）**方法概要**　GB/T 260：适用于测定各类石油产品的水含量。将石油产品与无水溶剂混合蒸馏测定其水分含量，用百分数表示。

GB/T 11133：适用于测定添加剂、润滑油、基础油、自动传动液、烃类溶剂和其他石油产品中的水含量。直接滴定法测定水含量范围为 10～25000mg/kg。间接测定样品水含量的方法，通过加热的方法，分离出试样中的水分，并由干燥的惰性气体载入卡尔费休库仑滴定仪中分析。将一定量的试样加入卡尔费休库仑滴定仪的滴定池中，滴定池阳极生成的碘与试样中的水根据反应的化学计量学，按 1∶1 的比例发生卡尔费休反应。当滴定池中所有的水反应消耗完后，滴定仪通过检测过量的碘产生的电信号，确定滴定终点并终止滴定。因此依据法拉第定律，滴定出的水的量与总积分电流成一定比例关系。根据消耗的卡氏试剂体积，计算试样的水含量。

（4）**仪器装置**　蒸馏法水分测定器主要由控制箱和测试玻璃器皿构成，见图 5-12。卡尔费休库仑滴定法水分测定器由计量部件、平面阀部件以及反应杯、滴定管、电极及搅拌系统等构成，见图 5-13。

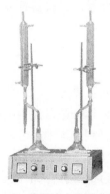

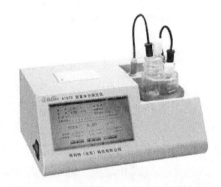

图 5-12　蒸馏法水分测定器　　　　图 5-13　卡尔费休库仑滴定法水分测定器

（5）**生产厂家**　大连北方分析仪器有限公司、北京同德创业科技有限公司、上海昌吉地质仪器有限公司、上海新诺仪器集团有限公司、山东盛泰仪器有限公司、河南海克尔仪器仪表有限公司、长沙卡顿海克尔仪器有限公司、得利特（北京）科技有限公司、长沙颉展仪器有限公司。

5.1.7　苯胺点测定

（1）**指标意义**　油品与等体积的苯胺互相溶解成为单一液相所需的最低温度，称为苯胺点。基础油的溶解能力通常以苯胺点来表征。苯胺点的高低与化学组成有关，苯胺点能定性说明结构变化趋向。烃类的苯胺点高低顺序是：烷烃＞环烷烃＞芳烃。基础油的苯胺点越高，烷烃含量越多；苯胺点越低，其芳烃含量越多。

（2）**测试标准**　GB/T 262《石油产品和烃类溶剂苯胺点和混合苯胺点测定法》，以及 ISO 2977、ASTM D 611、DIN 51787、IP 64 等。

（3）**方法概要**　将规定体积的苯胺与试样或苯胺与试样加正庚烷置于试管中，搅拌混合物。以控制的速率加热混合物，直到混合物中的两相完全混溶。然后按控制的速率将混合物冷却，记录混合物两相分离时的温度，作为试样的苯胺点或混合苯胺点。

（4）**仪器装置**　全自动苯胺点测定仪由红外光电传感器、微处理器、加热器、搅拌器等构成，见图 5-14。

（5）**生产厂家**　大连北方分析仪器有限公司、北京斯达沃科技有限公司、山东盛泰仪器有限公司、河北昊中环保科技有限公司、河南海克尔仪器仪表有限公司、上海颀高仪器有限公司。

图 5-14　全自动苯胺点测定仪

5.1.8　蒸发损失测定

（1）**指标意义**　基础油蒸发损失与油品的挥发度成正比。蒸发损失越大，实际应用的能耗也越大，故对油品在一定条件下的蒸发损失量要有限制。在使用过程中，润滑系统中基础油逐渐减少，黏度增大。在液压系统中，基础油在使用中蒸发，还会造成气穴现象和效率下降，可能给液压泵造成伤害。

（2）**测试标准**　NB/SH/T 0059《润滑油蒸发损失的测定（诺亚克法）》，以及 ASTM D5800 等。

SH/T 0731《润滑油蒸发损失测定法（热重诺亚克法）》，以及 ASTM D6375 等。

（3）**方法概要**　NB/SH/T 0059：适用于测定润滑油（特别是内燃机油）的蒸发损失。将一定质量的试样置于蒸发坩埚内，在 250℃和恒定气流抽送下，经 60min 后测定试样的质量损失。单位%（质量分数）。

　　SH/T 0731：测定润滑油诺亚克蒸发损失的方法，适用于测定诺亚克蒸发损失在 0%～30%的基础油和含添加剂的润滑油。将润滑油试样置于合适的热重分析仪（TGA）样品盘上，将样品盘放在样品支持器上，并在空气流中迅速加热到 247～249℃，然后恒温一段时间。在整个过程中，热重分析仪监测并记录试样由于蒸发而损失的质量。热重诺亚克蒸发损失是在随后测定的试样质量损失分数对时间的曲线（热重曲线）上，试样在相同热重条件下测定的诺亚克参比时间所对应的质量损失分数。

　　（4）**仪器装置**　润滑油蒸发损失测定仪（诺亚克法）由加热系统、控制系统、恒定气流压力控制系统三部分组成，见图 5-15。热重诺亚克法润滑油蒸发损失测定仪（TGA）由热天平、炉子、程序控温系统、记录系统等构成，见图 5-16。

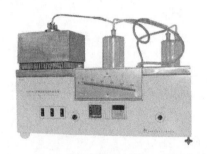 

图 5-15　润滑油蒸发损失测定仪（诺亚克法）　　图 5-16　热重分析仪（TGA）

　　（5）**生产厂家**　大连北方分析仪器有限公司、大连北港石油仪器有限公司、山东盛泰仪器有限公司、长沙富兰德实验分析仪器有限公司、湖南加法仪器仪表有限公司、北京京仪高科仪器有限公司、山东恒美电子科技有限公司、上海盈诺精密仪器有限公司、南京大展检测仪器有限公司、上海君翼仪器设备有限公司、长沙卡顿海克尔仪器有限公司。

5.1.9　抗乳化度测定

　　（1）**指标意义**　基础油在生产过程中由于精制深度不够，或油品在使用时变质，生成了环烷酸或其他有机酸，以致油中环烷酸金属皂化物含量增加，导致油的抗乳化性变差。另外，油品中混入了设备磨损带来的金属物质和外来砂土、尘埃等粉状杂质，以及某些酸类物质，也可造成油水分离而使油品的抗乳化性变差。此外，油品的氧化变质，产生或混入油泥残渣等物质也能促使油品乳化，导致抗乳化时间增加。

（2）**测试标准**　GB/T 7305《石油和合成液水分离性测定法》，以及 ASTM D1401、ISO 6114、DIN 51599、IP 19 等。

（3）**方法概要**　在量筒中装入 40mL 试样和 40mL 蒸馏水，并在 54℃或 82℃下搅拌 5min，记录乳化液分离所需的时间。静止 30min 或 60min 后，如果乳化液没有完全分离，或乳化层没有减少为 3mL 或更少，则记录此时油层（或合成液）、水层和乳化层的体积。

（4）**仪器装置**　石油和合成液水分离性测定仪由搅拌电机升降柱、试样搅拌器、水浴搅拌电机、水浴搅拌器、量筒支承架、试样搅拌电机、控制箱、玻璃量筒、水浴加热器、水浴玻璃缸等构成，见图 5-17。

（5）**生产厂家**　大连北方分析仪器有限公司、得利特（北京）科技有限公司、大连北港石油仪器有限公司、吉林吉分仪器有限公司、北京同德创业科技有限公司、山东盛泰仪器有限公司。

图 5-17　石油和合成液水分离性测定仪

5.1.10　橡胶相容性测定

（1）**指标意义**　润滑油基础油会与橡胶密封件发生接触，两者的长时间接触不仅会使橡胶的体积、质量发生变化，还会使其机械性能下降，最终导致橡胶密封件失效。

相容性的本质是基础油与橡胶之间相互作用。这个作用包括物理作用和化学反应。物理作用主要分为两个方面：一是基础油分子会向橡胶基体中扩散，导致橡胶的体积膨胀；二是橡胶中的小分子物质和各种助剂可以溶解在基础油中，导致橡胶的体积收缩。这两方面的作用相互竞争共同影响橡胶的体积变化，而橡胶的体积变化又会引起其机械性能的改变。化学反应主要包括热氧化反应和基团特异反应，使橡胶高分子链断裂、交联结构和填充组分被破坏，导致橡胶机械性能下降。

矿物油中的链烷烃对橡胶的体积变化影响较弱，环烷烃次之，而芳烃则会溶胀橡胶；PAO 油与一般橡胶的相容性比较好，但有些情况下，聚 α-烯烃油（PAO）会使橡胶体积收缩；然而酯类油会严重溶胀橡胶。

一般而言，基础油分子链越长，支化度越大，与橡胶的相容性越好。因为基础油对橡胶的影响主要是扩散进入橡胶基体，分子越大，空间位阻越大，基础油分子越难进入橡胶基体，对橡胶的膨胀作用也就越弱。

（2）**测试标准**　GB/T 1690《硫化橡胶或热塑性橡胶 耐液体试验方法》，

以及 ISO 1817。

GB/T 531.1《硫化橡胶或热塑性橡胶 压入硬度试验方法 第 1 部分：邵氏硬度计法（邵尔硬度）》，以及 ISO 7619-1。

GB/T 528《硫化橡胶或热塑性橡胶 拉伸应力应变性能的测定》，以及 ISO 37。

（3）**方法概要** 通过测试橡胶在试验液体中浸泡前、后性能的变化，评价液体对橡胶的作用。试验液体包括标准试验液体及类似于石油的衍生物、有机溶剂、化学试剂等。橡胶相容性评定的参数，主要包括体积变化率、硬度变化、断裂拉伸强度变化率和扯断伸长变化率。

（4）**仪器装置** 全自动邵氏硬度计由支撑装置、加载装置、电子单元以及可更换式压头构成，见图 5-18。橡胶拉力试验机由设备主机（采用伺服电机）、门式框架、传送带、进口丝杆、移动横梁、辅具夹具、操控系统、打印机构成，见图 5-19。

图 5-18　全自动邵氏硬度计　　　　图 5-19　橡胶拉力试验机

（5）**生产厂家** 深圳华丰科技有限公司、上海凯析科技有限公司、北京沃威科技有限公司、上海宇涵机械有限公司、北京中航时代仪器设备有限公司、济南凯恩试验机制造有限公司、上海和晟仪器科技有限公司、济南美特斯测试技术有限公司、济南锐玛机械设备有限公司。

5.2　化学指标

5.2.1　酸值测定

（1）**指标意义** 酸值是中和 1g 油品中的酸性物质所需要的氢氧化钾毫克数，单位 mgKOH/g。其主要用来反映石油及石油产品的精制深度、变质程度以及对金属的腐蚀性。基础油中的有机酸主要为环烷酸，还包括其他酸性物，如脂肪酸、酚类化合物、硫醇等。所含酸性物质大部分是原油中固有的且在石油炼制过程中没有完全脱尽的，少部分是在石油炼制或油品运输、储存过程中被氧化生成的。根据酸值的大小，可判断油品中所含有的酸性物质的量。一般来说，酸值越高，油品中所含的酸性物质就多。

油品中有机酸含量少，在无水分和温度低时，对金属不会有腐蚀作用。但是，当酸性物含量多及存在水分时就能腐蚀金属。水分存在时，即使是微量的低分子酸也有强烈的腐蚀作用。石油馏分中的环烷酸虽属弱酸，但在有水分情况下，对于某些有色金属也有腐蚀作用，特别是对铅和锌，腐蚀的结果是生成金属皂类。金属皂类会引起润滑油加速氧化。同时，皂类渐渐聚集在油中成为沉积物。

（2）**测试标准**　GB 264《石油产品酸值测定法》，以及 ASTM D974 等。

GB/T 4945《石油产品和润滑剂酸值和碱值测定法（颜色指示剂法）》，以及 ASTM D974、ISO 6618、DIN 51558、IP 139 等。

GB/T 7304《石油产品酸值的测定　电位滴定法》，以及 ASTM D664 等。

（3）**方法概要**　GB 264：首先用沸腾的乙醇抽出试样中的酸性成分，然后用氢氧化钾乙醇溶液进行滴定。

GB/T 4945：将试样溶解在含有少量水的甲苯和异丙醇混合溶剂中，使其成为均相体系，在室温下分别用标准的碱或酸的醇溶液滴定。通过加入的对萘酚苯溶液颜色的变化来指示终点（在酸性溶液中显橙色，在碱性溶液中显暗绿色）。测定强酸值时，用热水抽提试样，用氢氧化钾醇标准溶液滴定抽提的水溶液，以甲基橙为指示剂。

GB/T 7304：将试样溶解在滴定溶剂中，以氢氧化钾异丙醇标准溶液为滴定剂进行电位滴定。所用的电极对，为玻璃指示电极与参比电极或者复合电极。手动绘制或自动绘制电位（mV）值对应滴定体积的电位滴定曲线，并将明显的突跃点作为终点。如果没有明显突跃点，则以相应的新配制的酸性和碱性缓冲溶液校准的电极电位值作为滴定终点。

（4）**仪器装置**　全自动酸值测定仪由硬件电路、滴定装置及 PC 机三部分构成，见图 5-20。电位滴定法自动酸碱值仪由容量滴定装置、控制装置和测量装置等构成，见图 5-21。

（5）**生产厂家**　大连北方仪器分析有限公司、得利特（北京）科技有限公司、北京旭鑫仪器设备有限公司、大连世隆电子设备有限公司、湖南加法仪器仪表有限公司、武汉摩恩智能电气有限公司、山东盛康电气有限公司、山东盛泰仪器有限公司、上海本昂科学仪器有限公司、上海仪电科学仪器股份有限公司、厦门欣锐仪器仪表有限公司。

图 5-20 全自动酸值测定仪

图 5-21 电位滴定法自动酸碱值仪

5.2.2 水溶性酸及碱测定

（1）**指标意义** 在原油及其馏分油中，通常几乎不含水溶性的酸及碱。油品中的水溶性酸碱，多为油品在精制加工、储存及运输过程中，从外界混入的可溶于水的无机酸和碱。

（2）**测试标准** GB 259《石油产品水溶性酸及碱测定法》，以及 ГОСТ 6347 等。

（3）**方法概要** 石油产品水溶性酸及碱的测定，是用蒸馏水或乙醇水溶液抽提试样中的水溶性酸或碱，然后分别用甲基橙或酚酞指示剂检查抽出液颜色的变化情况，或用酸度计测定抽提物的 pH 值，以判断有无水溶性酸或碱的存在。

（4）**仪器装置** 石油产品水溶性酸及碱测定仪由电热器、支架、玻璃器皿、酸度计等构成。见图 5-22。

（5）**生产厂家** 大连北方分析仪器有限公司、得利特（北京）科技有限公司、北京旭鑫仪器设备有限公司、北京时代新维测控设备有限公司、上海菲柯特电气科技有限公司、武汉国电西高电气有限公司。

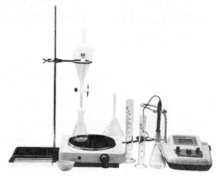

图 5-22 石油产品水溶性酸及碱测定仪

5.2.3 铜片腐蚀测定

（1）**指标意义** 油品铜片腐蚀多数是由活性硫引起的。当硫元素单独存在基础油中时，仅 0.34mg/kg 就可造成铜片明显的灰黑色腐蚀。

（2）**测试标准** GB/T 5096《石油产品铜片腐蚀试验法》，以及 ASTM D130、ISO 2160、DIN 51759、IP 154 等。

（3）**方法概要**　将一块已磨光好的铜片浸没在一定体积的试样中，根据试样的产品类别加热到规定的温度，并保持一定的时间。加热周期结束时，取出铜片，经洗涤后，将其与铜片腐蚀标准色板进行比较，评价铜片变色情况，确定腐蚀级别。

（4）**仪器装置**　石油产品铜片腐蚀仪由恒温浴、温控器、计时器、试验弹、标准色板等构成，见图 5-23。

图 5-23　石油产品铜片腐蚀仪

（5）**生产厂家**　大连北方分析仪器有限公司、河南海克尔仪器仪表有限公司、北京时代新维测控设备有限公司、江苏国创分析仪器有限公司、山东盛泰仪器有限公司、河北昊中环保科技有限公司、上海新诺仪器集团有限公司、上海顾高仪器有限公司、长沙卡顿海克尔仪器有限公司。

5.2.4　氧化安定性测定（旋转氧弹法）

（1）**指标意义**　油品的化学组成和所处的外界条件不同，而具有不同的自动氧化倾向。基础油在使用过程中，逐渐生成一些醛类、酮类、酸类和胶质、沥青质等物质，氧化安定性则是抑制上述不利于油品使用的物质生成的性能。测定油品氧化安定性的方法很多，基本上都是一定量的油品在有空气（或氧气）及金属催化剂的条件下，在一定温度下氧化一定时间，然后测定油品的酸值、黏度变化及沉淀物的生成情况。旋转氧弹法是试验达到规定压力时所需要的时间。

（2）**测试标准**　SH/T 0193《润滑油氧化安定性的测定　旋转氧弹法》，以及 ASTM D2272。

（3）**方法概要**　将试样、水和铜催化剂线圈放入一个带盖的玻璃盛样器内，置于装有压力表的氧弹中。氧弹充入 620kPa 压力的氧气，放入规定的恒温油浴中，使其以 100r/min 的速度与水平面成 30°轴向旋转。试验达到规定的压力降所需的时间（min）即为试样的氧化安定性。

（4）**仪器装置**　润滑油氧化安定性测定器（旋转氧弹法）由压力变送器、传动装置、压力记录仪、氧弹等构成，见图 5-24。

（5）**生产厂家**　大连北方分析仪器有限公司、津市市石油化工仪器有限公司、大连北港石油仪器有限公司、山东盛泰仪器有限公司、湖南慑力电子科技有限公司、长沙富兰德实验分析仪器有限公司、上海今昊科学仪器有限公司、湖南加法仪器仪表有限公司。

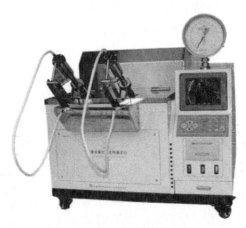

图 5-24　润滑油氧化安定性测定器

5.3　组成分析

5.3.1　硫含量测定

（1）**指标意义**　硫含量指油品中硫及硫化物所占的比例。在石油产品中，硫的存在形态有元素硫、硫化氢、硫醚、噻吩等。按性质不同，又可分为活性硫化物和非活性硫化物。基础油中的硫化物有一定的天然添加剂的作用，对油品的抗氧化安定性具有改善作用。但是，由于油品中的硫化物形态多种多样，在油品使用的过程中也会发生变化，其对油品的理化性能和使用性能的影响不尽相同。

（2）**测试标准**　GB/T 387《深色石油产品硫含量测定法（管式炉法）》，以及 ASTM D1552、ISO 4260、DIN 51400、IP 243 等。

GB/T 17040《石油和石油产品中硫含量的测定　能量色散 X 射线荧光光谱法》，以及 ASTM D4294 等。

（3）**方法概要**　GB/T 387：适用于硫含量＞0.1%（质量分数）的深色石油产品，如润滑油、重质石油产品、原油、石油焦、石蜡和含硫添加剂等。试样在空气流中燃烧，用过氧化氢和硫酸溶液将生成的亚硫酸酐吸收，生成的硫酸用氢氧化钠标准滴定溶液进行滴定。

GB/T 17040：适用于测定单相的、常温下或适当加热条件下为液态，或可以溶解于烃类溶剂中的石油和石油产品，包括车用汽油、乙醇汽油、柴油、生物柴油及其调和燃料、喷气燃料、煤油、其他馏分油、石脑油、渣油、原油、润滑油基础油、液压油以及类似的石油产品。测定硫的质量分数范围为 0.0017%

（17mg/kg）～4.6%（46000mg/kg）。将试样置于从 X 射线源发射出来的射线束中，测量激发出来能量为 2.3keV 的硫 K$_\alpha$ 特征 X 射线强度，并将累积计数与预先制备好的标准样品的计数进行对比，从而获得用质量分数表示的硫含量。

（4）**仪器装置**　深色石油产品硫含量测定器由水平型管式电炉系统、温度控制系统、试验过程控制系统、电动机驱动控制系统、时间控制系统、空气流量调节装置和空气净化装置等构成，见图 5-25。X 荧光硫分析仪由进样模块、燃烧系统、脱水系统、S 元素检测系统等构成，见图 5-26。

图 5-25　深色石油产品硫含量测定器　　　图 5-26　X 荧光硫分析仪

（5）**生产厂家**　大连北方分析仪器有限公司、津市市石油化工仪器有限公司、长沙富兰德实验分析仪器有限公司、长沙卡顿海克尔仪器有限公司、湖南加法仪器仪表有限公司、大连雨禾石油仪器有限公司、山东盛泰仪器有限公司、长沙艾迪生仪器设备有限公司、长沙颉展仪器有限公司、大连北油分析仪器有限公司、泰州瑞测分析仪器有限公司。

5.3.2　碱性氮含量测定

（1）**指标意义**　碱性氮是以碱的形式存在的氮，如烃基胺、芳烃胺、杂环胺（如吡啶）、醇胺（如乙醇胺）、酰胺等胺类物质中的氮。

（2）**测试标准**　SH/T 0162《石油产品中碱性氮测定法》。

NB/SH/T 0980《石油馏分中碱性氮含量的测定　电位滴定法》。

（3）**方法概要**　SH/T 0162：将试样溶于苯-冰乙酸混合溶剂中，以甲基紫或结晶紫为指示剂，用高氯酸-冰乙酸标准滴定溶液滴定试样中的碱性氮，至溶液由紫变蓝。根据消耗的高氯酸-冰乙酸标准滴定溶液的浓度和体积，计算试样中碱性氮的含量。该方法适用于汽油、煤油、柴油、润滑油等浅色石油产品。

NB/SH/T 0980：电位滴定法适用于测定碱性氮含量不大于2000mg/kg的石油馏分。将试样溶解于二甲苯-冰乙酸混合溶剂中，用高氯酸-冰乙酸标准滴定溶液进行电位滴定。根据滴定电位变化率的大小确定拐点位置。通过终点消耗的高氯酸-冰乙酸标准滴定溶液的浓度和体积，计算试样中碱性氮的含量。

（4）**仪器装置**　碱性氮测定仪由主机、滴定单元、计算机（含操作软件）、打印机等构成，见图5-27。

图5-27　碱性氮测定仪

（5）**生产厂家**　大连北方分析仪器有限公司、上海昌吉地质仪器有限公司、泰州美旭仪器设备有限公司、得利特（北京）科技有限公司、北京恒奥德仪器仪表有限公司、山东恒美电子科技有限公司、江苏升拓精密仪器有限公司、大唐分析仪器有限公司。

5.3.3　残炭含量测定

（1）**指标意义**　油品在规定的实验条件下，受热蒸发和燃烧后形成的焦黑色残留物称为残炭。残炭是润滑油基础油的重要质量指标，是判断基础油的性质和精制深度的重要依据。润滑油基础油中残炭的多少不仅与其化学组成有关，而且也与油品的精制深度有关。基础油中形成残炭的主要物质是油中的胶质、沥青质及多环芳烃。这些物质在空气不足的条件下，受强热分解、缩合而形成残炭。烷烃只发生分解反应，完全不参加聚合反应所以不会形成残炭。油品的精制深度越深，其残炭值越小。一般来讲，基础油的残炭值越小越好。

（2）**测试标准**　GB 268《石油产品残炭测定法（康氏法）》，以及ASTM D189、ISO 6615、DIN 51551、IP 13等。

GB/T 17144《石油产品残炭测定法（微量法）》，以及ASTM D4530、ISO 10370等。

（3）**方法概要**　GB 268：把已称重的试样置于坩埚内进行分解蒸馏。残余物经强烈加热一定时间即进行裂化和焦化反应。在规定的加热时间结束后，将盛有碳质残余物的坩埚置于干燥器内冷却并称重，计算残炭值（以原试样的质量分数表示）。

GB/T 17144：将已称重的试样放入一个样品管中，在惰性气体（氮气）气氛中，按规定的温度程序升温，将其加热到 500℃，在反应过程中生成的易挥发性物质由氮气带走,留下的碳质型残渣以占原样品的百分数报告微量残炭值。

（4）**仪器装置**　石油产品残炭测定仪（康氏法）由瓷坩埚、三脚架、喷灯等构成，见图 5-28。自动微量残炭测定仪由电气控制系统和高温试验加热炉等构成，见图 5-29。

图 5-28　石油产品残炭测定仪（康氏法）　　图 5-29　自动微量残炭测定仪

（5）**生产厂家**　上海新诺仪器集团有限公司、上海昌吉地质仪器有限公司、山东盛泰仪器有限公司、长沙富兰德实验分析仪器有限公司、河南海克尔仪器仪表有限公司、长沙卡顿海克尔仪器有限公司、长沙颉展仪器有限公司、大连三鑫科技有限公司、得利特（北京）科技有限公司、湖南慑力电子科技有限公司、津市市石油化工仪器有限公司。

5.3.4　灰分含量测定

（1）**指标意义**　灰分是指在规定条件下，油品灼烧后剩下的不燃烧物质。灰分的组成一般是一些金属元素及其盐类。灰分对不同的油品具有不同的概念，对基础油或不加添加剂的油品来说，灰分可用于判断油品的精制深度。对于加有金属盐类添加剂的油品，灰分就成为定量控制添加剂加入量的手段。国外多采用硫酸灰分代替灰分。其方法是在油样燃烧后灼烧灰化之前加入少量浓硫酸，使添加剂的金属元素转化为硫酸盐。

（2）**测试标准**　GB 508《石油产品灰分测定法》，以及 ASTM D482、ISO 6245、IP 4 等。

（3）**方法概要**　用无灰滤纸作引火芯，点燃放在一个适当容器中的试样，使其燃烧到只剩下灰分和残留的碳。碳质残留物再在775℃高温炉中加热转化成灰分，然后冷却并称重。

（4）**仪器装置**　石油产品灰分测定仪由高温加热炉、温度控制台、电热炉等构成，见图5-30。

（5）**生产厂家**　大连北方分析仪器有限公司、北京同德创业科技有限公司、山东盛泰仪器有限公司。

5.3.5　机械杂质含量测定

（1）**指标意义**　机械杂质是指存在于润滑油中不溶于汽油、乙醇和苯等溶剂的沉淀物或胶状悬浮物。基础油中的杂质大部分是由矿物盐、沥青质、碳化物以及砂石和铁屑等组成。通常基础油的机械杂质都控制在0.005%以下（0.005%以下被认为是无）。

（2）**测试标准**　GB/T 511《石油和石油产品及添加剂机械杂质测定法》，以及ГОСТ 6370。

（3）**方法概要**　称取一定量的试样，溶于所用的溶剂中，用已恒重的滤纸或微孔玻璃过滤器过滤，被留在滤纸或微孔玻璃过滤器上的杂质即为机械杂质。

（4）**仪器装置**　石油产品和添加剂机械杂质测定仪由玻璃器皿、控温水浴、控温漏斗、抽滤泵、电机自动搅拌器和智能化电子控温仪组成，见图5-31。

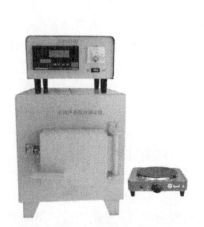　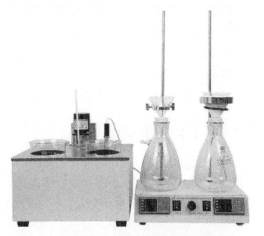

图5-30　石油产品灰分测定仪　　　　图5-31　石油产品和添加剂机械杂质测定仪

（5）**生产厂家**　大连北方分析仪器有限公司、上海冠测电气科技有限公司、长沙思辰仪器科技有限公司、上海旺徐电气有限公司、北京时代新维测控设备有限公司。

5.3.6　结构族组成测定

（1）**指标意义**　结构族组成又称为碳型组成，是将组成复杂的基础油看成是由芳香基、环烷基和烷基的结构单元组成的复杂分子混合物。其中芳烃碳原子百分组成 C_A，是以芳环结构存在的总碳原子的质量分数；环烷烃碳原子百分组成 C_N，是以环烷结构存在的总碳原子的质量分数；链烷烃碳原子百分组成 C_P，是以链烷结构存在的总碳原子的质量分数。依据 C_A 值、C_N 值、C_P 值的高低，能够判断润滑油基础油的基属。

（2）**测试标准**　SH/T 0725《石油基绝缘油碳型组成计算法》，以及 ASTM D2140 等。

SH/T 0753《润滑油基础油化学族组成测定法》。

SH/T 0729《石油馏分的碳分布和结构族组成计算方法（n-d-M 法）》，以及 ASTM D3238 等。

（3）**方法概要**　SH/T 0725：适用于平均分子量为 200～600、芳烃碳原子数为 0～50 的试样的碳型组成分析。通过测定试样的黏度、密度、相对密度和折射率，用给定的方程式，计算出试样的黏重常数（VGC）和比折射率（r_i）。依据关联图，根据 VGC 和 r_i 的值，直接查出 C_A、C_N 和 C_P 的值。

SH/T 0753：薄层色谱法是根据薄层色谱（TLC）分离原理，将试样用甲苯溶解，在硅胶棒上分别用正庚烷、甲苯展开剂展开后，采用氢火焰（FID）扫描技术进行检测。最后，用面积归一法计算出饱和烃、芳烃、极性化合物（胶质+沥青质）三个组分的质量分数。

SH/T 0729：在 20℃下，测定试样的折射率（n）、密度（d）和分子量（M）。分子量通过试验确定或通过测量 37.8℃ 和 98.9℃下的黏度计算得到。再将这些数据代入相应的公式，计算试样的碳分布（C_A、C_N、C_P）或环数（R_A、R_N）。

（4）**仪器装置**　薄层色谱分析仪采用薄层分离技术与氢火焰离子化检测技术（TLC/FID）来检测油品的结构族组成，其结构见图 5-32。

（5）**生产厂家**　上海诺析仪器有限公司、山东润扬仪器有限公司、北京启航博达科技有限公司、上海精密仪器仪表有限公司。

图 5-32　薄层色谱分析仪

参 考 文 献

[1] 张曼. 老三套基础油的特性及国内基础油市场未来发展趋势[J]. 石油商技，2020，(1):8-12.

[2] 宋春侠，张智华，刘颖荣，等. 润滑油基础油分子结构与黏度指数构效关系研究[J]. 石油炼制与化工，2020，51(6):1-5.

[3] 张美琼，王燕，张静，等. 润滑油基础油组成对低温性能的影响[J]. 润滑油，2019，34(5):61-64.

[4] 付开姝，李雪静，郑丽君. 润滑油基础油加氢异构技术研究进展[J]. 石化技术与应用，2021，39(2)：138-142.

[5] 李善清，李洪辉，高杰. 中高黏度润滑油基础油生产技术[J]. 兰州石化职业技术学院学报，2020，20(1):1-4.

[6] 张翠侦，焦祖凯，朱长申，等. 重质润滑油基础油的原料制备及加工工艺的研究[J]. 润滑油，2019，34(2):31-33.

[7] 董振鹏，孔梦琳，俞欢，等. 合成润滑油基础油的现状分析[J]. 山东化工，2020，49(17):70-76

[8] 石好亮，袁华，何金学，等. PAO基础油合成技术研究进展[J]. 能源化工，2020，41(5):18-23.

[9] 阮少军，姜旭峰，宗营. 国产PAO基础油氧化生色产物分析[J]. 润滑油，2021，36(1):46-51.

[10] 陈琳，由爱农. 我国聚α-烯烃基础油发展路线研究[J].当代石油化工，2019，27(8)：30-35.

[11] 杨晓娜. 多元醇酯类基础油的研究现状与展望[J]. 化工时刊，2020，34(3):21-23.

[12] 栾利新，马玲，马越，等. 多元醇酯润滑油质谱特征及结构表征[J]. 润滑油，2020，35(6):55-59.

[13] 周康，张遂心，于海，等. 聚醚型合成压缩机油的研制[J]. 石油炼制与化工，2020，51(17):90-93.

[14] 于宏伟，翟桂君，张雨萱，等. 二甲基硅油及热稳定性[J]. 上海计量测试，2020，47(1)：28-32.

[15] 王俊英，张香文. 全氟聚醚润滑油在高温下的腐蚀性研究[J]. 润滑油，2019，34(2):23-26.

[16] 蒋琦，王蕾. 全氟聚醚的制备与应用[J]. 化工生产与技术，2021，7(21)：24-27.

[17] 白天忠，安良成，张安贵. 费托合成油产品开发研究[J]. 广东化工，2020，47(6):141-142.

[18] 丁丽芹，冯豪，念利利，等. 植物油基润滑油基础油及添加剂的合成研究进展[J]. 合成化学，2020，28(10):924-931.

裕诚化工
YUCHENG
SOLUTIONS PROVIDER

　　上海裕诚化工成立于2006年，现位于上海市漕河泾经济开发区，公司设有完善的研发中心，其面积超过600平方米。公司专注于金属加工液、油添加剂等产品的研发、生产和销售，另配有以分析、合成、应用三方面的资深专家组成的专业研发团队，专注于为金属加工液和润滑油/脂为需求的客户提供专业的性能分析测试和配方研发服务，同时为有需要的客户提供添加剂、配方等各类产品的定制服务。公司致力于为客户提供具有性价比的产品和完善的一体化服务，能为业界提供全面的技术指导和产品实验分析。公司以客户为中心，为客户创造价值，让每一位客户都能体验到量身定制的产品和服务。

铜缓蚀剂 Copper Corrosion Inhibitor

铜缓蚀剂能够抑制铜的腐蚀,保护铜制工件的表面,此外还能络合体系中的铜离子,抑制其在体系中的催化氧化作用。

牌号	内容物	溶解性	外观	推荐用量	备注
MAXWELL HC	苯三唑衍生物	水溶	黄色透明液体	0.2%~1.0%	完全水溶，使用方便,可防止钴离子析出,铜缓蚀效果好
MAXWELL OC	苯三唑衍生物	油溶	黄色透明液体	0.05%~0.2%	油溶性产品,使用方便,铜缓蚀效果好,用途广泛
MAXWELL O3	三唑衍生物	油溶	黄色透明液体	0.05%~0.2%	三唑衍生物铜缓蚀剂,铜缓蚀效果好
MAXWELL P135	苯三唑衍生物	水溶	黄色透明液体	0.2%~1.0%	完全水溶，使用方便,可以抑制铜、锌、铝的腐蚀,对铸铝加工的白斑抑制有特效
MAXWELL DG192	噻二唑衍生物	油溶	黄色透明液体	0.05%~0.2%	高效铜缓蚀剂,具有一定极压性能,对含活性硫的配方铜缓蚀效果明显
MAXWELL DG193	噻二唑衍生物	油溶	黄色透明液体	0.05%~0.2%	高效铜缓蚀剂,具有一定极压性能,对含活性硫的配方铜缓蚀效果明显

二烷基二硫代氨基甲酸盐(酯) Metallic Dialkyldithiocarbamates

二烷基二硫代氨基甲酸盐(酯)是一种多效添加剂,具有良好的抗磨极压性能,与杂环化合物或二烷基二硫代磷酸锌复合使用有良好的协同效应。

牌号	内容物	外观	硫含量	元素含量	备注
—	二烷基二硫代氨基甲酸酯	黄色液体	30%	—	无灰型极压剂,可用于压缩机油、齿轮油、润滑油、液压油等,可以和抗氧剂、减摩剂配合使用,增强性能
HOESC M525	二烷基硫代甲酸钼盐	深棕色液体	11.3%	Mo: 10%	具有防锈、抗氧、减摩极压等作用,可应用于压缩机、发动机、齿轮润滑脂、工业加工油等
HOESC M600	二烷基硫代甲酸钼盐	黄色粉末	28.6%	Mo: 27.7%	具有防锈、抗氧、减摩极压等作用,可应用于润滑脂、合成油等
HOESC AD	二烷基硫代甲酸锑盐	深棕色液体	11.2%	Sb: 7%	热稳定性和水解稳定性,具有防锈、抗氧、减摩极压等作用,可应用于压缩机、发动机、齿轮的润滑油脂

地址:上海市松江区莘砖公路518号13号楼202　　　电话:021-67678992

锦州新兴石油添加剂有限责任公司

锦州新兴石油添加剂有限责任公司成立于2002年，是一家专业生产润滑油添加剂的企业，至今已逾20年，在振兴国产润滑油添加剂产业中起着重要作用。新建工厂——锦州万兴源润滑油添加剂有限公司，位于锦州市辽宁汤河子经济开发区，年生产各种添加剂能力达4万吨。产品应用于车用润滑油、工业润滑油、化工助剂等行业。

本企业工厂按照现代化高标准设计施工建设，生产设备采用自动化生产控制，生产效率高，质量稳定。在技术领域同多所石化院校进行多项技术合作，实行校企联合，引入高素质、高质量人才助力企业发展。我们有本企业自主研发的专利技术，核心技术已达到国际先进水平。

本企业已通过ISO9001：2015国际质量管理体系认证。产品销往全国各地以及中东、欧美、俄罗斯、东南亚等国家和地区，以良好的产品质量和优质的服务及较高的信誉度赢得广大用户的信赖，具有广阔的市场前景和发展空间。

"精心打造品质，创造民族品牌"，以国产优质添加剂服务于国内外广大客户为宗旨，努力打造国内技术先进的润滑油添加剂生产基地。

工厂地址：辽宁省锦州市太和区汤河子产业园区创业路29号　　邮箱：jzxxpa@163.com

电话：0416-7996121　7996128　7996129　　　　　　　　　网址：www。jzxxpa.com

　　杭州优米化工有限公司是专业研发、生产高品质高纯度合成酯类产品的先锋型企业。公司始建于2012年，是一家集科研、生产和销售于一体的精细化工企业，现坐落于美丽的西湖之滨杭州市昌化镇，年生产能力在15000吨以上。公司生产产品都对环境友好无毒，在合成酯基础油方面，我们在现有国内外合成酯生产技术的基础上，不断地改进产品的性能与质量，以适应当今设备对润滑油越来越苛刻的要求。无论是在提高成品油性能，还是在特种润滑材料、特殊设备润滑技术、特殊应用场合润滑解决方案等方面均能提供高性能的合成酯基础油材料，以帮助实现技术突破。

　　优米公司重磅推出的合成酯基础油系列产品，将对中国的润滑油配方技术具有重要意义，引领新一代的润滑油革命。目前主要推广使用的基础油品种有三羟甲基丙烷酯、季戊四醇酯等系列产品。**产品主要用作：发动机润滑油、气雾润滑剂、空气压缩机油、合成及半合成内燃机油、齿轮油、高温链条油、高低温润滑脂、冷冻机油基础油、液压油、特种润滑油、金属加工液等。**产品与国际同类产品相比具有较大的性价比优势，为此，得到了行业内有影响力的已合作企业的高度肯定与赞誉。

　　优米致力于帮助行业企业全面升级润滑油产品的性能，生产出具备中国特点的高性价比润滑油产品，帮助合作伙伴以品质夯实品牌基石。优米以提供优质全程服务为服务宗旨，深化品牌建设，秉承"顾客至上，真诚服务"的服务理念，愿与国内外相关行业开展各种形式的技术交流与合作，建立互利互惠、长期稳定的合作伙伴关系，共同促进中国润滑油事业的发展。优米期待与您的合作。公司建立了完善规范的治理结构和科学严谨的管理制度，遵循"以人为本，团结和睦，共同发展"的企业文化，坚持"高品质、高性能、高环保"的生产理念。

大连北方分析仪器有限公司
North Dalian Analytical Instruments Co., Ltd.

0411-84754555
www.northdalian.com
大连市高新区七贤岭学子街2-4号

北方简介

　　大连北方分析仪器有限公司成立于2004年。 多年来，公司自主开发了石油行业百余种产品。公司现已通过ISO9001国际标准质量认证，同时公司是国家高新技术企业、ASTM标准协会会员单位，并参与了国家及行业标准的起草工作。公司目前为中石油、中石化、中海油、中航油、中燃油等单位的入库供应商。

北方业务

▶▶▶ **石油分析仪器生产及销售**

公司拥有25年石油分析仪器生产和销售经验，产品覆盖润滑油、润滑脂、燃料油、冷却液等石油产品的百余项理化指标检测和模拟试验

▶▶▶ **非标试验方法设计和仪器定制**

公司核心研发团队由南开大学、浙江大学、云南大学等国内知名高校人才组成，近年来与中石化、中科院、航天101所等知名企业/机构开展长期技术合作，共同研发十余台非标订制仪器，发表多篇学术期刊及会议论文，并参与起草盾构脂试验标准

▶▶▶ **实验室配套方案和化验员培训**

公司技术支持团队汇聚了多位前中石油大连研发中心的优秀人才，具备丰富的实验室解决方案设计经验和化验员培训指导经验，已为行业内数十家润滑油脂民营企业提供实验室设计与仪器配套方案，并多次组织化验员集中培训和现场培训

北方新品

BF-322润滑脂低温转矩测定器

- 符合SH/T 0338、ASTM D1478;
- 复叠压缩机制冷，可控温至-74℃;
- 自动试验启停;
- 自动判断起动转矩和运行转矩;
- 内置力矩校正程序，随时可校正力矩大小;
- 全程力矩曲线监测记录，曲线数据可excel/txt格式导出;
- 至少1000组试验数据存储及导出。

BF-91C润滑脂相似黏度测定器

- 符合SH/T 0048;
- 双压缩机复叠式制冷，可控温至-75℃;
- 标准、定速双试验模式;
- 可任意设置的毛细管直径和剪切速率;
- 剪切力、剪切速率采用先进传感技术实时测定;
- 内置程序自动计算相似黏度;
- 剪切力、剪切速率、相似黏度数值实时曲线记录，曲线数据可excel/txt格式导出。